重金属污染防治丛书

铊环境污染与治理

陈永亨　肖唐付　刘　娟
李伙生　齐剑英　张高生　等　著

科　学　出　版　社

北　京

内 容 简 介

　　本书主要介绍铊环境污染与治理技术，系统地介绍铊的基本物理化学性质、地球化学性质、生物毒性及资源性质；简要介绍铊的宇宙及地球丰度，铊的环境污染途径，扼要论述铊的痕量分析与化学形态分析方法；重点论述铊在矿产资源及利用过程中的分布与化学形态、污染土壤中的化学形态分布与修复技术、各类工业废水中铊的污染问题及治理技术；简要论述铊污染物的环境风险管控与政策建议。

　　本书可供高等院校环境科学与环境工程类、化学化工类和食品科学类高年级本科生、研究生使用，也可作为环境科学与工程领域科研和工程技术人员、环境保护监测工作者的技术参考书。

图书在版编目（CIP）数据

铊环境污染与治理/陈永亨等著. —北京：科学出版社，2024.6
（重金属污染防治丛书）
ISBN 978-7-03-078534-3

I.① 铊… Ⅱ.① 陈… Ⅲ.① 铊-重金属污染-污染防治 Ⅳ.① X5

中国国家版本馆 CIP 数据核字（2024）第 098941 号

责任编辑：徐雁秋　刘　畅/责任校对：高　嵘
责任印制：彭　超/封面设计：苏　波

科 学 出 版 社 出版
北京东黄城根北街 16 号
邮政编码：100717
http://www.sciencep.com

武汉精一佳印刷有限公司印刷
科学出版社发行　各地新华书店经销
*
开本：787×1092　1/16
2024 年 6 月第 一 版　印张：12
2024 年 6 月第一次印刷　字数：285 000
定价：189.00 元
（如有印装质量问题，我社负责调换）

"重金属污染防治丛书"编委会

《铊环境污染与治理》撰写组

（以姓氏汉语拼音为序）

陈永亨　邓红梅　李伙生　李祥平　林景奋

刘　娟　齐剑英　任加敏　王　津　吴启航

肖恩宗　肖唐付　张高生　张鸿郭　张　宇

"重金属污染防治丛书"序

　　重金属污染具有长期性、累积性、潜伏性和不可逆性等特点,严重威胁生态环境和群众健康,治理难度大、成本高。长期以来,重金属污染防治是我国环保领域的重要任务之一。2009 年,国务院办公厅转发了环境保护部等部门《关于加强重金属污染防治工作的指导意见》,标志着重金属污染防治上升成为国家层面推动的重要环保工作。2011 年,《重金属污染综合防治"十二五"规划》发布实施,有力推动了重金属的污染防治工作。2013 年以来,习近平总书记多次就重金属污染防治做出重要批示。2022 年,《关于进一步加强重金属污染防控的意见》提出要进一步从重点重金属污染物、重点行业、重点区域三个层面开展重金属污染防控。

　　近年来,我国科技工作者在重金属防治领域取得了一系列理论、技术和工程化成果,社会、环境和经济效益显著,为我国重金属污染防治工作起到了重要的科技支撑作用。但同时应该看到,重金属环境污染风险隐患依然突出,重金属污染防治仍任重道远。未来特征污染物防治工作将转入深水区。一方面,环境法规和标准日益严苛,重金属污染面临深度治理难题。另一方面,处理对象转向更为新型、更为复杂、更难处理的复合型污染物。重金属污染防治学科基础与科学认知能力尚待系统深化,重金属与人体健康风险关系研究刚刚起步,标准规范与管理决策仍需有力的科学支撑。我国重金属污染防治的科技支撑能力亟需加强。

　　为推动我国重金属污染防治及相关领域的发展,组建了"重金属污染防治丛书"编委会,各分册主编来自中南大学、广州大学、浙江工业大学、中国地质大学(北京)、北京师范大学、山东大学、昆明理工大学、南京大学、东华理工大学、华中农业大学、华北电力大学、同济大学、武汉科技大学等高校和生态环境部华南环境科学研究所(生态环境部生态环境应急研究所)、中国科学院地球化学研究所、中国科学院生态环境研究中心、广东省科学院生态环境与土壤研究所、中国科学院过程工程研究所等科研院所,都是重金属污染防治相关领域的领军人才和知名学者。

　　丛书分为八个版块,主要包括前沿进展、多介质协同基础理论、水/土/气/固多介质中重金属污染防治技术及应用、毒理健康及放射性核素污染防治等。

各分册介绍了相关主题下的重金属污染防治原理、方法、应用及工程化案例，介绍了一系列理论性强、创新性强、关注度高的科技成果。丛书内容系统全面、案例丰富、图文并茂，反映了当前重金属污染防治的最新科研成果和技术水平，有助于相关领域读者了解基本知识及最新进展，对科学研究、技术应用和管理决策均具有重要指导意义。丛书亦可作为高校和科研院所研究生的教材及参考书。

丛书是重金属污染防治领域的集大成之作，各分册及章节由不同作者撰写，在体例和陈述方式上不尽一致但各有千秋。丛书中引用了大量的文献资料，并列入了参考文献，部分做了取舍、补充或变动，对于没有说明之处，敬请作者或原资料引用者谅解，在此表示衷心的感谢。丛书中疏漏之处在所难免，敬请读者批评指正。

柴立元

中国工程院院士

　　铊（Tl）是一种剧毒的稀有分散元素，虽然环境背景值非常低，但是铊高度富集在某些岩石矿物中，甚至富集成为独立矿物，并在资源矿物的开采利用过程中被带入环境介质中，通过食物链进入人体和动物体富集，造成人类和动物中毒，进而威胁人类健康。铊环境污染是世界性环境难题，一是铊的稀有分散性，在环境介质中含量非常低，容易被忽略；二是在一定条件下铊却高度富集于某些矿物中，如黄铁矿、铅锌矿等，在经济开发过程中爆发性进入环境；三是铊的生物剧毒性，一旦出现局部富集并扩散到生物链，将可能发生灾难性铊中毒事件。

　　我国是一个富铊资源国家，拥有众多的含铊矿产矿床，特别是西南地区低温热液成因的硫化物矿床，如国际上公认的铊独立成矿的贵州黔西南兴仁滥木厂含铊汞矿。在粗放型开采利用模式下，矿区周边生态环境遭受破坏，铊污染事件频出。从 2005 年 12 月、2010 年 10 月广东北江连续爆发镉铊污染事件后，相继爆发了广西龙江/贺江镉铊污染事件、江西新余袁河铊污染事件、四川嘉陵江铊污染事件、湖南醴陵渌江铊污染事件、陕西嘉陵江铊污染事件、广西河池刁江铊污染事件、江西宜春锦江铊污染事件等。

　　铊"环境定时炸弹"的引爆，使控制和应对铊环境污染成为政府的紧急重大现实需求。例如广东韶关作为广东省重要的生态安全屏障，位于广东省重要饮用水源北江的上游，也是全国著名的"有色金属之乡"，有色金属采选与冶炼行业在地方经济体系中占有举足轻重的地位。广东省拥有涉铊企业 100 余家，韶关市历史上出现过铊污染企业 52 家，目前仍在产企业 25 家。大部分企业分布在北江流域，这些涉铊企业的废水排放对北江流域的水环境安全是一个重要的隐患。

　　面对严峻的环境铊污染状况，在深入研究铊生态环境污染问题的基础上，努力研发工业铊污染的控制技术成为更急迫的主要任务。经过 20 余年的努力，我们基本上拥有了应对铊环境污染控制和治理的能力，研发了一系列铊的微量痕量分析技术，以及土壤水体污染控制和治理技术。2020 年 11 月在"矿区生态环境修复丛书"编委会组织下，由科学出版社出版了《铊环境分析化学方法》。现在在"重金属污染防治丛书"编委会组织下，我们撰写本书，全面总结汇报铊污染研究与控制治理成果。

　　本书分为 8 章：第 1 章介绍铊的基本物理化学性质、地球化学性质、生物毒理性质和资源性质；第 2 章介绍铊的丰度及环境污染途径；第 3 章介绍铊的痕量分析与化学形态分析；第 4 章论述铊在矿产中的分布与化学形态；第 5 章论述铊在矿产利用中的分布与化学形态；第 6 章论述污染土壤中铊的化学形态分布与土壤修复技术；第 7 章论述工业环境废水中铊的污染与治理技术;第 8 章论述我国重金属铊污染物环境风险管控与治理现状。

全书总结我们团队 20 余年来在铊的环境污染与治理研究中取得的成果,系统地分析涉铊工业生产过程中铊的含量分布、化学形态分布及在各个工艺环节中的分布,揭示工业铊污染控制的关键环节。针对性地开展含铊矿产冶炼行业、钢铁生产行业、硫酸生产行业中铊环境污染控制技术的研发和应用,并且开展铊环境污染工业示范工程应用。在冶炼行业领域率先将工艺环节中铊的化学形态研究成果应用到工业废水的铊环境污染控制技术中,为铊资源回收利用奠定基础。铊环境污染控制技术的应用推广对所有含铊资源利用的企业,具有广阔的应用前景及重要的示范意义,对未来社会经济可持续发展具有重大现实意义。感谢广州大学环境科学与工程学院、化学化工学院相关老师、研究生和本科生的参与,以及在研究工作中做出的贡献。

本书第 1、2、3 章由陈永亨撰写;第 4、5 章由刘娟和王津撰写;第 6 章由肖唐付、肖恩宗、张宇、邓红梅、吴启航、陈永亨、任加敏、林景奋撰写,第 7 章由李伙生、张鸿郭、张高生、陈永亨撰写;第 8 章由齐剑英、李祥平撰写。全书由陈永亨统稿、定稿。

本书在撰写过程中得到广州大学环境科学与工程学院吴颖娟高级工程师、广东省环境科学研究院王春霖高级工程师、成都理工大学杨春霞博士等人的大力帮助和支持;完稿后邀请了广州大学环境科学与工程学院罗定贵教授、龙建友教授审读,他们提出了很中肯的修改意见和建议,在此表示衷心感谢。

本书撰写过程中得到中国科学院院士、中国科学院广州地球化学研究所彭平安研究员,中国工程院院士、中国环境科学研究院总工吴丰昌研究员和中国工程院院士、中南大学柴立元教授的充分肯定、鼓励和支持,在此向彭平安院士、吴丰昌院士和柴立元院士致以衷心的感谢。

撰写中还得到华南理工大学党志教授、华南农业大学仇荣亮教授、广东省科学院生态环境与土壤研究所李芳柏研究员和华南农业大学李永涛教授的鼓励、指导,并给予具体撰写建议。在此一并致谢。

感谢研究生黄颖、林茂、曹恒恒、李猛等同学参与了部分研究工作和铊环境污染控制示范工程实验。

整个研究工作一直得到国家自然科学基金委员会、生态环境部、广东省科学技术厅、广东省生态环境厅、广州市科技局和广州市教育局的科技项目资助,研究能够取得长足的进步,特向各资助单位和机构致以真诚的谢意。

限于著者的水平和能力,书中难免存在遗漏和不足,敬请读者批评指正。

陈永亨

2024 年 1 月于广州

目　录

第1章 铊的基本性质

1.1 铊的基本物理化学性质

铊是一种金属元素，化学符号为 Tl，英文 Thallium，源自希腊文 thallos，意为嫩芽，因它在光谱中的亮黄谱线带有新绿色彩而得名。铊是人类发现的第 62 个化学元素，在 1861 年发现于工业生产的废弃物——硫酸生产废渣。发现人是英国著名化学家和物理学家威廉·克鲁克斯（William Crookes，1832～1919 年）和法国里尔大学的化学教授克洛德·奥古斯特·拉米（Claude Auguste Lamy，1820～1878 年），他们各自独立发现，同时经历了探索新元素的相同过程。铊一方面表现出类似铅的特性，另一方面又表现出碱金属的特性。克鲁克斯最先公布铊的发现及命名，拉米则较早成功地确定了铊的物理和化学属性，认为它是金属，并确定了铊元素的原子量、原子价态。拉米的论文《论新元素铊的存在》发表于 1862 年 6 月 23 日。拉米证实了铊元素的金属性质，与克鲁克斯相比，他提炼出了更多的铊，从而能够更加充分地研究铊的元素属性。

铊是无味无臭的金属，白色、重而柔软，熔点为 303.5 ℃，沸点为 1 457 ℃，在 20 ℃ 时的密度为 11.85 g/cm^3。铊位于元素周期表中第六周期的第三主族，外层电子构型为 $6s^26p^1$，具有六方密堆积结构，它的基本物理化学特性见表 1.1（陈永亨 等，2020；王春霖，2010；杨春霞，2004）。

表 1.1 铊的基本物理化学性质

特性	数值	特性	数值
原子序数	81	原子量	204.38
价电子层构型	[Xe]$6s^26p^1$	离子价态	+1，+3
熔点/℃	303.5	沸点/℃	1 457
原子体积/（cm^3/mol）	17.2	原子密度/（g/cm^3）	11.85
共价半径/nm	0.148	原子半径/nm	0.17
离子半径/nm	0.147（+1），0.95（+3）		$Tl^++e^- \longrightarrow Tl(s)$，−0.336
电离势/eV	6.106（+1），29.63（+3）	氧化还原电位/V	$Tl^{3+}+3e^- \longrightarrow Tl(s)$，+0.741
EK 值	0.42（+1），3.45（+3）		$Tl^{3+}+2e^- \longrightarrow Tl^+$，+1.28
电负性	1.4（+1），1.9（+3）	电阻率/（Ω·m）	1.8×10^{-8}

引自：Lee（1971）；武汉大学和吉林大学（1994）

金属铊像铅一样柔软且具有延展性，它的断面具有强烈的金属光泽，易溶于稀的氢氟酸、浓硫酸和浓硝酸等无机酸中形成铊的一价化合物（HCl 除外，因为 TlCl 溶解度较低），不溶于碱溶液和液氨（Schoer，1984）。铊在空气中很不稳定，常温下能够被空气和水缓慢氧化，在空气中放置日久，即在表面生成相当厚的氧化层，使颜色变暗。铊的氧化物可以归为两大类：一类是定义明确的氧化物如 Tl_2O 和 Tl_2O_3；另一类是定义不明确的氧化物包括 Tl_2O_4 和非化学计量氧化物（Lee，1971）。当金属铊暴露于空气时，可以生成铊的一价氧化物 Tl_2O。Tl_2O 的 Tl—O—Tl 键角为（131 ± 11）°，Tl—O 的化学键长度为（2.19 ± 0.05）Å，标准生成焓为（-169.68 ± 5.88）kJ/mol（Nriagu，1988）。此外，Tl_2O 很容易吸湿，可以与水发生反应生成 Tl(OH)并可溶于乙醇生成 C_2H_5OTl。Tl(III)氧化物 Tl_2O_3 可以通过向 Tl(I)的碱性溶液中加入过氧化氢来获得，它的标准生成焓为（396.06 ± 3.36）kJ/mol。Tl_2O_3 是深蓝色的化合物，可以通过对含有 Tl_2SO_4、$H_2C_2O_4$ 和 H_2SO_4 的溶液进行电解来制备（王春霖，2010；Lee，1971）。

铊有 5 种同位素，原子量介于 201～208。稳定同位素有 ^{203}Tl 和 ^{205}Tl，而 ^{204}Tl 是最稳定的放射性同位素，半衰期为 3.78 年。^{201}Tl 半衰期为 73 h，可以电子捕获的方式进行衰变。^{208}Tl 半衰期为 3.05 min，它是钍衰变链的自然产物之一。另外人为在回旋加速器中合成的 ^{202}Tl，半衰期为 12.23 天。

铊在自然界中有 Tl(I)和 Tl(III)两种价态。Tl(I)的化合物性质与碱金属相似，易溶于水。在溶液中 Tl(III)化合物比 Tl(I)化合物稳定；Tl(I)化合物易被溴水、氯水、过氧化氢和亚硝酸氧化为 Tl(III)化合物；Tl(III)化合物可被亚硫酸还原为 Tl(I)的化合物（Lee，1971）。Tl(I)和 K(I)的地球化学行为非常相似，Tl(I)可以类质同象方式替代矿物晶格中的 K(I)（Smith and Carson，1977；Shaw，1957，1952），这与它们具有相似的离子半径密切相关（Tl(I)的离子半径为 1.40 Å；K(I)的离子半径为 1.65 Å）（Shannon，2015）。由于 Tl(I)相较于 K(I)具有更强的电负性，Tl(I)容易与含磷（P）、硫（S）、碘（I）的配位体形成配合物，而 K(I)趋向于与含氮（N）、氧（O）、氟（F）的配位体形成配合物。在自然环境中，铊主要以 Tl(I)形式稳定存在，只有在强酸性和强氧化剂（如 MnO_4^- 和 Cl_2）存在的情况下，Tl(III)才有可能存在（Vink，1993；Lee，1971）。

1.2　铊的地球化学性质

铊广泛存在于自然界中，属于典型的稀有分散元素，在自然界中铊的平均丰度很低，为 0.8×10^{-6} μg/g，克拉克值为 0.48×10^{-6} μg/g（田雷，2009）。在自然界中铊有两种稳定同位素 ^{205}Tl 和 ^{203}Tl（占比分别为 70.476%和 29.524%）（Nielsen and Rehkämper，2011）。铊在地壳中主要以等价类质同象、异价类质同象存在于一些矿物中，并以胶体吸附状态和独立铊矿物形式存在（陈永亨 等，2001）。

1.2.1　亲石亲硫双重地球化学特性

在结晶化学及地球化学性质方面，铊具有亲石和亲硫双重性（刘英俊 等，1984），前者表现为与钾（K）、铷（Rb）、铯（Cs）紧密共生，后者使铊与铅（Pb）、铁（Fe）、锌（Zn）等元素的硫化物有密切关系。尤其在低温热液硫化物成矿的高硫环境中，铊表现出强烈的亲硫性。这可从辉铊矿（Tl_2S）和褐铊矿（Tl_2O_3）的 ΔGr（反应的标准自由能变化）值中看到。例如在温度 293 K 时，Tl_2S 的 ΔGr 值为 269.08 kJ/mol，而 Tl_2O_3 的 ΔGr 值为 136.07 kJ/mol，Tl_2S 的 ΔGr 值明显高于 Tl_2O_3，表明铊的亲硫性比亲石性强，特别在低温高硫环境中更是如此，因而在自然界发现的铊矿物和含铊矿物绝大多数为硫化物和硫盐类矿物。在低温成矿过程中，铊除形成自己的独立矿物外，因其地球化学性质与汞（Hg）、砷（As）、铜（Cu）、铅（Pb）、锑（Sb）、铁（Fe）、锌（Zn）、金（Au）、银（Ag）、锡（Sn）等相似，故常以微量元素形式进入方铅矿、黄铁矿、闪锌矿、辉锑矿、黄铜矿、毒砂、辰砂、雄黄、雌黄和硫盐类矿物中。在表生条件下，铊除形成表生铊矿物（如硫酸铊矿和硫代硫酸铊矿等）外，还可以微量元素形式进入石膏、水绿矾、铁铝矾、铅矾、铅铁矾、胆矾、明矾石等表生矿物中。铊黄钾铁矾中铊质量分数可达 1.75%～2.04%。明矾石中铊（Tl_2O）质量分数可高达 33.25%，已成为铊独立矿物，即铊明矾（张宝贵 等，2004；涂光炽 等，2003）。

铊在成岩作用过程中亲石性明显，并与钾、铷、铯、钠、钙（Ca）密切相关。铊主要富集于酸性岩浆和碱性岩浆内。在岩浆分异作用晚期出现的岩相（黑云母、白云母、脉石类）内，当 F、Cl、H_2O 大量集中时，铊就更为富集，表现为与萤石等伴生的黑云母和白云母内铊的含量升高。由于铊的地球化学多重性，铊在地壳中表现出高度分散性，而铊的亲硫性在硫化物矿床中（特别是低温热液硫化物矿床中），表现出明显的富集。在超常富集的情况下，可形成铊矿物，甚至铊矿床。贵州滥木厂铊矿床和云南南华铊矿床就是铊超常富集的典型实例（张宝贵 等，2004）。因此，铊在自然地质作用中的行为主要取决于铊的地球化学性质和地球化学参数，具体见表 1.2。

表 1.2　铊及其地球化学性质相近元素的地球化学参数

元素	电子构型	负电性	地壳丰度 /（×10⁻⁶）	地球化学电价	原子半径 /Å	共价半径 /Å	离子半径 /Å	离子电位
Tl	$6s^26p^1$	1.4（+1） 1.9（+3）	0.75	+1 +3	1.704	1.48	1.47（+1） 0.95（+3）	0.68（+1） 3.16（+3）
K	$3p^64s^1$	0.8	20 900	+1	2.272	1.962	1.33（+1）	0.75
Rb	$4p^65s^2$	0.8	90	+1	2.475	2.16	1.47	0.68
Cu	$3d^{10}4s^1$	1.8（+1） 2.0（+2）	55	0，+1，+2，（+3）	1.278	1.17	0.96（+1） 0.72（+2）	2.78（+2） 1.04（+1）
Sb	$5s^25p^3$	1.8（+3） 2.1（+5）	0.2	−3，+3，+4，+5	1.45	1.40	2.45（−3） 0.62（+5）	−1.22（−3） 8.06（+5）
Pb	$6s^26p^2$	1.6（+2） 1.8（+4）	12.5	0，+2，+4	1.750	1.47	1.20（+2） 0.84（+4）	1.67（+2） 4.76（+4）
Fe	$3d^64s^1$	1.7（+2） 1.8（+3）	56 300	0，+2，+3，（+6）	1.241	1.17	0.74（+1） 0.63（+1）	2.70（+2） 4.69（+3）
Hg	$5d^{10}6s^2$	1.8	0.08	0，+1，+2	1.503	1.49	1.10（+1） 1.27（+1）	1.82（+1） 0.79（+1）
Ag	$4d^{10}5s^1$	1.9	0.07	0，+1，+2	1.455	1.34	1.26（+1） 0.89（+1）	0.79（+1） 2.25（+2）
Zn	$3d^{10}4s^2$	1.6	70	+2	1.33	1.25	0.74（+1） 0.88（+1）	2.70（+2）

元素	电子构型	负电性	地壳丰度 /(×10^{-6})	地球化学电价	原子半径 /Å	共价半径 /Å	离子半径 /Å	离子电位
Sn	$5s^2 5p^2$	1.7 （+2） 1.9 （+4）	2	+2, +4	1.405	1.41	0.93 （+1） 0.71 （+1）	5.63 （+4） 2.15 （+2）
Au	$5d^{10}6s^1$	2.3	0.004	0, +1, +3	1.442	1.34	1.37 （+1） 0.85 （+1）	0.73 （+1） 3.53 （+3）

引自：张宝贵等（2004）

1.2.2 矿物元素共生组合特征

虽然铊的平均丰度只有 0.8×10^{-6} μg/g，但是在地壳中含铊岩石较广泛，可存在于造岩矿物（含 K、Rb、Cs 等硅酸盐类矿物）、硫化物、含硫酸盐类矿物内，也可存在于沉积成因的锰矿、煤矿、钾盐、白铁矿等矿物内。铊在酸性岩中的含量比基性岩中高，尤其在花岗岩中铊的含量很高。铊在深海锰结核、某些硫化物（黄铁矿、方铅矿、闪锌矿）及煤中的含量也很高（杨春霞，2004）。铊的独立矿物很少，早年发现的独立矿物有红铊矿（$TlAsS_2$）、硫砷辉锑汞铊矿（$Tl_4Hg_3Sb_2As_8S_{20}$）、红铊铅矿（$(Pb,Tl)_2As_5S_9$）、硒铊银铜矿（$Cu_7(Tl,Ag)Se_4$）、褐铊矿（Tl_2O_3）、硫铁铊矿（$TlFeS_2$）、辉铁铊矿（$TlFe_2S_3$）、水钾铊矾（$H_8K_2Tl_2(SO_4)_8 \cdot 11H_2O$）等。铊在内生成矿作用中主要以类质同象状态存在，只有在热液作用晚期为胶体所吸附。在外生作用下，铊主要以胶体吸附状态存在。在内生成矿作用过程中，特别是低温热液矿床中，铊主要富集于 Pb、Hg、Sb、As、Se 等含硫盐类矿物及硫化物内。铊的类质同象置换、胶体吸附作用过程和富集规律，主要受内在的晶体化学特点（极化性质、离子半径、电价、配位数等）与外在的环境介质条件（pH、温度、压力、氧化还原电位等）控制。在内外因相互作用下，铊可以富集在不同类型、不同成矿阶段、不同种类的矿物内，表明铊在整个岩浆作用和风化沉积作用过程中的分异作用（陈永亨 等，2020）。

铊矿床通常具有低温多元素组合。铊矿化一般与 Au、As、Sb、Hg 等矿化关系密切，并组成低温成矿元素组合，如地中海—阿尔卑斯低温成矿域中出现的 Sb-As-Tl、Sb-Pb(Zn)-Tl 和 Sb-As-Hg 等低温成矿元素组合，中国滇黔地区和北美卡林金矿带出现的 Au-As-Hg-Sb-Tl 低温成矿元素组合。按矿物组合大致可以分为：①以砷和锑为主的矿物组合，如在阿尔萨尔（Alsar）矿床中，铊矿物与大量雄黄、雌黄、辉锑矿共生；②以砷为主的矿物组合，铊矿物与雄黄、雌黄、黄铁矿共生，以不产出或产出少量辉锑矿为特征；③以锑为主的矿物组合，如在卡林矿床中，辉锑矿发育，只产出少量雄黄和雌黄；④矿床中不含雄黄、雌黄和辉锑矿，如香泉铊矿床和沃克恩亚卡威萨矿床。另外，铊矿床的围岩蚀变各不相同。硅化、碳酸盐化、黄铁矿化、重晶石化、萤石化是最常见的蚀变类型，也是典型的低温蚀变组合，这也说明铊矿床与低温成矿作用关系密切。典型铊矿床的矿物共生组合、围岩蚀变特征及其他地球化学特征见表 1.3。

表 1.3 典型铊矿床地质地球化学特征对比

项目	中国贵州滥木厂铊矿床	中国云南南华砷铊矿床	中国安徽香泉铊矿床	马其顿阿尔萨矿床	瑞士伦哥巴契矿床	美国卡林矿床
大地构造背景	扬子准地台、华南加里东褶皱系、右江造山带的过渡地带	华南地台滇东凹陷褶皱带东偏西部分	前陆褶冲断带与前陆盆地的过渡地带	区域大型拉张带中	绿片岩相、角闪岩相变质岩地区	大陆边缘裂陷带
成矿时代	燕山晚期	燕山晚期	（73±0.5）Ma	5.8 Ma	（18.5±0.5）Ma	42～38 Ma
控矿构造	与深大断裂沟通的次级断裂构造	深大断裂和次级横断裂，向斜、背斜核部	与深大断裂沟通的次级断裂构造	高角度逆断层	等斜褶皱	逆冲断层和断裂构造破碎带
岩浆岩	矿区内未见侵入岩	矿区内无大的侵入岩	矿区内未见侵入岩	长英质钙碱性到碱性火山岩、火山侵入岩	矿区内未见侵入岩	附近有中生代侵入岩
赋矿围岩	上二叠统泥灰岩、黏土质砂岩和碳质黏土岩	中侏罗统泥碳质灰岩和白云质泥岩	寒武系、奥陶系白云质灰岩、钙质质粉砂岩、粉砂岩和泥质粉砂岩	三叠系、古近系新生界碳酸盐岩、白云岩和火山凝灰岩	三叠系低级变质白云岩	志留系、泥盆系碳酸质灰岩或砂白云岩
围岩蚀变	硅化、高岭土化、辰砂化和黄铁矿化	硅化和高岭土化	硅化、碳酸盐化、莹石化、重晶石化和黄铁矿化	去碳酸盐化、硅化、高岭土化、绢云母化和白云母化	黄铁矿化、重晶石化、黑云母化	去碳酸盐化、泥化、硅化和硫化
元素组合	As-Hg-Tl	As-Hg-Tl	Tl	Au-As-Sb-Tl-Hg	Pb-Zn-As-Tl-Ba	Au-As-Sb-Tl-Hg
典型铊矿物组合	红铊矿、斜硫砷汞铊矿和铊明矾	硫砷铊铅矿、辉铁铊矿和铊铅黄铁矿	硫铁铊矿、红铊矿和褐铊矿	贝硫砷铊矿、斜硫砷汞铊矿、硫砷铊铅矿、辉铁铊矿、斜硫砷汞铊矿（新民矿）、硫砷汞铊矿和维硫锑铊矿等	红铊铅矿、铜红铊铅矿、拉硫铊银矿、硫砷铅铊矿、硫砷锡铊矿、贝硫砷铊矿和硫砷锌铊矿等	辉铊矿、红铊矿、硫砷铊矿、斜硫砷汞铊矿、维硫铊矿和硫砷汞铊矿
共生矿物	雄黄、雌黄、辰砂矿和辉锑矿	雄黄和雌黄	黄铁矿	黄铁矿、白铁矿、砷黄铁矿、辉锑矿、雄黄和雌黄	雄黄、雌黄、砷黄铁矿、黄铁矿、闪锌矿和方铅矿	雄黄、辰砂、辉锑矿
成矿温度/℃	107～194，平均159	70～187	180～260	<200	<300	150～250
成矿流体 pH	中性至弱酸性	弱酸性	弱酸性	pH<5，高硫逸度	弱酸性	中性至弱酸性
成矿流体盐度 w_B/%	低盐度	低盐度	1.2～3.0	7.9～12.9	低盐度	<5.0

引自：范裕等（2005）

1.2.3　铊矿床成矿条件和成矿模式

从铊矿床的矿物共生组合及其地球化学特征可总结出铊成矿物理化学条件，由于铊的超常富集基本都出现在成矿热液的较晚阶段，铊矿化形成的温度为 $150 \sim 300\ ℃$，铊矿物的形成温度多为 $150 \sim 200\ ℃$，属中-低温范畴；成矿流体以盐度 $w_B<10\%$ 和弱酸性为特征；成矿压力通常较低。因此，铊矿床的成矿流体以低温、中-低盐度和弱酸性为特征（表1.3）。研究表明，铊在低盐度、酸性至微碱性流体中以二硫化物或铊的氯化物形式搬运。硅质试管实验和热液重结晶实验表明，大部分铊矿物形成于低温（$<250\ ℃$）、较低压力（$<250\ MPa$）、高硫逸度和微酸性的封闭还原环境。温度下降和 pH 上升是铊沉淀的主要机制（范裕 等，2005）。

虽然不同的研究者对铊矿床的成矿模式有不同的见解，但大多数铊矿床的形成可以分为两个阶段，预富集阶段和热液改造成矿阶段。预富集阶段有多种形式：①生物富集成矿，如在中国贵州滥木厂铊矿床中含生物成因的红铊矿；②海底热液成矿，如在瑞士伦哥巴契（Lengenbach）矿床中，有早期阶段由海底或接近海底含硫化物的热液和微生物形成的碳酸盐岩层控含铊硫化物存在；③同时进行的物理化学富集和生物化学富集，如中国云南南华铊矿床，矿源层中淋滤出来的成矿物质在湖盆封闭环境中被丰富的生物和生物遗体选择性摄取和吸附，从而形成铊的初步富集。这一阶段以生物参与为特征，地层中有丰富的生物化石，特别是微古生物化石被含铊成矿热液交代形成呈生物化石铸型的铊矿物，尤其呈有孔虫假象的铊矿物，代表沉积成岩成矿期即生物富集成矿阶段。矿物颗粒细小，多小于 1 mm，呈浸染状，胶状分布在含矿层中，与晚二叠世沉积成岩期同时或稍晚，属海西晚期成矿（涂光炽 等，2003）。

热液改造成矿阶段主要由成矿热液改造矿源层，元素被活化并向构造脆弱带迁移，伴随流体温度的下降，在成矿的有利部位富集成矿。由于热液改造和叠加作用，形成的改造矿石，特别是改造型富矿石，几乎完全改变了生物富集成矿阶段的面貌。该阶段与生物富集成矿阶段形成的矿物，特别是铊矿物明显不同，颗粒粗大，均大于 1 mm，个别晶体可达 $5 \sim 10$ mm。矿物形态多样，有块状、放射状、板状等。铊矿体和矿石中见不到生物化石和生物化石铸型的铊矿物，完全被典型热液矿物所代替。热液改造成矿阶段发生在中三叠世，属印支期成矿（涂光炽 等，2003）。

铊在表生条件下活动性很高，很容易被再次分散循环。在一些铊矿床的表生氧化带中，铊以氧化物如褐铊矿（Tl_2O_3）和矾类 $[TlFe_3(SO_4)_2]$ 及胶体吸附的形式形成局部富集，如在中国贵州滥木厂铊矿床氧化带的铊明矾（范裕 等，2005）。

1.3　铊的生物毒理性质

关于铊的毒性问题，铊的两位发现者克鲁克斯和拉米之间曾有过争论。拉米是最早研究铊生物毒理性质的科学家，他首先发现铊有很强的毒性，拉米的实验证明约 5 g 硫酸铊溶解在牛奶中足以杀死 2 只母鸡、6 只鸭子、2 条小狗和 1 条母狗。克鲁克斯则不认为铊有毒，理由是他曾经长时间用铊蒸气做实验，并没有发现身体异常；他还曾吞下了一两粒铊盐，也没发现身体出问题。

铊有毒性，而且是剧毒。在这个问题上没有什么可争执的。铊是最毒的稀有金属元素之一，铊离子及化合物都有毒，自铊被发现以来，国际上有关铊中毒的事件时有发生，严重的铊中毒导致意识障碍和死亡。铊已被各国政府限制使用，因而职业性的铊中毒并不多见。但由于资源开发带来的铊污染日趋严重，原西德北部地区某水泥厂由于含铊粉尘污染，附近居民长期食用污染蔬菜和水果而发生了慢性铊中毒。云南南华砷铊矿床在 40 年的开采历史中，也已经显现出明显的铊污染效应。铊的毒性为 As_2O_3 的 3 倍多（Chandler and Scott，1986），近似于 Hg，比 Pb、Cd、Cu、Zn 高（Seiler et al.，1989），且具有蓄积性，毒性作用能延续很长时间。有数据表明：质量浓度为 2 mg/L 和 10 mg/L 的铊可分别使海洋中的微生物和甲壳动物中毒；质量浓度为 1 mg/L 的铊会使植物中毒；狗皮下注射或静脉注射铊的致死量为 12～15 mg/kg（周令治和邹家炎，1993）。食物中人对铊的允许摄入量为 0.001 5 mg/d，致死量为 600 mg/d 或 10～15 mg/kg（Moore et al.，1993）。

铊可经呼吸道、消化道和皮肤接触等途径进入机体，被吸收后广泛分布于机体内各个组织器官，易透过血脑屏障，经肾脏及肠道排出，并蓄积于各组织、头发和指甲中。对家兔的体内毒物动力学研究表明，铊的特点是分布极快，呈周身分布，其消除较缓慢，消除半衰期较长，为 26.76 h，并在体内有一定量的蓄积（黄丽春 等，1996a）。

1.3.1 生物毒理研究

据报道，铊可使怀孕小鼠的胚胎发生严重的骨骼畸形；铊还能使大鼠胚胎纤维母细胞 DNA 断裂，也能引起单链 DNA 断裂，具有明显的致突变效应；铊对哺乳动物的生殖功能可能有不良影响。研究表明，碳酸铊能诱发小鼠骨髓多染红细胞微核和精子畸形率升高，说明铊能通过睾丸屏障，干扰精子的发育过程。铊能使大鼠精子的抗酸能力、运动和数量发生变化，睾丸内精子生成能力减弱，功能失常（张冬生，1987）。

铊还能诱导基因突变。在 10^{-3} mol/L 时，硝酸铊在大肠杆菌 WP$_2$ try 和 WP$_2$ hcrtry 菌株回变实验中呈阳性，说明铊可能是碱基置换型诱变剂。在 V$_{79}$ 细胞诱变实验中，铊能使次黄嘌呤鸟嘌呤磷酸核糖基转移酶（hypoxanthine-guanine phosphoribosyltransferase，HGPRT）的基因发生突变，使（HGPRT$^+$）细胞变成（HGPRT$^-$）细胞（王旭东，2009）。铊离子对人体有致畸作用早有文献报道，慢性铊中毒患者在怀孕的头 3 个月可引起胎儿畸形，如果中毒发生在怀孕 3 个月以后，达到一定的剂量限度后，婴儿的中枢神经系统会被破坏。

铊对雄性动物的生殖功能有明显影响，动物实验证明睾丸是仅次于肾脏的铊的主要蓄积部位和可能的靶器官，铊中毒可严重损害动物睾丸的发育。铊有明显的致畸效应，不但能抑制 DNA 合成，影响染色体复制，诱发哺乳动物染色体畸变，而且可诱发人类细胞染色体畸变的增加。如铊能与线粒体膜的巯基结合，干扰含硫氨基酸的代谢，并抑制细胞的有丝分裂。从癌变与突变的关系及癌变原理考虑，铊可能是潜在的致癌物（李汉帆 等，2007；杨克敌，1995）。

铊对鸡、兔、鼠的毒理学研究表明（郭昌清 等，1996；黄丽春 等，1996b；李红 等，1996；冯毅 等，1990，1989），0.48 mg/kg 剂量以上的碳酸铊能诱发小鼠骨髓细胞核素增加；剂量为 0.047 mg/kg 时，诱发体外培养细胞形态转化；剂量在 0.83～2.50 mg/kg 时，可导致小鼠畸变，胚胎吸收率和胸骨、枕骨缺失。动物铊中毒的病理检查发现，肾脏可能是铊最早作用的靶器官，其次是睾丸，铊可使睾丸精子生成功能失常；同时也能够抑制动物甲状腺激素的分泌，从而抑制骨骼的生长和发育，表现为动物胚胎发育迟缓、畸形、骨骼短小弯曲、软骨发育不全等（崔明珍 等，1990）。

1.3.2 生物毒理症状

急性铊中毒者通常首先出现恶心、呕吐、腹痛等消化道表现，入血后迅速分布于全身器官，其间神经系统症状突出，出现下肢针刺样、灼烧样疼痛、发麻等症状（黄觉斌 等，1998）。铊长期累积会导致人体慢性中毒，其临床症状轻者表现为头晕、耳鸣、乏力、食欲下降、头痛、四肢痛、腹痛和神经麻痹，同时还可引发神经炎；重者表现为脱发、双目失明甚至死亡（聂爱国和龙江平，1997；卢林周和白朝林，1981）。铊中毒累及全身各系统可出现血压升高、心跳过速、心电图异常、蛋白尿、肝功能异常、内分泌异常等（Moeschlin，1980）。

一般来说，人体急性铊中毒往往都是通过口服铊化合物引起的（USDHHS，1992）。急性铊中毒的症状主要表现为恶心、呕吐、腹泻和腹部绞痛（孟亚军 等，2005），慢性铊中毒的症状主要表现为脱发、末梢神经疾病（疼痛敏感、脚跟疼痛）、视力下降和胃部不适（黄觉斌 等，1998；Zhou and Lin，1985）。水的硬度和腐殖酸不能降低铊的毒性，因为铊不能与腐殖酸、碳酸盐或碳酸氢盐形成稳定的络合物（Zitko，1975）。

动物的急性铊中毒表现为神经系统和消化系统症状，如坐立不安、惊厥、运动障碍、抽搐、下肢部分麻木、失水、血性腹泻或便秘、胸闷和呼吸衰竭（Smith and Carson，1977）。这些症状与人体急性铊中毒的表现一致。铊的硫酸盐对老鼠的最小致死量约为 25 mg/kg，而铊的硫酸盐对雌性野鸭的最小致死量与老鼠相近（Smith and Carson，1977）。铊的乙酸盐和氧化物对老鼠的半数致死量分别为 32 mg/kg 和 39 mg/kg（USDHHS，1992）。铊在水环境中的行为仍然不十分清楚，当水中铊的质量浓度为 1～60 mg/L 时，可以使水体中的鱼死亡（Zitko et al.，1975；Nehring，1962）。对铊 48 h 急性毒性测试可知，水蚤和网纹蚤的半数致死量分别为 810 μg/L 和 410 μg/L（Lin，1997）。

对人体误服不同类型的铊化合物后的情况研究表明，肾、肝和肌肉容易受影响；但是没有足够的数据表明当人体摄入铊之后，呼吸系统会遭到损害。人体急性铊中毒的症状为肠胃炎、腹泻或便秘、呕吐、腹痛（USDHHS，1992）。人体铊中毒的平均致死剂量为 10～15 mg/kg，在此剂量条件下若不及时医治，将在 10～12 天内死亡（WHO，1996）。慢性铊中毒的症状与急性铊中毒相似，但会比急性铊中毒的症状缓慢一些（WHO，1996）。人体慢性铊中毒通常需要数月的时间才能康复，但是铊中毒对神经和大脑造成的损害会使患者有失明和记忆力衰退的后遗症（WHO，1996）。铊的流行病学研究表明：长期食用受铊污染的粮食、蔬菜后可能会导致人体慢性铊中毒（Zhou and Lin，1985）。

铊可以通过食物链、皮肤接触、飘尘烟雾进入动物和人体。铊对组织器官的亲和能力依次为：肾＞睾丸＞肝＞脾＞前列腺＞毛发，也有报道认为心脏是早期铊中毒的攻击目标（黄丽春 等，1996b）。张忠等（1999a）对滥木厂铊污染区中鸡的各器官含铊量分析表明：鸡骨骼中含铊量最高，达 6.41 mg/kg；其次是鸡胃，为 1.10 mg/kg；之后是鸡心和鸡毛，分别为 1.07 mg/kg 和 1.05 mg/kg。铊中毒患者的尿液、头发、大便、指甲的铊含量分析显示：头发含铊量最高，然后依次为指甲、大便和尿液（聂爱国和龙江平，1997）。张宝贵和张忠（1996）对铊污染区人体中的铊含量分析表明，吸入人体的铊部分被排出体外，其余部分则在内脏中富集。人体（头发、尿液、指甲）中铊含量可作为评价铊接触中毒水平的重要参考依据。如根据铊在尿液中含量的高低可区分病人受铊毒害的轻重程度，尿液中铊质量浓度小于 100 μg/L 为非铊病患者，100～1 000 μg/L 为轻铊病患者，大于 1 000 μg/L 为重铊病患者（张忠 等，1999b）。

1.3.3 生物毒理机理

关于铊的毒性机理尚未完全清楚。Tl$^+$的理化性质与 K$^+$相似，能够影响生物体内与 K$^+$有关的酶系，如铊与钠-钾激活的 ATP[①]酶的亲和力比钾大 10 倍，从而干扰正常的新陈代谢活动，竞争性地抑制钾的生理生化作用（邱玲玲 等，2013；彭敏和李蕴成，2008）。这种大的酶系亲和力可引起毒性作用，铊进入细胞内不易再排出，并与与钾有关的受体部位结合，当铊的浓度升高时，就产生明显的毒性效应，与高钾状态相似，如影响肌纤维膜的兴奋性、心肌活动性、神经纤维的电势、神经-肌肉之间的兴奋性传导、肾脏电解质转运等。通过实验验证，低浓度的 Tl$^+$即可取代钾激活的哺乳动物或微生物的钾依赖性酶系中的 K$^+$，这些酶系包括磷酸酶、丙酮酸激酶、丝氨酸脱氢酶、AMP[②]-脱氨酶、维生素 B12 依赖性二醇脱氨酶、L-苏氨酸脱水酶、酵母醛脱氢酶等（汪颖和何跃忠，2010）。

一般认为铊可通过三种途径发挥其毒性作用：①干扰依赖钾的关键生理过程；②影响 Na$^+$/K$^+$-ATP 酶的活性；③与巯基结合。铊遵循营养元素钾的分布规律，而且会改变与钾有关的作用过程。如植物中的 Tl$^+$与 K$^+$具有拮抗作用，抑制钾在植物中的转移，进而影响营养物质在植物中的正常运输（张兴茂，1988）。Tl$^+$能成为 K$^+$在酶反应中的替代品，与细胞膜表面的 Na$^+$/K$^+$-ATP 酶竞争结合进入细胞内，在酶中铊与同价态的钾相比有大于 10 倍的亲和性，这些增加的亲和性会引起中毒。铊的毒性机理可能还包括与线粒体表面的含巯基团结合，与维生素 B2 和维生素 B2 辅酶相互作用破坏钙体内平衡等（杨克敌，1995）。

铊的亲硫性使它可与蛋白或酶分子上的巯基结合，干扰其生物活性。实验表明，铊盐可使哺乳动物的血清巯基含量下降。线粒体氧化呼吸链中含巯基酶的巯基与铊结合后，可导致该酶氧化-磷酸化脱偶联。另外，铊在无离子渗入的情况下刺激琥珀酸氧化，也可引起氧化-磷酸化脱偶联，干扰能量的产生，使神经系统首先受到影响。铊也可与半胱氨酸上的巯基结合而影响半胱氨酸加入角蛋白的合成，导致毛发脱落（汪颖和何跃忠，2010）。

铊也可与核黄素结合，使核黄素蛋白合成减少，影响黄素腺嘌呤二核苷酸参与能量

---

① ATP为腺苷三磷酸（adenosine triphosphate）的英文缩写
② AMP为腺苷-磷酸（adenosine monophosphate）的英文缩写

代谢,导致丙酮酸代谢和其他有关的能量代谢发生障碍。因此,铊中毒的一些神经症状与核黄素缺乏症十分相似(邱玲玲 等,2013)。

此外,铊还对其他生理活动产生干扰作用。如铊与多核糖体结合,可干扰蛋白质的合成。铊能拮抗钙离子对心肌的激活效应,对窦房结具有去心律作用。铊可使脑组织的脂质过氧化速率升高,促使脑细胞衰老退化。Tl^{3+}能抑制储胺颗粒上的 ATP 酶活性,引起儿茶酚胺代谢紊乱,铊还能抑制线粒体中 δ-氨基-γ-酮戊酸合成酶的活性、增强线粒体血红素降解酶和血红素氧化酶的活性,因而可使线粒体血红素含量降低,细胞色素 P-450 和苯胺羟化酶活性皆降低,导致混合功能氧化酶的功能受损(魏庆义,1986)。

1.4 铊的资源性质

1.4.1 致毒性质

自被发现以来,铊由于具有剧烈的生物毒理性质,其早期应用主要在医学方面。铊及其化合物初期主要用于治疗疟疾、梅毒、淋病、结核病、头癣、痢疾、痛风、盗汗等疾病(王艳,1996)。1883 年铊用于治疗梅毒,1897 年开始用作脱毛剂,1898 年用于治疗肺结核,1919 年开始用作治疗金钱癣和某些传染性皮肤病,但因治疗剂量与中毒剂量之差太微小,逐步限制了在这方面的应用(Nriagu,1988)。而铊化合物辐射检测仪在诊断心血管疾病与肿瘤,乙酸亚铊(TlA_C)治疗痢疾及结核病、铊盐治皮肤病等方面仍有所发展。

铊早期还被广泛应用于农业领域,1920 年开始被广泛用作杀鼠、灭蚁、杀虫和防霉药剂。由于铊的剧烈生物毒理性质,在使用过程中产生大量中毒事件,而且容易造成环境污染,在 20 世纪 60~70 年代,含铊的杀虫剂逐步被各国政府限制使用。

1.4.2 发光性质

铊是一个发光元素,铊的发现就是因为它在火焰中发出绿色光谱线。20 世纪 80 年代以来,铊的发光性质被广泛用于电子、军工、航天、化工、冶金、通信、卫生等多个领域,在光导纤维、辐射闪烁器、光学透镜、辐射屏蔽材料、催化剂和超导材料等方面具有很好的潜在应用能力。铊化合物还是生产高压硒整流片、电阻温度计、无线电传真、原子钟表等的重要材料,在化工、电子、医学、航天、高能物理、超导和光学等领域的应用日益增多。目前,铊主要作为高新技术领域功能材料的重要组成部分,如 γ 射线检测设备、高精密度的光学仪、红外探测器、特殊合金、光敏设备、超导材料、光纤通信、电子计算机等(Llewellyn,1990);在化工领域,铊及其化合物可作为许多氧化反应的催化剂(周令治和邹家炎,1994)。

在现代医学中铊同位素(^{201}Tl)被广泛用于心脏、肝脏、甲状腺、黑素瘤和冠状动脉类疾病的检测诊断和治疗(郭金成 等,1998;林景辉 等,1997)。

铊化合物已经成为现代电子工业中的重要材料,在国防军事方面的作用更不可轻视。铊的硫化物对肉眼无法看见的红外线特别敏感，用其制作的光敏光电管，可在黑夜或浓雾大气条件下接收信号和进行侦察工作，还可用于制造红外线光敏电池。卤化铊的晶体可制造各种高精密度的光学棱镜、透镜和特殊光学仪器零件。在第二次世界大战期间，氯化铊的混合晶体就曾被用来传送紫外线，在深夜进行敌情侦察或内部联络。近年来，应用溴化铊与碘化铊制成的光纤对 CO_2 激光的透过率比石英光纤要好得多，非常适用于远距离、无中继、多路通信。碘化铊填充的高压汞铊灯为绿色光源，广泛应用于信号灯生产和化学工业光反应的特殊发光光源方面。在玻璃生产过程中，添加少量的硫酸铊或碳酸铊，其折射率会大幅度提高，完全可以与宝石相媲美。

1.4.3　超导性质

随着科学的进步和发展，人们逐渐发现铊合金在工业中的作用巨大。从 20 世纪 90 年代起，铊的主要应用从电子工业转向高温超导材料。如美国 1985 年用于超导材料的铊量为零，但 1993 年报道用于超导材料的铊在铊总量的占比已超过 50%，直到 21 世纪初每年约为 80%以上，用作磁能存储器、磁力发动机及磁共振仪等。含铊高温超导材料是继钇系、铋系之后，于 1988 年发现的第三类高温超导体（Sheng and Hermann，1988）。铊系高温超导体是所有高温超导体中成员最多的家族，在晶体结构上几乎涵盖了所有铜基氧化物高温超导体的晶体类型。铊系超导体分为两个分族。第 1 个分族的分子通式为 $Tl_2Ba_2Ca_{n-1}Cu_nO_{2n+4}$，$n=1,2,3\cdots$。该分族有 3 个成员，即 Tl-2201、Tl-2212 和 Tl-2223；因为该族成员有 2 个 Tl 原子，又称为铊双层分族。第 2 个分族的化学通式为 $Tl(Ba,Sr)_2Ca_{n-1}Cu_nO_{2n+4}$，$n=1,2,3\cdots$。该分族也有 3 个成员，即 Tl-1201、Tl-1212 和 Tl-1223；因该族成员有单个 Tl 原子，又称为铊单层分族（古宏伟 等，2015；信赢，2003）。

1.4.4　金属合金性质

铊金属合金在提高合金强度、改善合金硬度、增强合金抗腐蚀性等方面具有突出性能。铊与铅的合金多用于生产特种保险丝和高温锡焊的焊料。铊与铅、锡金属的合金具有抵抗酸类腐蚀特性，非常适用于酸性环境中机械设备的关键零件。铊与汞的合金熔点低至-60℃，常被用于填充低温温度计，可以在极地等高寒地区和高空低温层中使用。此外，铊锡合金被用作超导材料，铊镉合金是原子能工业中的重要材料。

1.4.5　勘探指示作用

除在医学和工业领域方面的应用外，铊在地质领域也有着广泛的应用。由于铊与金的地球化学和晶体化学性质很相似，在矿物和矿体中常共生，铊可作为找金的指示元素，其异常范围大且清晰，尤其在隐伏金矿体的地表，金含量很低（Au 质量分数$<1\times10^{-9}$ng/g），但铊显示的异常可高出金几倍至几百倍；因此，以往常用铊作为寻找金矿，特别是隐伏金矿的指示元素（侯嘉丽和杨密云，2002，1995；邹振西 等，2000；曾庆栋 等，1998；潘家永和张宝贵，1997；龙江平 等，1994；Warren et al.，1988；Massa et al.，1987；

Ikramuddin 和谭礼国，1985）。植物找矿作为一种"绿色"找矿方法，具有成本低、方法简便等优点，其技术特点是利用地面植物与化学元素含量之间的植被图像数据变化关系作为探矿指标。

铊是一个非常活泼的元素，而且铊的资源性质非常广泛，应用于诸多领域，特别是在高科技领域，因此铊是一种战略性资源。但是由于铊以稀有分散状态赋存于各种环境介质中，在工业上进行分离提取和富集有一定难度。此外，因为所有铊化合物都有毒，铊一旦进入环境，将给人类和生物界带来巨大的威胁。铊是世界上优先控制的 13 种金属污染物之一，所以铊的应用受到相应的限制。然而，作为战略性资源，铊的保护和储备是必须的，政府部门应该给予高度重视。

参 考 文 献

陈永亨, 谢文彪, 吴颖娟, 等, 2001. 中国含铊资源开发与铊环境污染. 深圳大学学报(理工版), 18(1): 57-63.

陈永亨, 齐剑英, 吴颖娟, 等, 2020. 铊环境分析化学方法. 北京: 科学出版社.

崔明珍, 肖白, 刘建中, 等, 1990. 铊的毒性及其最高容许浓度的估算. 卫生毒理学杂志, 4(1): 21-23.

范裕, 周涛发, 袁峰, 2005. 铊矿物晶体化学和地球化学. 吉林大学学报(地球科学版), 35(3): 284-290.

冯毅, 章燕程, 陈葛眉, 等, 1989. 硫酸铊致雏鸡胚胎发育骨骼畸形的观察. 天津医学院学报, 13(2): 27-31.

冯毅, 章燕程, 陈葛眉, 等, 1990. 硫酸铊对鸡胚胎甲状腺影响的观察. 福建医学院学报, 24(1): 5-7.

郭昌清, 冯慈影, 董矛, 等, 1996. 铊在大白鼠体内的吸收、分布和排泄. 工业卫生与职业病, 22(3): 139-141.

郭金成, 胡旭东, 王金城, 等, 1998. 血管重建术前后存活心肌的评价(附 27 例报告). 中华核医学杂志, 18(2): 97-98.

古宏伟, 董泽斌, 韩征和, 等, 2015. 高温超导材料的研发、产业化经济性能提高. 电工电能新技术, 34(6): 1-15.

侯嘉丽, 杨密云, 1995. 用铊作探途元素寻找金矿. 有色金属矿产与勘查, 4(4): 223-227.

侯嘉丽, 杨密云, 2002. 铊元素分析在非卡林型金矿找矿中的应用研究. 黄金科学技术, 10(1): 41-46.

黄丽春, 霍学义, 郭昌清, 1996a. 兴仁县回龙村矿石、废矿渣对周围环境的铊污染调查. 工业卫生与职业病, 22(3): 158-160.

黄丽春, 霍学义, 郭昌清, 1996b. 碳酸亚铊在家兔体内的毒物动力学研究. 工业卫生与职业病, 22(2): 77-79.

黄觉斌, 魏镜, 李舜伟, 等, 1998. 铊中毒五例临床分析. 中华医学杂志, 78(8): 610-611.

Ikramuddin M, 谭礼国, 1985. 铊: 矿床的一种潜在指示剂. 地质地球化学, 5: 6-12.

李汉帆, 朱健如, 付洁, 2007. 铊的毒性及对人体的危害. 中国公共卫生管理, 23(1): 77-79.

李红, 黄丽春, 郭昌清, 1996. 碳酸铊对小白鼠微核的影响. 职业卫生与病伤, 11(1): 41-42.

林景辉, 柴晓峰, 朱玫, 等, 1997. ^{201}Tl 再注射心肌显像和再注射后延迟显像检测心肌存活的对比研究. 中华核医学杂志, 17(3): 146-149.

刘英俊, 曹励明, 李兆麟, 等, 1984. 元素地球化学. 北京: 科学出版社.

龙江平, 张宝贵, 张忠, 等, 1994. 铊的地球化学异常与金矿找矿. 地质与勘探, 30(5): 56-61.

Massa P J, Ikramuddin M, 府善德, 1987. 美国内华达州科莫矿区含金银石英脉及伴生火山岩类中的铊. 地质地球化学, 4: 7-10.

孟亚军, 张志荣, 贺东平, 2005. 铊的卫生学研究进展. 现代预防医学, 32(9): 1074-1077.

卢林周, 白朝林, 1981. 慢性铊中毒致视神经萎缩一例报告. 中华眼科杂志, 17(4): 247.

聂爱国, 龙江平, 1997. 贵州西南地区慢性铊中毒途径研究. 环境科学与技术(1): 12-14,45.

潘家永, 张宝贵, 1997. 铊: 寻找微细浸染型金矿床的指示元素. 矿物学报, 17(1): 45-49.

彭敏, 李蕴成, 2008. 铊对神经系统损伤研究进展. 微量元素与健康研究, 25(1): 564-565.

邱玲玲, 宋治, 陈茹, 2013. 急性铊中毒研究进展. 国际病理科学与临床杂志, 33(1): 87-92.

田雷, 2009. 中国南方地区铊地球化学特征. 北京: 中国地质大学(北京).

涂光炽, 高振民, 胡瑞忠, 等, 2003. 分散元素地球化学及成矿机制. 北京: 地质出版社.

王春霖, 2010. 含铊硫铁矿中铊在硫酸生产过程的赋存形态转化、分布特征及对环境污染的贡献. 广州: 中国科学院广州地球化学研究所.

王旭东, 2009. 有毒微量元素铊的催化动力学法测定研究. 合肥: 合肥工业大学.

王艳, 1996. 铊及其应用. 河南师范大学学报(自然科学版), 24(3): 98-99.

汪颖, 何跃忠, 2010. 铊中毒与急救的研究进展. 国际药学研究杂志, 37(2): 118-121.

Warren H V, Horsky S J, 项魁辰, 等, 1988. 铊: 一种生物地球化学勘查金的工具. 地质地球化学, 2: 13-15.

魏庆义, 1986. 铊中毒及其机理研究概况(综述). 卫生研究, 15(1): 12-16.

武汉大学和吉林大学, 1994. 无机化学. 第三版. 上/下册. 北京: 高等教育出版社.

信赢, 2003. 铊系高温超导体的化学、晶体结构、材料特征及生产工艺. 低温物理学报, 25(S1): 315-324.

杨春霞, 2004. 含铊黄铁矿利用过程中毒害重金属铊的迁移释放行为研究. 广州: 中国科学院广州地球化学研究所.

杨克敌, 1995. 铊的毒理学研究进展. 国外医学. 卫生学分册, 22(4): 201-204.

张宝贵, 张忠, 1996. 铊矿床: 环境地球化学研究综述. 贵州地质, 13(1): 38-44.

张宝贵, 张忠, 胡静, 等, 2004. 铊地球化学和铊超常富集. 贵州地质, 21(4): 240-244.

张冬生, 1987. 碳酸铊对微核率和精子畸形率的影响. 卫生研究, 16(1): 13-17.

张兴茂, 1988. 云南南华砷铊矿床的矿床和环境地球化学. 矿物岩石地球化学通报, 17(1): 44-45.

张忠, 陈国丽, 张宝贵, 等, 1999a. 滥木厂铊矿床及其环境地球化学研究. 中国科学(D 辑: 地球科学), 25(5): 433-440.

张忠, 陈国丽, 张宝贵, 等, 1999b. 尿液、头发、指(趾)甲高铊汞砷是铊矿区污染标志. 中国环境科学, 19(6): 481-484.

周令治, 邹家炎, 1993. 稀散金属手册. 长沙: 中南工业大学出版社.

周令治, 邹家炎, 1994. 稀散金属近况. 有色金属: 冶炼部分(1): 42-46.

曾庆栋, 沈远超, 杨金中, 等, 1998. 山东乳山金矿区及外围铊地球化学找矿研究. 黄金科学技术, 6(4): 8-13.

邹振西, 陈代演, 任大银, 2000. 植物灰分法在黔西南某些铊矿床(点)的初步应用. 贵州工业大学学报(自然科学版), 29(6): 15-24.

Chandler H A, Scott M, 1986. A review of thallium toxicology. Journal of the Royal Naval Medical Service,

72(2): 75-79.

Lee A G, 1971. The chemistry of thallium. Amsterdam: Elsevier.

Lin T S, 1997. Thallium speciation and distribution in the Great Lakes. Ann Arbor: University of Michigan.

Llewellyn T O, 1990. Thallium. Ceramic Bulletin, 69: 885-886.

Moeschlin S, 1980. Thallium poisoning. Clinical Toxicology, 17(1): 133-146.

Moore D, House I, Dixon A, 1993. Thallium poisoning: Diagnosis may be elusive but alnico is the clue. BMJ, 306(6891): 1527-1529.

Nehring D, 1962. Experiments on toxicological effect of thallium ions on fish and fish-food organisms. Zeitschrift Fischerei, 11: 557-562.

Nielsen S G, Rehkämper M, 2011. Thallium isotopes and their environmental applications to problems in earth and environmental science//Baskaran M. Handbook of environmental isotope geochemistry. Heidelberg: Springer.

Nriagu J O, 1988. History, production, and uses of thallium//Nriagu J O. Thallium in the environment. New York: Wiley-Interscience.

Schoer J, 1984. Thallium//Hutzinger O. The handbook of environmental chemistry. Vol 3/3C. Heidelberg: Springer.

Seiler H G, Sigel H, Sigel A, 1989. Handbook on toxicity of inorganic compounds. New York: Marcel Dekker Znc.

Shannon R D, 2015. Revised effective ionic radii and systematic studies of interatomic distances in halides and chalcogenides. Acta Crystallographica, Section A, 32: 751-767.

Shaw D M, 1952. The geochemistry of thallium. Geochimica et Cosmochimica Acta, 2(2): 118-154.

Shaw D M, 1957. The geochemistry of gallium, indium, and thallium: A review. Physics and Chemistry of the Earth, 2: 164-211.

Sheng Z Z, Hermann A M, 1988. Bulk superconductivity at 120 K in the Tl-Ca/Ba-Cu-O system. Nature, 332: 138-139.

Smith I C, Carson B L, 1977. Trace metals in the environment: I. Thallium. Ann Arbor: Ann Arbor Science Publishers.

USDHHS, 1992. Toxicological profile for thallium. Atlanta: Agency for Toxic Substances and Disease Registry.

Vink B W, 1993. The behavior of thallium in the (sub)surface environment items of Eh and pH. Chemical Geology, 109(1-4): 119-123.

WHO, 1996. Thallium and thallium compounds: Health and safety guide. Geneva: World Health Organization.

Zhou D X, Lin D N, 1985. Chronic thallium poisoning in a rural area of Guizhou Province, China. Journal of Environmental Health, 48: 14-18.

Zitko V, 1975. Toxicity and pollution potential of thallium. Science of the Total Environment, 4(2): 185-192.

Zitko V, Carson W V, Carson W G, 1975. Thallium: Occurrence in the environmental and toxicity to fish. Bulletin of Environmental Contamination Toxicology, 13: 23-30.

第 2 章　铊的丰度与环境污染途径

2.1　铊的宇宙丰度

元素的宇宙丰度最初是根据地壳化学组成的研究提出的元素相对丰度，随着原子核结构理论的发展，阐明元素丰度不是取决于元素的化学性质而是取决于核性质逐步得到完善。元素的宇宙丰度是指元素的太阳系丰度。一般太阳表面的元素丰度代表太阳星云的元素丰度。其中，挥发性元素丰度主要根据太阳光谱的测定结果，而非挥发性元素丰度以 I 型碳等球粒陨石的元素丰度为初始丰度，长期以来不同学者根据地球、月球和陨石的研究成果，以 Si 元素为 10^6 计算，铊的宇宙丰度为 0.1～0.192。刘英俊等（1984）总结报道铁陨石金属相中铊的丰度为 1.35 ng/g，陨硫铁相中铊的丰度为 10～200 ng/g。顽火辉石球粒陨石群中铊的丰度为 70～140 ng/g。Guo 等（1994）报道 IAB 铁陨石群中铊的平均丰度为 9.9±4.88 ng/g，IC 铁陨石群中为 10.9±5.28 ng/g，IIAB 铁陨石群中为 6.1±3.59 ng/g，IIC 铁陨石群中为 4.3±3.34 ng/g，IID 铁陨石群中为 4.5±0.95 ng/g，IIE 铁陨石群中为 4.3±1.98 ng/g，IIIAB 铁陨石群中为 9.2±4.33 ng/g，IIICD 铁陨石群中为 17.3±7.77 ng/g，IIIE 铁陨石群中为 14.0±6.36 ng/g，IIIF 铁陨石群中为 17.4±3.33 ng/g，IVA 铁陨石群中为 31.8±6.64 ng/g，IVB 铁陨石群中为 8.1±0.45 ng/g，未分群铁陨石中为 4.1±2.41 ng/g。碳质球粒陨石中铊的丰度为 163.5±7.78 ng/g，H 普通球粒陨石群中为 3.4±0.85 ng/g，L 普通球粒陨石群中为 4.2±1.56 ng/g（陈永亨 等，2020）。

铊在各类陨石中的丰度分布呈以下特点，铊在顽火辉石球粒陨石和碳质球粒陨石中相对富集，在普通球粒陨石和无球粒陨石中相对贫化。在铁陨石中，铊相对在陨硫铁中富集，在金属相中贫化，这是由铊的亲硫性质和挥发性决定的。在不同铁陨石化学群中，铊相对在 IVA 群和 IIIE 群富集，在 IAB 群和 IIICD 群中丰度范围相对较宽，这与铁陨石母体分异程度有关，由陨石样品中陨硫铁分布不均匀所决定（陈永亨 等，2020）。

2.2　铊的地球化学分布

2.2.1　在地球岩石中的分布

铊具有双重地球化学特性，既有亲石性，又有亲硫性。由于亲石性，铊的类质同象主要作为次配位的一价离子进入云母和钾长石中，在氧化物及氢氧化物中铊较广泛分布于沉积成因或矿床氧化带的锰矿物中；对硫酸盐矿床，铊则通常存在于明矾石、黄钾铁矾中（陈永亨 等，2002；刘英俊 等，1984）。不同类型矿物岩石中，铊的含量分布存在较大的差异。在岩浆岩中，铊的含量表现为自超基性岩向酸性岩和较小程度上向碱性岩升高的趋势（刘英俊 等，1984），超基性、基性、中性、酸性和碱性岩中铊的质量分数分别为 0.05～0.60 mg/kg、0.10～0.27 mg/kg、0.15～0.83 mg/kg、0.73～3.20 mg/kg 和 1.20～1.50 mg/kg（de Albuquerque et al.，1972）。在变质岩中，铊的平均质量分数为 0.653 mg/kg，其质量分数主要受变质母岩种类控制；在热液成因的变质绢云母中，铊的质量分数有时可以达到 10 mg/kg（Heinrichs et al.，1980）。在沉积岩中，铊的质量分数为 0.1～3.0 mg/kg，通常介于 0.27～0.4 mg/kg（Heinrichs et al.，1980）。在沉积岩中，通常黏土质岩石中铊的含量较高；但在还原条件下有 H_2S 存在时形成的黑色页岩更能富集铊，铊的质量分数可达 0.9 mg/kg（刘英俊 等，1984）。总体而言，沉积岩中铊的含量从砂岩、页岩到黏土岩是逐渐升高的（陈永亨 等，2002；Heinrichs et al.，1980）。表 2.1（Nriagu，1988）列出了各类岩石矿物中铊的分布。

表 2.1　各类地球岩石中铊的分布

分类	样品类型	铊质量分数/（mg/kg）
火成岩	超基性岩	0.05
	铁镁质岩	0.18
	中性盐	0.55
	花岗岩-流纹岩	1.7
	碱性岩	1.2
沉积岩	页岩	0.7
	砂岩	0.03
	碳酸盐	0.05
	杂砂岩	0.3
深海沉积物	碳酸盐	0.16
	黏土	0.6
	锰结核	1.9～199.8
	淡水沉积物	0.35
变质岩	榴辉岩	0.3
	片岩	0.6
	片麻岩	0.37
	板岩和千枚岩	0.46
	石英岩	0.02

2.2.2　在地球矿物中的分布

由于铊在地壳中主要以类质同象状态存在，部分呈胶体吸附，铊的独立矿物种类多、数量少。铊常以微量元素形式进入这些元素的含硫盐类矿物及硫化物矿物中，显示出铊元素的亲硫性（何立斌 等，2005）。环太平洋和地中海沿岸是发现铊矿物比较多和比较集中的地区（涂光炽 等，2003）。铊的矿化一般与 Au、As、Sb、Hg 等矿化关系密切，并组成低温成矿元素组合，因此铊矿物总是与矿床中矿石矿物和脉石矿物共生产出。除铊矿物外，其他共生产出的矿石矿物和脉石矿物均不同程度地含有微量的铊等分散元素，如表 2.2（涂光炽 等，2003）所示。表生矿物也含有微量的铊。石膏和泻利盐矿物中铊质量分数可高达 243 mg/kg 和 198 mg/kg（张宝贵 等，1997）。表 2.3 列出了我国部分含铊矿物中铊的质量分数，在这些矿物中虽然没有发现铊独立矿物，但铊已经呈现相当高的富集程度。目前世界上已经发现的铊矿物共有 56 种（范裕 等，2005）。其中铊的硫化物类矿物 4 种，铊的硒化物 3 种，铊的锑化物 1 种，铊的氧化物 2 种，铊的氯化物 1 种，铊的含氧盐 4 种。我国科学家自 20 世纪 80 年代开始研究铊矿物以来，共发现了 12 种铊矿物，包括一种新的铊矿物——铊明矾（lanmuchangite）$TlAl[SO_4]_2 \cdot 12H_2O$（陈代演 等，2001），这一新矿物已经得到国际矿物学协会新矿物及矿物命名委员会正式批准和承认。

表 2.2　不同共生矿物中铊的分布

分类	样品类型	铊质量分数/（mg/kg）
锑矿床（体）	辉锑矿（8）	0.7~7.1
	黄铁矿（3）	1.9~4.5
	脆硫锑铅矿（1）	0.6
	辉锑铁矿（1）	16.0
汞矿床（体）	辰砂（7）	0.8~152.3
	黄铁矿（2）	2.7；24.7
砷矿床（体）	雌黄（6）	0.3~27.4
	雄黄（7）	0.3~20.7
	石英（1）	0.63
	白云石（1）	0.32
	方铅矿（Nriagu，1988）	1.4~20
	闪锌矿（Nriagu，1988）	8~45
	黄铁矿（Nriagu，1988）	5~23
地球表生矿物	镁毒石	3.7
	泻利盐	198
	水绿矾	13.1
	铁铝矾	24.7
	石膏	243
	硬锰矿	154
	针铁矿	100
	铊黄钾铁矾	17 500~20 400
	砷铅矿	41

注：样品类型括号内数字为矿体数

表 2.3　我国部分含铊矿物中铊的质量分数

含铊矿物	铊质量分数/(mg/kg)	资料来源
云浮黄铁矿	1.0～55.7	杨春霞（2004）；陈永亨等（2001）；王正辉等（2000）；张宝贵等（1994）；周令治等（1994）
云浮黄铁矿尾砂	49.7～51.6	陈永亨等（2002）
香泉黄铁矿	132～7 717	范裕等（2005）
黄铁矿	40～170	
辰砂	11～76	陈露明和张启发（1993）
重晶石	33～38	
兰坪铅锌矿	110～154	Xiao 等（2012）
兰坪金顶铅锌矿	7～154	姜凯等（2014）
集安铅锌矿	0.47～7.70	张宝贵等（2002）

大多数情况下，铊仅以稀有分散元素形式赋存于矿物中，并未形成独立矿物。铊矿物几乎无例外地都产在低温热液硫化物矿床中，组成铊矿物的各种元素是与铊关系极为密切的元素。铊呈独立矿物是铊主要赋存形式之一，是铊超常富集的必然结果（涂光炽 等，2003）。表 2.4 列出了我国发现的部分含铊矿物中铊的平均质量分数，张宝贵等（2004）认为铊超常富集是其含量普遍达到大于铊成矿的工业品位（$n \times 10^{-4}$）或大于铊地壳丰度（0.75×10^{-6}）的 100 倍以上。铊超常富集区中就有可能出现铊矿物和铊矿床。铊矿物是铊矿床的标型矿物，目前我国铊超常富集形成矿床仅见贵州滥木厂和云南南华两个铊矿床。

表 2.4　我国发现的部分含铊矿物的组成

含铊矿物	化学式	铊的平均质量分数/%	晶系	发现地	资料来源
硫砷铊铅矿	$(PbTl)As_5S_9$	19.57	斜方晶系		张宝贵等（1995）
辉铁铊矿	$TlFe_2S_3$	未检测	斜方晶系		张忠等（1996）
硫砷铊矿	Tl_3AsS_3	未检测	三方晶系	云南南华	张忠等（1996）
铊黄铁矿	$(Fe,Tl)(S,As)_2$	6.96	等轴晶系		张宝贵等（1998）
红铊矿	$TlAsS_2$	59.4	单斜晶系		陈代演（1989）
斜硫砷汞铊矿	$TlHgAsS_3$	35.17	单斜晶系		安树仁等（1989）
铊明矾	$TlAl[SO_4]_2 \cdot 12H_2O$	33.25（Tl_2O）	等轴晶系	贵州滥木厂	陈代演等（2001）
硫铁铊矿	$TlFeS_2$	未检测	斜方晶系		李国柱（1996）
褐铊矿	Tl_2O_3	98.53（Tl_2O_3）	等轴晶系	西藏洛隆	毛水和等（1989）

2.2.3　在水体中的分布

天然水体中铊的含量非常低，铊在海水中质量浓度变化范围为 0.012 0～0.061 2 μg/L；在河水中质量浓度变化范围为 0.006～0.715 μg/L；在湖水中质量浓度变化范围为 0.001～0.036 μg/L；在地下水中质量浓度变化范围为 0.001～1.264 μg/L；在溪流水中质量浓度变化范围为 0.001～0.006 μg/L；在自来水中质量浓度变化范围为 0.005 1～0.071 0 μg/L；铊在北极雪水中的质量浓度非常低，仅为 0.3～0.9 ng/L。

但是，在硫化物矿化区的水体中，铊的浓度却急剧升高。如加拿大流经某有色金属矿化区的河流水中，铊质量浓度达到 1～80 μg/L（Zitko et al.，1975）。我国黔西南 Hg-Tl-As-Au 的矿化区，铊在地表溪流水中的平均质量浓度为 1.9～8.1 μg/L，在深层地下水中铊的质量浓度为 13.4～1 102 μg/L，随着远离矿化区，其质量浓度逐渐降低至背景值（<0.005 μg/L）（Xiao et al.，2003；肖唐付 等，2000）。在环境中，自然化学风化作用或水-岩作用使含铊硫化物氧化进入地下水或地表水。通过矿产对含铊矿石进行冶炼，产生废渣的风化淋滤、工业废水的排放等，是铊进入环境水体的另一途径。如南华砷铊矿矿坑水中铊质量浓度为 2.91～13.00 μg/L，滥木厂汞铊矿矿坑水中铊质量浓度为 26.6～26.9 μg/L（张忠 等，1997）；云浮硫酸厂除尘废水中的铊质量浓度为 15.4～400.0 μg/L（陈永亨 等，2002）；加拿大境内与煤矿和燃煤沉降粉尘有关的水体中，铊的质量浓度为 0.15～1 326.2 μg/L（Cheam et al.，2000）。可见，随着含铊矿产资源的开发利用，大量的铊污染物被释放进入水体，已对环境水体造成了明显的铊污染（陈永亨 等，2020）。

2.2.4　在土壤中的分布

土壤中的铊主要来源于岩石的风化和大气的沉降，铊在土壤中广泛分布，但其分布具有不均一性（齐文启 等，1992）。世界范围内，不同地区自然背景土壤中铊的含量一般都较低，质量分数为 0.01～3.00 mg/kg，其中大多数未污染土壤中铊的质量分数不超过 1.0 mg/kg。齐文启等（1992）对我国土壤中铊含量分布进行了研究，结果表明我国土壤中铊含量随着土壤性质的不同而发生变化，从燥红土至红壤随着从南到北的纬度变化基本呈现逐渐降低的趋势；同一类土壤中随着由东到西的经度变化，铊的含量有逐渐降低的规律。自然背景中铊含量与原始风化母岩中铊含量有正相关性，且土壤中的铊含量与土壤 pH、粒度、腐殖质没有明显的关系（Hofer et al.，1990），但与土壤黏土矿物、锰氧化物、云母有明显的相关性（Tremel et al.，1997）。

世界土壤中铊的平均质量分数为 0.2 mg/kg（齐文启 等，1992），我国 853 个 A 层土样分析结果表明铊质量分数为 0.292～1.172 mg/kg，中值为 0.580 mg/kg，几何均值为 0.584 mg/kg，呈正态分布。黄春雷等（2011）对浙江中部某地高铊背景土壤研究表明不同地质背景土壤中铊含量差异较大，沉积岩土壤铊含量较低，变质岩和岩浆岩区土壤铊含量较高，花岗岩区铊含量最高，平均质量分数达 1.63 mg/kg。不同类型土壤中铊含量以黄壤最高，其中黄红壤达到 1.33 mg/kg，黄壤达到 1.37 mg/kg，各类土壤中铊含量为黄壤>红壤>水稻土>潮土>岩性土。

颜文等（1998）研究了辽宁省泛滥平原沉积物（土壤）中铊含量在 50 年（1943～1993 年）的变化趋势，大部分土壤中铊含量具有明显的积累。其中辽西南部的大凌河流域和辽中的太子河流域土壤中铊质量分数分别高达 1.36 mg/kg 和 1.09 mg/kg，相对于 50 年前该地区土壤中铊质量分数（0.30～0.85 mg/kg）出现了较明显的污染现象。铊含量的积累和污染显然是人类活动的结果（颜文 等，1998）。

随着工业化及一系列富铊矿床的开发利用，铊已成为潜在的土壤污染元素。在矿石开采过程中，裸露地表的矿石和尾矿中含铊的硫化物在表生氧化作用下进入表生环境（张忠 等，1997）。例如黔西南汞铊矿区和卡林型金矿区土壤中的铊质量分数为 28.3～60.5 mg/kg（聂爱国和龙江平，1997）；滥木厂铊矿区的风化土及矿渣土中的铊质量分数分别达 164.2～232.5 mg/kg 和 221.5～232.5 mg/kg（孙嘉龙 等，2009）；作者课题组分析滥木厂铊矿区污染土壤中铊质量分数高达 334 mg/kg。由此可见，采矿活动造成大量的铊释放进入土壤。在含铊矿物焙烧渣的堆置过程中，焙烧渣中的铊在雨水淋滤作用下也会释放进入土壤。广东某硫酸厂焙烧渣堆放区土壤中的铊质量分数达 4.99～15.20 mg/kg（Yang et al.，2005）。露天堆置的含铊废渣也是土壤中铊污染的一个重要释放源。此外，含铊矿物的冶炼过程中，铊在粉尘中富集并释放进入大气，进入大气环境的含铊粉尘通过干、湿沉降作用，也可对冶炼厂周围土壤构成明显的铊污染。如德国巴登某水泥厂含铊粉尘的排放使附近土壤中铊质量分数明显升高，达到 15 mg/kg（Scholl，1980）。由此可见，土壤中的铊污染主要是人类活动的作用结果（陈永亨 等，2020）。

2.2.5　在大气中的分布

铊进入大气中的主要途径包括自然过程（如火山活动）和人为过程，相对于自然过程，大气环境中的铊主要来自人为过程。铊的化合物大多是高挥发性的，因此铊在含铊矿物冶炼过程能以气态形式在大气中运移，在冶炼过程有 60%～70%铊进入焙烧烟尘（未立清 等，1999），从而释放进入大气环境导致大气中铊浓度剧增。大量含铊矿物的冶炼、化石燃料的燃烧是大气中铊的主要污染来源（Cheam，2001）。据报道，通过矿物和化石原料的燃烧，美国每年向大气环境中排放铊约为 350 t，德国每年排放的铊约为 90 t（Kazantzis，2000）。大气中的铊主要存在于颗粒物中。一般来说，大气中铊的浓度都非常低。如欧洲大气环境中铊的平均质量浓度为 0.06 ng/m^3（Bowen，1979），美国内布拉斯加州沙德伦大气中铊的年平均质量浓度为（0.22±0.08）ng/m^3（Struempler，1975），大西洋上空大气的铊质量浓度<0.02 ng/m^3（Völkening and Heumann，1990），柏林郊区大气中铊的质量浓度为 0.05～1.00 ng/m^3，意大利热那亚的工业和城镇大气中铊的质量浓度分别可达到 15 ng/m^3 和 14 ng/m^3（Valerio et al.，1989，1988）。

陈永亨等（2011）对某含铊黄铁矿利用工厂周边大气气溶胶（PM$_{10}$ 和 PM$_{2.5}$）中铊的浓度分析表明，PM$_{10}$ 和 PM$_{2.5}$ 中铊的质量浓度分别为 1.28～6.92 ng/m^3 和 1.27～4.29 ng/m^3。PM$_{10}$ 和 PM$_{2.5}$ 中铊的富集因子均大于 10，是典型的污染元素，其中 PM$_{10}$ 中铊的主要污染来源为硫铁矿焙烧渣搬运过程中的细颗粒扬尘，而 PM$_{2.5}$ 中铊的主要污染来源为硫酸生产排放的尾气。

大气中的铊可以随着大气环流进行长距离的迁移，同时也能随着雨、雪的沉降而迁移到表层水、土壤和植物中。粒径<2 μm 的颗粒物在大气中有很长的驻留时间，并能通过大气环流进行长距离的传输，如在北极雪和冰层中铊的质量分数为 0.03～0.09 ng/kg（Cheam et al.，1996）。燃煤火力发电厂、水泥厂和金属冶炼厂是大气中铊污染物的主要来源（Cheam，2001）。当铊从这些工厂的生产过程中释放进入大气后，它会以氧化物或其他化合物的形式存在（USDHHS，1992；Schoer，1984）。大气中这些铊的化合物是非挥发性的，但有些铊的化合物（如硫酸铊）是水溶性的，这些水溶性的铊化合物会随着大气的干、湿沉降作用而进入水体和土壤中（Cheam et al.，2000）。铊作为高毒害性的污染物、潜在的致畸物，在大气中以气溶胶或可吸入粒子形式存在，能直接通过呼吸作用进入人体，因此大气中的铊直接威胁着人类的健康，更需要引起人们的注意（陈永亨等，2020）。目前对铊在大气中的研究远远少于 Cr、Hg、Pb 等有毒金属及其化合物，对大气中铊的存在形态之间的相互转化、作用机理研究更少。因此，有关铊的环境大气研究尚薄弱，还有待进一步深入研究（刘娟 等，2013）。

2.2.6　在植物和动物中的分布

植物体中的铊主要是植物通过吸收作用，从土壤中吸收而来。植物体中铊含量不仅与生长植物土壤中的铊含量有关，还与植物种类有关（Harada and Hatanaka，2001）。生长于未受铊污染土壤上的植物中铊质量分数为 0.02～0.25 mg/kg（Schoer，1984），而生长在铊污染土壤上植物体内的铊含量有明显的升高（Sager，1998）。如德国某水泥厂附近的蔬菜地由于受含铊粉尘的污染，其蔬菜作物中铊的质量分数为 9.5～45 mg/kg（Allus et al.，1988）。在黔西南金、汞、铊矿化区的植物体内铊的含量也有明显的升高，蔬菜作物中铊的质量分数尤以莲花白最高，可高达 41.7 mg/kg（聂爱国和龙江平，1997）、白菜含铊 0.7～5.4 mg/kg、辣椒含铊 2.9～5.3 mg/kg、稻谷含铊 0.26～3.1 mg/kg、胡萝卜含铊 21.6 mg/kg、大米含铊 1～5.2 mg/kg（Xiao et al.，2004；陈代演 等，1999）；而野生草本植物、灌木、乔木中的铊质量分数分别为 28.7～43.6 mg/kg、125～183 mg/kg、140～435 mg/kg（黄丽春 等，1996a）。不同种类植物中，含铊量高低顺序为乔木>灌木>野生草本植物；而在同一种类植物中，铊主要分布于根和叶中，其次为茎、果实和块茎。

Liu 等（2019）报道了广东云浮黄铁矿区农田中 12 种蔬菜中铊的含量，其中西洋菜铊质量分数高达 16.65～20.45 mg/kg（干重）。Wang 等（2013）报道该地区甘薯和卷心菜中铊质量分数分别高达 176.8 mg/kg 和 110.1 mg/kg。对比土耳其咕木斯矿区污染土壤的板蓝根中铊质量分数，在根中为 68.21～2 861 mg/kg，在芽中为 95.83～3 561 mg/kg。马鞭草根中含铊 19.36～2 979 mg/kg，芽中含铊 33.53～1 879 mg/kg，表明这些植物均高度富集铊（Sasmaz et al.，2016）。

植物中铊分布可能与钾在植物中的传输有关（Renkema，2007）。由于钾在植物中有调节植物运动、水分代谢的作用，所以植物细胞的吸水和失水是直接由 K^+ 的吸入和排出引起的；在植物细胞里，K^+ 有相当部分存在于叶绿体中。因此，污染区内含水量大、叶片面积大的植物较含水量小、叶片面积小的植物铊含量高，老枝比嫩枝铊含量高。Tl^+ 远比 Tl^{3+} 容易被植物根吸收，因为 Tl^+ 可以在植物新陈代谢过程中替代 K^+，而 Tl^{3+} 只能通过离子交换和扩散作用进入植物根系（Logan et al.，1984）。

根据铊的基本物理化学性质，铊可以通过食物链、皮肤接触和呼吸系统进入动物和人体。黄丽春等（1996b）认为心脏是早期 Tl 中毒的攻击目标。张忠等（1999）报道铊污染区中鸡骨骼中含铊量高达 6.41 mg/kg，鸡胃中含铊量达 1.10 mg/kg，鸡心和鸡毛中含铊量分别为 1.07 mg/kg 和 1.05 mg/kg。胡恒宇等（2007）对安徽香泉铊矿化区鸡器官中铊分布研究得到相似结论。铊中毒人体的血、尿、毛发中铊质量分布均较正常人有显著的升高，慢性铊中毒患者还表现为指（趾）甲的含铊量较高（张忠 等，1999；黄丽春 等，1995）。大量研究资料给出了各种动物器官和人体生物材料中铊的分布（陈永亨 等，2020）。加拿大北梭鱼肌肉铊质量分数高达（32.6±3.1）mg/kg（Kelly and Janz，2009），Dmowski 等（2015）对比研究波兰污染区蟾蜍、银鼠、木鼠和喜鹊的肝脏与肾脏中的铊含量（表 2.5），除蟾蜍外，研究的其他动物肾脏中铊含量均高于肝脏。Mochizuki 等（2005）研究日本污染区的野鸭中也有这种现象，Leung 和 Ooi（2000）研究中国香港污染小鼠的肾脏中铊含量也高于肝脏，表明动物的肾脏更有利于富集铊，动物尿液是很好的铊异常检测样品。

表 2.5　污染动物肝脏和肾脏中铊的分布对比

样品点	动物种类	器官	铊质量分数/（mg/kg）	参考文献
波兰	蟾蜍	肝脏	3.98	Dmowski 等（2015）
		肾脏	1.24	
	银鼠	肝脏	14.53	
		肾脏	34.27	
	木鼠	肝脏	11.34	
		肾脏	44.05	
	喜鹊	肾脏	14～45	
日本	野鸭	肝脏	0.10～33.94	Mochizuki 等（2005）
		肾脏	0.42～119.61	

2.3　铊的环境污染途径

铊是一个典型的稀有分散元素，自然界中的平均丰度仅为 $0.8×10^{-6}$ μg/g，在地表天然水体中含量非常低。海水中铊质量浓度为 0.012 0～0.061 2 μg/L；河水中铊质量浓度为 0.006～0.715 μg/L；湖水中铊质量浓度为 0.001～0.036 μg/L；溪流水中铊质量浓度为 0.001～0.006 μg/L；自来水中铊质量浓度为 0.005 1～0.071 0 μg/L；地下水中铊质量浓度为 0.001～1.264 μg/L；北极雪水中铊质量浓度仅为 0.3～0.9 ng/L。在地球岩石中铊的质量分数为 0.02～1.70 mg/kg，但在深海沉积物锰结核中可达 199.8 mg/kg（表 2.1）。根据铊的稀有分散地球化学特性，铊在一般地表介质中含量低，矿产利用数量不大，受提取技术发展限制，工业回收利用率低。大多数人对铊的基本物理化学性质、地球化学性质了解很少，甚至完全缺乏认识。由于铊具有双重地球化学特性，作为亲硫元素，铊主要以微量元素形式进入方铅矿、硫铁矿、闪锌矿、黄铜矿、辰砂、雌黄、雄黄和硫盐类矿物中（龙江平，1992）。在低温热液成矿过程中，铊可与硫、砷、硒结合，形成自己的独立矿物，甚至在特定条件下富集形成铊矿床。铊的矿化与 Au、As、Sb、Hg 等矿化关系密切，组成低温成矿元素组合。在一定特殊条件下形成铊独立矿物是铊超常富集的结果（涂光炽 等，2003）。铊超常富集区中岩矿石遭受风化淋滤，使铊进入表生地球化学循环，进入土壤、水体、动植物体和人体，造成表生环境中铊污染和铊中毒现象。这使铊超常富集形成的矿床（如贵州滥木厂铊汞矿床和云南南华砷铊矿床）成为典型的铊污染自然现象。

我国经济的高速发展促使矿产资源开发力度不断加大，在矿产资源利用过程中将包括 Tl 等稀有分散元素大量释放进入环境，开采和矿冶等工艺流程中没有关注铊的排放和综合利用回收，造成环境铊的积累完全失控。估计每年全球由于资源开发带入环境的铊约 5 000 t，而全球商业利用铊约 40 t，由此引发的环境污染问题日趋严重。贵州黔西南地区由于含铊汞矿开发造成的铊环境污染，导致该地区 20 世纪 60 年代和 70 年代出现了两次铊中毒现象（张忠 等，1997；聂爱国和龙江平，1997）；云南南华砷铊矿床在 40 年的开采历史中也表现出铊污染效应（张兴茂，1998；张忠 等，1997）；安徽香泉矿开采引起的铊污染效应也有显现（范裕 等，2007；胡恒宇 等，2007）；20 世纪 70 年代开始，广东云浮黄铁矿和凡口铅锌矿的开采，导致珠江流域西江和北江的铊污染问题日渐显现。

铊进入环境的污染途径主要有开采阶段、运输阶段、选矿阶段、冶炼阶段、排放阶段（废水排放、大气排放和固废排放）。矿山开采和利用过程中，采矿、选矿、冶炼等各个生产环节都可能形成污染源。采矿过程产生大量成分复杂的废矿石，开采和运输过程产生大量粉尘，选矿产生尾矿浆、废渣和酸性废石，采矿形成大量矿坑废水，选矿过程中产生大量废液，冶炼过程形成大量烟尘、电尘和废气，以及水洗酸洗废水和冶炼废渣等，都将成为主要的铊环境污染源。矿山环境问题是伴随着矿山开采活动和矿山地质环境变化而产生的，很大程度上是受人类活动影响而出现的，污染程度取决于矿山开采的强度和频度（陈奇，2009）。没有开采活动时，铊等有毒污染元素随矿石深埋于地下，对地表环境没有大的影响。一旦大规模开采和冶炼，矿石中赋存的稀有分散毒害元素几乎全部进入地表环境系统，并不断在环境介质中迁移、转化、扩散和积累，逐步形成污染环境的"化学定时炸弹"。

我国铊环境污染事件继 2005 年以来在各省有爆发。一系列重金属污染事件表明我国的重金属污染已经处于高危态势。铊作为一种典型的有毒有害重金属，长期以来由于缺少对其污染来源、污染过程特征及风险管控的系统认识，最近 10 年已经成为我国铊环境污染的高爆发期。

随着我国经济的持续快速发展，以信息技术为中心的高新产业兴起，对铊的需求量越来越大，20年前全球铊消费量约为15 t/年，由于科学技术的快速发展，2012年全球铊消费量已达40 t/年左右。自然界中铊多以微量的形式伴生于某些矿物中，其中超过70%的铊伴生于铅锌精矿中。长期以来，由于对铊的环境生理毒性缺乏深入的认识，铊被有意或无意地排入环境。据不完全统计，目前我国每年被排入环境的铊总量估计超过500 t，这是一个极大的环境隐患。因此,含铊有色金属采冶过程中的环境污染控制和治理已经成为国民经济增长与环境和谐发展中亟待解决的重要环境问题之一。

控制和解决铊环境污染问题的关键是了解铊进入环境的途径和关键环节。由于铊在自然界的稀有分散特性,自然土壤中铊质量分数一般低于 1 mg/kg,在淡水和海水中铊质量浓度一般低于 0.05 μg/L,但是在某些矿物中特别是硫化物矿物中相当富集。随着矿产资源的开发利用铊大量进入环境,由于背景值低,各地区缺乏污染排放标准,长期未能引起足够的重视。

自然过程中,这些含铊岩石和硫化物在次生氧化作用下,可向环境中释放大量的铊(de Albuquerque et al.,1972)。Calderoni 等(1985)研究了意大利南部坎帕尼亚区的富铊碱性火山岩在风化过程中铊的地球化学行为,结果发现铊和钾在风化过程中关系密切,可同时被活化进入地下水。而地球化学的模拟实验表明:含铊岩/矿石中铊的活化、迁移受 pH 和温度的影响,当 pH<3 时,随温度的升高,矿物岩石中的铊容易活化、迁移;但即使在低温条件下,铊也有很高的溶解性(龙江平,1992)。铊在流体中可能以 Cl、S 和 As 的配合物形式迁移,[TlCl₄] 是铊在流体溶液中迁移富集的主要形式之一(Lin,1997),Cl 对铊的迁移与富集有重要的作用(张宝贵和张忠,1996)。此外,Ashley 等(1991)的研究还证实,铊的有机配合物可能是铊迁移富集的另一种形式。云南金顶含铊铅锌矿床和贵州滥木厂汞铊矿床附近的铊污染是铊从岩石矿石中迁移到环境中的典型实例,当地居民土法采矿,仅收集可以出售的商品矿石而丢弃大量的工业矿石,这些丢弃的矿石中含铊硫化物被氧化,生成硫酸铊等可溶性铊盐并被雨水冲洗进入河流,造成严重的水体铊污染。

工业方面,我国含铊矿产资源开发利用中,特别是铅锌采冶行业,由于没有考虑铊的回收利用,80%以上的铊都随生产过程释放进入环境中,然而对铊在铅锌采冶行业环境风险来源及危害特征认识不足,疏于从环境风险和环境污染危害的角度对铅锌冶炼提取技术进行优化和改进。目前仍缺少铅锌采冶行业铊污染防治及相关环境保护方面的技术规范和相关标准,造成铅锌采冶行业企业难以控制生产过程中铊污染事故的发生,政府及相关部门较难有效监管有关企业的铊污染物排放,缺乏相关环境管理应对措施。因此,无论从保护生态环境和人体健康,还是支撑新兴信息产业稳定快速发展的角度,开展含铊有色金属行业铊污染控制技术与管理政策的研究都已成为一个非常紧迫的任务。

建立自然污染过程的监控和管理,规范矿业行业开采、运输、选冶技术操作行为,完善行业的环境污染控制和排放标准、固废保管存放规则及资源综合利用规则势在必行。

参 考 文 献

安树仁, 安贤国, 李锡林, 1989. 自然界罕见的斜硫砷汞铊矿在贵州的发现和研究. 贵州地质, 5(4): 377-379, 383.

陈代演, 1989. 红铊矿在我国的发现和研究. 矿物学报, 9(3): 141-147.

陈代演, 王华, 任大银, 等, 1999. 铊的地球化学与找矿的若干问题讨论: 以黔西南主要铊矿床(点)为例. 矿物岩石地球化学通报, 18(1): 57-60.

陈代演, 王冠鑫, 邹振西, 等, 2001. 新矿物: 铊明矾. 矿物学报, 21(3): 271-278.

陈露明, 张启发, 1993. 504铀汞钼多金属矿床中镍、硒、铼、铊的分布特征. 贵州科学, 11(4): 57-62.

陈奇, 2009. 矿山环境治理技术与治理模式研究. 北京: 中国矿业大学(北京).

陈永亨, 谢文彪, 吴颖娟, 等, 2001. 中国含铊资源开发与铊环境污染. 深圳大学学报(理工版), 18(1): 57-63.

陈永亨, 谢文彪, 吴颖娟, 等, 2002. 铊的环境生态迁移与扩散. 广州大学学报(自然科学版), 1(3): 62-66.

陈永亨, 王春霖, 齐剑英, 等, 2011. 含铊黄铁矿利用对工厂周边大气气溶胶组成的影响. 广州大学学报(自然科学版), 10(4): 9-13.

陈永亨, 齐剑英, 吴颖娟, 等, 2020. 铊环境分析化学方法. 北京: 科学出版社.

何立斌, 孙伟清, 肖唐付, 2005. 铊的分布、存在形式与环境危害. 矿物学报, 25(3): 230-235.

范裕, 周涛发, 袁峰, 2005. 铊矿物晶体化学和地球化学. 吉林大学学报(地球科学版), 35(3): 284-290.

范裕, 周涛发, 袁峰, 等, 2007. 安徽和县香泉独立铊矿床铊的赋存状态研究. 岩石学报, 23(10): 2530-2540.

胡恒宇, 周涛发, 范裕, 等, 2007. 香泉铊矿化区人体的铊含量特征及环境学意义. 合肥工业大学学报(自然科学版), 30(4): 405-408.

黄春雷, 潘卫丰, 宋明义, 等, 2011. 浙中某地铊生态地球化学研究. "资源保障环境安全: 地质工作使命"华东6省1市地学科技论坛文集. 浙江国土资源杂志社: 155-159.

黄丽春, 郭昌清, 张一华, 1995. 某地区居民生物材料中铊含量分析. 工业卫生与职业病, 21(6): 373-374.

黄丽春, 霍学义, 郭常清, 1996a. 兴仁县回龙村矿石、废矿渣对周围环境的铊污染调查. 工业卫生与职业病, 22(3): 158-160.

黄丽春, 霍学义, 郭昌清, 1996b. 碳酸亚铊在家兔体内的毒物动力学研究. 工业卫生与职业病, 22(2): 77-79.

姜凯, 燕永锋, 朱传威, 等, 2014. 云南金顶铅锌矿床中铊、镉元素分布规律研究. 矿物岩石地球化学通报, 33(5): 753-758.

李国柱, 1996. 兴仁滥木厂汞铊矿床矿石物质成分与铊的赋存状态初探. 贵州地质, 13(1): 24-37.

刘娟, 王津, 陈永亨, 等, 2013. 大气气溶胶中铊污染问题的研究进展. 有色冶金设计与研究, 34(3): 79-81.

刘英俊, 曹丽明, 李兆麟, 等, 1984. 元素地球化学. 北京: 科学出版社.

龙江平, 1992. 铊的地球化学、铊矿物和含铊矿床. 中国科学院矿床地球化学开放研究实验室年报. 北京: 地震出版社.

毛水和, 卢文全, 杨有富, 等, 1989. 褐铊矿在我国的首次发现. 矿物学报, 9(3): 253-256, 293.

聂爱国, 龙江平, 1997. 贵州西南地区慢性铊中毒途径研究. 环境科学与技术(1): 12-14, 45.

欧阳自远, 1988. 天体化学. 北京: 科学出版社.

齐文启, 曹杰山, 陈亚雷, 1992. 铟(In)和铊(Tl)的土壤环境背景值研究. 土壤通报, 23(1): 31-33.

孙嘉龙, 肖唐付, 邹晓, 等, 2009. 黔西南滥木厂铊矿化区铊污染的微生物效应. 地球与环境, 37(1): 62-66.

涂光炽, 高振敏, 张宝贵, 等, 2003. 分散元素地球化学及成矿机制. 北京: 地质出版社.

王正辉, 罗世昌, 林朝惠, 等, 2000. 苹果酸对含铊黄铁矿的淋滤实验研究. 地球化学, 29(2): 283-286.

未立清, 张宇光, 谷国山, 1999. 竖罐炼锌过程中铊的回收. 有色矿冶(3): 39-44.

肖唐付, 洪业汤, 郑宝山, 等, 2000. 黔西南 Au-As-Hg-Tl 矿化区毒害金属元素的水地球化学. 地球化学, 29(6): 571-577.

颜文, 成杭新, 刘孝义, 1998. 辽宁省土壤中铊的时空分布、存在形态及其环境意义. 土壤学报, 35(4): 526-534.

杨春霞, 2004. 含铊黄铁矿利用过程中毒害重金属铊的迁移释放行为研究. 广州: 中国科学院广州地球化学研究所.

张宝贵, 张乾, 潘家永, 1994. 粤西大降坪超大型黄铁矿矿床微量元素特征及其成因意义. 地质与勘探, 30(4): 66-71.

张宝贵, 张三学, 张忠, 等, 1998. 南华砷铊矿床铊黄铁矿的发现和研究. 矿物学报, 18(2): 174-178.

张宝贵, 张忠, 1996. 铊矿床: 环境地球化学研究综述. 贵州地质, 13(1): 38-44.

张宝贵, 张忠, 龚国洪, 等, 1995. 硫砷铊铅矿(PbTlAs$_5$S$_9$)在中国的发现和研究. 矿物学报, 15(2): 138-143.

张宝贵, 张忠, 胡静, 2002. 吉林集安铅锌矿地球化学与分散元素. 矿物学报, 22(1): 62-66.

张宝贵, 张忠, 胡静, 等, 2004. 铊地球化学和铊超常富集. 贵州地质, 21(4): 240-244.

张宝贵, 张忠, 张兴茂, 等, 1997. 贵州兴仁滥木厂铊矿床环境地球化学研究. 贵州地质, 14(1): 71-77.

张兴茂, 1998. 云南南华砷铊矿床的矿床和环境地球化学. 矿物岩石地球化学通报, 17(1): 44-45.

张忠, 张兴茂, 张宝贵, 等, 1996. 南华砷铊矿床雄黄标型特征. 矿物学报, 16(3): 315-320.

张忠, 张宝贵, 龙江平, 等, 1997. 中国铊矿床开发过程中铊环境污染研究. 中国科学(D 辑: 地球科学), 27(4): 331-336.

张忠, 陈国丽, 张宝贵, 等, 1999. 尿液、头发、指(趾)甲高铊汞砷是铊矿区污染标志. 中国环境科学, 19(6): 481-484.

周令治, 邹家炎, 1994. 稀散金属近况. 有色金属(冶炼部分)(1): 42-46.

De Albuquerque C A R, Muysson J R, Shaw D M, 1972. Thallium in basalts and related rocks. Chemical Geology, 10(1): 41-58.

Allus M A, Brereton R G, Nickless G, 1988. The effect of metals on the growth of plants: The use of experimental design and response surfaces in a study of the influence of Tl, Cd, Zn, Fe and Pb on barley seedlings. Chemometrics and Intelligent Laboratory Systems, 3(3): 215-231.

Ashley R P, Cunningham C G, Bostick N H, et al., 1991. Geology and geochemistry of three sedimentary rock hosted disseminated gold deposits in Guizhou Province, People's Republic of China. Ore Geology Reviews, 6: 133-151.

Bowen H J M, 1979. Environmental chemistry of elements. London: Academic Press.

Calderoni G, Ferri T, Giannetti B, et al., 1985. The behavior of thallium during alteration of the K-alkaline rocks from the Roccamonfina Volcano (Campania, southern Italy). Chemical Geology, 48(1-4): 103-113.

Cheam V, 2001, Thallium contamination of water in Canada. Water Quality Research Journal, 36(4): 851-877.

Cheam V, Garbai G, Lechner J, et al., 2000. Local impacts of coal mines and power plants across Canada: I. Thallium in waters and sediments. Water Quality Research Journal, 35: 581-607.

Cheam V, Lawson G, Lechner J, et al., 1996. Thallium and cadmium in recent snow and firn layers in the Canadian Arctic by atomic fluorescence and adsorption spectrometries. Fresenius' Journal of Analytical Chemistry, 355: 332-335.

Dmowski K, Rossa M, Kowalska J, et al., 2015. Thallium in spawn, juveniles, and adult common toads (*Bufo bufo*) living in the vicinity of a zinc-mining complex, Poland. Environmental Monitoring and Assessment, 187: 4141.

Guo X, Brooks R R, Reeves R D, 1994. Thallium in meteorites. Meteoritics, 29(1): 85-88.

Harada H, Hatanaka T, 2001. Thallium uptake by perennial plants. Bulletin of the National Grassland Research Institute, 60: 33-38.

Heinrichs H, Schula-Dobrick B, Wedepohl K H, 1980. Terrestrial geochemistry of Cd, Bi, Tl, Pb, Zn and Rb. Geochimica et Cosmochimica Acta., 44(10): 1519-1533.

Hofer G F, Aichberger K, Hochmair U S, 1990. Thallium gehalte landwirtschaftlich genutzter Böden Oberösterreichs. Die Bodenkulter, 41: 187-193.

Kazantzis G, 2000. Thallium in the environment and health effects. Environmental Geochemistry and Health, 22: 275-280.

Kelly J M, Janz D M, 2009. Assessment of oxidative stress and histopathology in juvenile northern pike (*Esox lucius*) inhabiting lakes downstream of a uranium mill. Aquatic Toxicology, 92(4): 240-249.

Leung K M, Ooi V E C, 2000. Studies on thallium toxicity, its tissue distribution and histopathological effects in rats. Chemosphere, 41(1-2): 155-159.

Lin T S, 1997. Thallium speciation and distribution in the Great Lakes. Ann Arbor: University of Michigan.

Liu J, Li N, Zhang W L, et al., 2019. Thallium contamination in farmlands and common vegetables in a pyrite mining city and potential health risks. Environmental Pollution, 248: 906-915.

Logan P G, Lepp N W, Phipps D A, 1984. Some aspects of thallium uptake by higher plants//Hemphill D D. Trace substances in environmental health. Proceedings XVIII Annual Conference: 570-575.

Mochizuki M, Mori M, AKinaga M, et al., 2005. Thallium contamination in wild ducks in Japan. Journal of Wildlife Diseases, 41(3): 664-668.

Nriagu J O, 1988. History, production, and uses of thallium//Nriagu J O. Thallium in the environment. New York: Wiley-Interscience.

Renkema H J, 2007. Thallium accumulation by durum wheat and spring canola: The roles of cation competition, uptake kinetics, and transpiration. Guelph: The University of Guelph.

Sager M, 1998. Thallium in agricultural practice//Nriagu J O. Thallium in the environment. New York: Wiley-Interscience.

Sasmaz M, Akgul B, Yildirim D, et al., 2016. Bioaccumulation of thallium by the wild plants grown in soils of mining area. International Journal of Phytoremediation, 18(11): 1164-1170.

Schoer J, 1984. Thallium//Hutzinger O. The handbook of environmental chemistry, Vol3/3C. Heidelberg: Springer.

Scholl W, 1980. Bestimmung von thallium in verschiedenen anorganischen und organischen matrices ein einfaches photometrisches Routineverfahren mit Brillantgrun. Landw Forsch, 37: 275-286.

Struempler A W, 1975. Trace element composition in atmospheric particulates during 1973 and the summer of 1974 at Chadron, Nebreska. Environment Science & Technology, 9(13): 1164-1168.

Tremel A, Masson P, Garraud H, et al., 1997. Thallium in French agrosystems: II. Concentration of thallium in field-grown rape and some other plant species. Environmental Pollution, 97(1-2): 161-168.

USDHHS, 1992. Toxicological profile for thallium. Atlanta: Agency for Toxic Substances and Disease Registry.

Valerio F, Brescianini C, Lastraioli S, 1989. Airborne metals in urban areas. International Journal of Environmental Analytical Chemistry, 35(2): 101-110.

Valerio F, Brescianini C, Mazzucotelli A, et al., 1988. Seasonal variation of thallium, lead, and chromium concentrations in airborne particulate matter collected in an urban area. Science of the Total Environment, 71(3): 501-509.

Völkening J, Heumann K G, 1990. Heavy metals in the near-surface aerosol over the Atlantic Ocean from 60° South to 54° North. Journal of Geophysical Research: Atmospheres, 95(D12): 20623-20632.

Wang C L, Chen Y H, Liu J, et al., 2013. Health risks of thallium in contaminated arable soils and food crops irrigated with wastewater from a sulfuric acid plant in western Guangdong province, China. Ecotoxicology and Environmental Safety, 90: 76-81.

Xiao T F, Boyle D, Guha J, et al., 2003. Groundwater-related thallium transfer processes and impacts on ecosystem: Southwest Guizhou Province, China. Applied Geochemistry, 18(5): 675-691.

Xiao T F, Guha J, Boyle D, et al., 2004. Environmental concerns related to high thallium levels in soils and thallium uptake by plants in southwest Guizhou, China. Science of the Total Environment, 318(1-3): 223-244.

Xiao T F, Yang F, Li S H, et al., 2012. Thallium pollution in China: A geo-environmental perspective. Science of the Total Environment, 421-422: 51-58.

Yang C X, Chen Y H, Peng P A, et al., 2005. Distribution of natural and anthropogenic thallium in highly weathered soils. Science of the Total Environment, 341(1-3): 159-172.

Zitko V, 1975. Toxicity and pollution potential of thallium. Science of the Total Environment, 4(2):185-192.

Zitko V, Carson W V, Carson W G, 1975. Thallium: Occurrence in the environmental and toxicity to fish. Bulletin of Environmental Contamination Toxicology, 13: 23-30.

第 3 章　铊的痕量分析与化学形态分析

3.1　铊环境分析化学的发展

3.1.1　铊污染与铊分析测试方法

铊是一种稀有分散元素，常以类质同象形式存在于相关矿物中，难以形成独立的具有单独开采价值的稀有分散金属矿床。铊在地壳中平均含量很低，以稀少分散状态伴生在其他矿物中，只能随开采主金属矿床时在选冶中加以综合回收利用。由于环境介质中含量低，铊的检测分析非常复杂，不容易直接提取和进行分析测定。随着含铊矿产资源的开发利用及铊在环境介质中的逐步积累，铊环境污染问题日渐凸显，铊的环境分析检测技术受到重视。进而铊环境分析化学成为元素现代检测分析方法研究的重要分支。

微量铊的分析方法随着环境问题发生而发展，各类分析方法都有涉及，如光度法、光谱法、原子吸收光谱法、电化学法、色谱法和质谱法及电感耦合等离子体质谱法（inductively coupled plasma-mass spectrometry，ICP-MS）等。在铊的分析工作中遇到的样品种类繁多、成分复杂、含量差别很大，从 g/g 到 pg/g，甚至更低，因此在建立铊的分析方法时必须选择合理的分离富集技术，以保证分析结果的准确性和测定方法的灵敏度。

离子交换法是土壤样品中铊分析常用的富集分离方法。除前述方法外，电感耦合等离子体原子发射光谱法（inductively coupled plasma-atomic emission spectrometry，ICP-AES）和化学光谱法也常被用于测定岩矿中的铊（元艳 等，2014）。

3.1.2　铊的分离富集方法

在环境介质中，由于铊大多数情况下丰度很低，应用一般的分析检测方法具有较大难度，必须对铊分离富集后再进行测定。分离富集方法在铊的环境分析化学发展中占有重要的地位。常用的铊分离富集方法有溶剂萃取法、吸附法、离子交换法、电化学分离法、色谱法和最新发展起来的流动注射分析技术等（杨春霞 等，2002）。

1. 溶剂萃取法

溶剂萃取（solvent extraction，SE）法是广泛采用的铊分离富集有效的手段之一，国内外对铊的溶剂萃取技术研究较多，常见的萃取体系有螯合物萃取体系及离子缔合物萃取体系两种主要类型。其中螯合物萃取体系的研究和螯合剂的开发已达到一定水平，离子缔合物萃取体系的研究更为活跃。

2. 吸附法

吸附（adsorption，AP）法是岩矿样品、化探样品及环境样品中痕量铊分离富集的重要手段之一。常用的吸附剂有泡沫塑料（简称泡塑）、活性炭等。常用于铊吸附分离的泡塑有聚氨酯泡塑、负载泡塑、酯氢泡塑、聚酰胺泡塑等（曹小安 等，2000；胡存杰和刘海玲，2000；赵锦端 等，1994；熊昭春，1992；王继森和周红英，1989）。其稳定性、耐氧性、耐渗透压、耐摩擦及使用寿命均胜过离子交换树脂，具有一定的分离选择性和很高的浓缩倍数。20 世纪末至 21 世纪初，铊的泡塑吸附特性研究较多，主要集中于价态、氧化剂、介质条件、酸度条件、脱附方法及离子干扰等方面。活性炭具有表面积大（$800 \sim 1\,000$ m^2/g），吸附性强，吸附量高，价格低廉，设备简单、操作方便、快速，环境污染小，富集倍数为 $10^3 \sim 10^4$ 的优点（吴惠明 等，2001），适用于杂质背景干扰较低的水溶液、沉积物、地质样品中痕量或超痕量铊的吸附富集。

3. 离子交换法

离子交换（ion exchange，IE）法是岩矿、土壤、天然水中痕量铊分离富集及环境中铊价态分析的重要手段，富集倍数可达到 $10^3 \sim 10^4$。Tl$^+$与阳离子交换树脂的亲和力大于碱金属离子，小于 Ag$^+$，其顺序为：Ag$^+$>Tl$^+$>Cs$^+$>Rb$^+$>NH$_4^+$>K$^+$>Na$^+$>H$^+$>Li$^+$。Tl$^+$在柠檬酸、乙二胺四乙酸（ethylenediaminetetraacetic acid，EDTA）、甘氨酸、邻苯二酚-3,5-二磺酸、酒石酸、草酸和焦磷酸钠溶液（pH 为 $3 \sim 5$）中均不形成络合物，能被阳离子交换树脂吸附，可与 Hg、Bi、Cu、Pb、Zn、Cd、Fe、Sb 等元素分离。在碱性溶液中，铊呈阳离子状态被交换树脂吸附，锑则以 SbO$_3^{3-}$（或 SbO$_2^-$）状态保留于溶液中，若在溶液中加入酒石酸、柠檬酸或草酸，则铊可与更多元素分离（杨春霞 等，2002；王建华 等，1992）。

阴离子交换树脂吸附富集痕量铊有很好的选择性，因为只有 Tl(III) 与少量的微量元素能形成稳定的可被阴离子交换树脂强烈吸附的[XCl$_4$]络阴离子。如在 HNO$_3$-HBr 介质中，以适量饱和溴水为氧化剂，H$_2$SO$_3$ 作脱附剂，铊可与 Cu^{2+}、Pb^{2+}、Zn^{2+}、Fe^{3+} 等分离，Au^{3+}、Pt^{4+}、Pd^{2+}、Hg^{2+}、Bi^{3+} 等的干扰用 EDTA 消除。同时，阴离子交换树脂还可用于土壤中痕量铊、地质矿物或陨石中铊同位素测定时的分离富集。阴离子交换树脂也是环境中铊价态分析时重要的预富集手段。Lin 等（1999a）研究湖水中铊价态时，先用 Chelex-100 在 pH 为 1.8 的 HNO$_3$ 溶液中交换富集铊，Tl^{3+} 以[TlCl$_4$]$^-$ 形式被选择性吸附，然后利用 14%HNO$_3$ 洗脱，而 Tl$^+$ 由于不能形成稳定的络阴离子，在此过程中不被吸附，然后再用溴水氧化 Tl$^+$ 至 Tl^{3+}，让溶液流经交换树脂富集。Tl$^+$ 和 Tl^{3+} 的回收率分别为（92.3±2.4）% 和（98.6±4.4）%。Lin 等（1999b）运用该法成功地进行了河水中铊价态的分析。

萃淋树脂是 20 世纪 70 年代发展起来的一类树脂，兼有离子交换和萃取两者的优点，具有萃取剂流失量少、负载量大、传质性能好、寿命长、使用方便等优点，在铊的分离富集方面得到了迅速发展。罗津新（2000）研究表明在 5% 王水介质中，磷酸三丁酯（tri-butyl phosphate，TBP）萃淋树脂能定量吸附微量铊，以 0.2%亚硫酸-0.4%抗坏血酸为脱附剂，可快速脱附，回收率为 96%～102%。

4. 电化学分离法

电化学分离（electrochemical separation，ECS）法广泛应用于环境样品、生物样品中痕量铊的吸附富集及排除与铊性质相近元素的干扰。在铊的分离富集方面，化学修饰电极（chemically modified electrode，CME）研究的重点主要集中在新修饰电极，选择不同的电极电位，可对生物试液和环境样品中的痕量 Tl(I) 进行分离测定（杨春霞 等，2002）。

差示脉冲阳极溶出伏安法（differential pulse anode stripping voltammetry，DPASV）具有很高的灵敏度和较好的选择性，但若待测样品中基质含量很高，且基质元素的氧化还原电位与铊相近时，会强烈干扰铊的测定。利用电化学掩蔽剂消除基质干扰方面的研究非常活跃，通常在电解液中加入表面活性剂，以消除基质干扰。研究发现，聚乙二醇（poly(ethylene glycol)，PEG）分子质量的变化对 Tl(III) 测定有明显影响，而对 Tl(I) 测定无影响，因此可通过改变 PEG 分子质量来实现铊价态的测定。在实际测定中，由于金属间化合物的形成及有机化合物在电极表面的吸附等，溶出峰重叠而难以实现多元素的同时测定，利用流通池介质交换技术可有效地解决阳极溶出峰的重叠问题（王富权 等，1994）。由于天然水中的有机质在电极上会发生强烈吸附，这将严重干扰 DPASV 测定，但对电位溶出法测铊影响不大，所以电位溶出法成为测定天然水中痕量铊的有效手段（Cleven and Fokkert，1994；Ostapczuk，1993）。

5. 色谱法

铊的经典色谱法（chromatography，CG）以柱色谱研究较多，分离效率很高，但色谱柱上萃取剂易流失，吸附容量低，使用寿命不长，一般仅局限于实验室规模。纸色谱法设备简单，操作方便，但所需时间较长，适用于铊的难分离物质对的分离，如 Tl^{3+} 与 Al^{3+}、In^{3+}、Hg^{2+} 等的分离。21 世纪初铊的萃取色谱研究发展较快，它具有高选择性和高效性，尤其适用于与铊性质十分相近的元素分离，如 Tl^{3+} 与 Au^{3+}、In^{3+} 分离；也可用于铊与常量组分的分离，如微量 Au^{3+}、Tl^{3+} 与 Fe^{3+}、Cu^{2+}、Zn^{2+}、Mn^{2+}、Hg^{2+}、Cd^{2+}、Pb^{2+} 等多种离子的分离（杨春霞 等，2002；谭龙华 等，1999）。

6. 流动注射分析

流动注射分析（flow injection analysis，FIA）是一种高效率的液体样品在线分离富集技术，是实现样品自动引入、稀释、在线富集的重要发展方向。FIA 对含铊复杂样品的在线处理过程，如在线共沉淀、在线萃取、在线吸附等均可有效地提高灵敏度 1～2 个数量级，并分离基体，广泛应用于环境及生物样品中痕量铊的分离富集，可处理的样品浓度范围达到 6 个数量级。FIA 与铊的氧化物原子吸收光谱法联用也是 21 世纪初的研究热点（元艳 等，2014）。

7. 其他分离富集方法

沉淀（precipitation）法是铊的经典分离方法，主要用于从铊矿石提取液、各种工艺溶液或废液中回收铊（元艳 等，2014）。浮选（floatation）技术是 20 世纪 80 年代的热门研究方向，主要用于极稀溶液（如海水、河水、饮用水及环保试样）中痕量铊的富集

（何应律 等，1995）。液膜分离（liquid film separation，LF）主要用于工业含铊废水的处理、痕量铊的分离富集等方面（杨春霞 等，2002；王献科 等，1999）。

3.1.3 铊的 ICP-MS 分析法的快速发展

传统的元素分析方法如原子吸收光谱法、分光光度法和原子荧光光谱法等，因样品前处理复杂，灵敏度不够高，不能进行多元素同时测定，导致其应用受限。ICP-MS 自 20 世纪 80 年代问世以来，因具有优异的分析特点，被广泛应用于地质研究、环境监测、食品分析和生物医药等领域，成为国内外的研究热点（王中瑷 等，2016；Reidy et al.，2013；Grotto et al.，2012；冯先进和屈太原，2011）。

19 世纪初，英国化学家 Wollaston 和德国物理学家 Fraun-Hofer 相继发现吸收光谱现象后，Talbot 研究金属盐在酒精灯上燃烧时得到了铜、银和金在火花放电时的光谱，认为"发射光谱是化学分析的基础"。19 世纪 60 年代到 20 世纪初的 40 多年里，利用光谱分析先后发现了新元素铯、铟、镓和稀土元素钬、钐、铥、钕、镥、钇、铈、铷，以及单质为气体的元素氦、氩等，利用光谱分析解决元素的定性问题。20 世纪后，快速给出工业产品的成分分析需求，推动了光谱定量分析的发展。随后，Lomakin 和 Schiebe 提出了罗马金公式，确定了谱线发射强度和浓度的定量关系。光学仪器也开始制造出多种类型的发射光谱仪。发射光谱的关键是激发光源，支流等离子体和微波等离子体光源最早受到关注，也比较容易形成稳定的等离子体。发射光谱仪设备简单，但其性能不太理想，直到电感耦合等离子体出现，并经过优化和改进，逐渐成为原子发射光谱最通用的光源（周西林 等，2012）。

自 1975 年第一台商品电感耦合等离子体光谱仪诞生以来，仪器不断地改进和创新，使得电感耦合等离子体原子发射光谱法（ICP-AES）在多元素同时分析测试方面具有优越的分析性能，在很多领域得到了广泛应用，很多分析方法作为分析标准已经纳入国家标准及行业标准。ICP-AES 不断发展，逐渐实现了快速、低成本、高通量的分析，且自吸效应小、线性范围宽、准确性好，成为环境、制药、食品安全和工业分析等领域中低成本的检测方法。

1978 年，Houk 实验室搭建了全球第一台可以从 ICP 中提取离子的电感耦合等离子体质谱仪。1980 年，Houk 在 *Analytical Chemistry*（《分析化学》）期刊上发表全球第一篇 ICP-MS 论文 Inductively coupled argon plasma as an ion source for mass spectrometric determination of trace elements（电感耦合氩等离子体作为离子源用于质谱仪测定痕量元素）。1983 年，研究者提升了 ICP-MS 的检测性能，用于分析水样、尿样、血样等真实的样品，同年加拿大 SCIEX 和英国 VG 两家公司推出了商品化的 ICP-MS 仪器（演化为后来熟知的珀金埃尔默和赛默飞的 ICP-MS 仪器）。1990 年碰撞池的出现，使 ICP-MS 仪器的性能不断提升，更多的创新在于不断提高灵敏度及去除更多的干扰。1997～1998 年出现了商品化带碰撞池的 ICP-MS 仪器。1989 年，英国的研究团队搭建了高分辨率磁质谱的 ICP-MS 仪器，可以更有效地去除干扰及提高灵敏度。科学仪器的发展大大推动了元素痕量分析化学研究的进步和完善。电感耦合等离子体质谱联用仪，以独特的接口技术将 ICP 的高温电离特性与质谱仪的灵敏快速扫描的优点相结合，形成了一种新型的元素分析技术，几乎可以分析地球上的所有元素（齐剑英 等，2020；陈登云 等，2001）。

经过 40 多年的发展，ICP-MS 已经从最初在地质领域的应用迅速发展到广泛应用于环境、高纯材料、核工业、生物、医药、冶金、石油、农业、食品、化学计量学等领域，是公认的最强有力的元素分析技术。

3.2　铊的痕量分析法

3.2.1　分光光度法

分光光度法应用于环境水中铊的测定具有仪器简单及分析成本低等优点，但采用的试剂较多，操作非常烦琐。20 世纪末至 21 世纪初的 10 多年中，发展出各种铊的分光光度法显色体系，如碱性染料显色体系、偶氮类显色体系、酮类显色体系，加之各类分离富集方法，如液相萃取法、固相萃取法、浮选萃取法，以及表面活性剂辅助动力学分光光度法和固相分光光度法等，使铊的分光光度法检出限已经部分满足或接近 0.1 μg/L，达到规定的集中式生活饮用水地表水特定项目 Tl 的限量要求[《地表水环境质量标准》（GB 3838—2002）]（祖文川 等，2022）。

3.2.2　原子吸收光谱法

火焰原子吸收光谱法（flame atomic absorption spectrometry，FAAS）由于检出限相对较高，加之环境水样中铊浓度水平一般较低，相关应用不多。彭彩红等（2016）曾将火焰原子吸收光谱法应用于工业废水中铊的测定，检出限为 0.12 mg/L，并对高盐分的干扰进行了系统研究。但受较高的检出限制约，该法只适用于铊浓度水平较高的废水样品的检测。

石墨炉原子吸收光谱法（graphite furnace atomic absorption spectrometry，GF-AAS）由于对铊的检出限相对较低，在环境水质铊分析中应用较广，《水质 铊的测定 石墨炉原子吸收分光光度法》（HJ 748—2015）成为环境领域推荐的标准方法。李伟新（2015）采用硝酸钯-硝酸镁-硫酸铵混合基体改进剂，采用直接法测定了废水中的铊，检出限为 1.96 μg/L。杜维等（2017）采用特定浓度的 KBr 和 $KBrO_3$ 代替溴水氧化 Tl(I) 为 Tl(III)；在沉淀生成后 1~2 h 内，轻轻摇动烧杯，分散浮在溶液表面的大块疏松沉淀，使之沉降，并延长陈化时间以改善回收率；上清液去除采用虹吸法代替倾倒法等改进，获得了满意的分析结果。高筱玲等（2014）采用共沉淀后直接经 0.45 μm 滤膜抽滤的方式得到共沉淀物，避免了静置过程沉淀的漂浮，实际水样测定稳定性和回收率良好。鲁青庆（2018）使用硝酸、过硫酸铵消解破坏有机物之后，用沉淀法富集的方法，实现了工业废水中铊的准确测定。总之通过沉淀富集及其改进方法，有效降低了 GF-AAS 实际水样铊检测方法的检出限，但是这些改进方法增加了分析处理时间，一定程度上影响了分析效率。随着铊相关富集新技术的研究与应用，水环境铊 GF-AAS 性能总体得到了显著改善，铊的方法检出限可以达到 ng/L 级（祖文川 等，2022）。

在土壤方面，GF-AAS 的相关应用相对较多，主要研究方向之一是基于基体改进剂消除 Cl⁻干扰，Husáková 等（2008）将氘灯背景校正的 GF-AAS 应用于土壤及沉积物中铊的测定，采用 Pd 作为基体改进剂，同时加入柠檬酸作为还原剂一方面有利于 Pd—Tl 稳定共价键的形成，另一方面能够排除低温下大部分氯化物的干扰，进一步加入 Li，形成更加稳定的 LiCl 以消除 $ZnCl_2$ 的干扰，该方法特征量和检出限分别为 13 pg 和 0.043 μg/g。于磊等（2020）选取 $Pd(NO_3)_2$-Vc 作为基体改进剂，有效消除 Cl⁻的干扰，并推断 Pd 能与 Tl 元素形成更稳定的形态或者合金，提高 Tl 元素的灰化及原子化温度，从而去除复杂样品中 Cl⁻的基体干扰，而 Vc 的作用则在于提供还原性气氛，使 Tl 原子化效率提高（祖文川 等，2022）。

土壤中铊 GF-AAS 测定的前处理方法是该技术的另一研究热点。朱日龙等（2018）以 HNO_3-HF-H_2O_2 为消解体系，采用电热板湿法消解和微波消解法分别对土壤样品进行消解，以硝酸钯+抗坏血酸为基体改进剂，应用 GF-AAS 测定了土壤中的铊，两种方法具有相当的精密度和准确度，他们认为含氯的酸体系不适合土壤和沉积物铊的测定，HNO_3-HF（电热板或微波）消解体系的准确度和精密度均较好。张艳等（2016）采用 7 种常见消解方法对标准样品中铊进行测定，并对不同消解方法的影响进行了系统比较，基于 HNO_3-HF-H_2O_2 消解体系对土壤进行微波消解，采用 $Pd(NO_3)_2$/$Mg(NO_3)_2$ 混合基体改进剂和平台石墨管，土壤中铊的检出限可达 0.05 mg/kg，加标回收率为 95%～105%。

3.2.3　电化学方法

电化学方法是根据物质在溶液中的电化学性质及其变化进行分析的方法。在众多分析方法中，铊的电化学分析由于响应快、灵敏度高、准确性好、便于仪器微型化等特点，一直以来是国内外研究的热点。1925 年海洛夫斯基与志方益三合作制造出能自动记录电流-电压曲线的第一台极谱仪，开启电化学仪器分析的先河；1935 年海洛夫斯基推导出极谱波方程，1941 年他在极谱仪上配置示波器，发明示波极谱法。海洛夫斯基长期致力于极谱学研究并因此获得 1959 年的诺贝尔化学奖。由于极谱分析技术的不断发展和完善，铊的电化学分析精度和灵敏度得到很大的提高（吴颖娟，2020）。

Hoeflich 等（1983）使用差示脉冲极谱法同时测定了不同缓冲体系（pH 分别为 4、7、10）溶液中的 Tl^+和$(CH_3)_2Tl^+$，其检测下限的平均值分别为 130 μg/L 和 250 μg/L，其中 Pb(II)、Zn(II)、Cd(II)用 EDTA 掩蔽。何为等（2004）用微分脉冲极谱法（differential pulse polarography，DPP）测定痕量的 Tl(I)也取得了很好的效果，该方法的检出限达到 0.025 μg/mL。

铊的吸附催化极谱法通过测定铊金属离子络合物从而测定铊离子浓度，该方法使用某种络合离子对铊进行选择性吸附，其灵敏度一般比经典极谱法高 2～4 个数量级。研究发现在 3.5 mol/L KF 和 0.01 mol/L KI 的碱性底液中，该方法的灵敏度比 Tl^+的扩散还原波提高 10 倍，在单扫描示波极谱上可测 Tl^+至 5×10^{-7} mol/L（袁蕙霞，2005）。该方法应用于矿石分析，采用 H_2SO_4、KF 分离 Pb、Fe 等元素，用 MnO_2 共沉淀铊，使铜、锌、镉等大部分被分离出去，避免用有机溶剂反复萃取。该方法适用于铅、锌、铜、铁等硫化物矿中微量铊的测定（刘娟 等，2013）。使用向红菲咯啉作为络合剂，可测定工厂废水中的痕量铊，峰电流与 Tl(I)摩尔浓度在 $2\times10^{-8}\sim9\times10^{-7}$ mol/L 呈线性关系，检出限为 1×10^{-10} mol/L（董云会 等，1999；Rounaghi et al.，1996）。

溶出伏安法包括电解富集和电解溶出两个过程。电解富集是将工作电极固定在产生极限电流电位上进行电解，使被测物质富集在电极上。电解溶出过程是在经过一定时间的富集后，逐渐改变工作电极电位，使电极反应向与富集过程相反的方向进行。由于工作电极的表面积很小，电极表面金属的浓度相当高，起到了富集浓缩作用，其溶出时产生的电流也就很大，因此溶出伏安法灵敏度较高，可达到 $10^{-7}\sim10^{-11}$ mol/L（赵藻藩 等，1990）。

梁永津等（2014）将商品化溶出伏安仪应用于地表水中铊的测定，该方法具有良好的线性关系（$R^2\geqslant0.995$）和较低的检出限（0.05 μg/L），可与 ICP-MS 方法媲美，测定结果之间没有显著差异。该方法的缺点是容易受电极状态影响，需要定期对电极进行打磨、镀膜处理。Domańska 等（2018）应用镀铋膜碳电极作为三电极丝网印刷传感器的工作电极，采用伏安法测定了地表水、雨水等环境水样中超痕量的铊（祖文川 等，2022）。

阳极溶出伏安法被广泛应用于天然海水、工业废水、自来水、地面水、岩石矿物、废渣和尿液、头发、内脏、烟叶等生物材料多种环境样品中铊含量与形态的分析测定（Spano et al.，2005；Kozina，2003；Shams and Yekehtas，2002；曹小安 等，2002；李建平 等，2000；董云会 等，1999；邹爱红 等，1999；Ciszewski et al.，1997；王耀光，1991）。与极谱法相似，溶出伏安法测定铊也容易受到一些基质的干扰，如铅、镉、铜、铋、铟、钛、铁。研究表明，加入络合剂，如 EDTA、1,2-环己二胺四乙酸（1,2-diaminocyclohexanetetra acetic acid，DCTA）、二乙烯三胺五乙酸（diethylene triamine pentaacetic acid，DTPA）等，可有效消除基质干扰。

曹小安等（2002）应用 0.05 mol/L NaAc、0.025 mol/L HAc 缓冲溶液（pH=4.5±0.2）和 0.20 mol/L EDTA、0.01%聚乙二醇 20 000 和 0.02 mol/L 抗坏血液溶液中，能消除相当于铊 10 000 倍的 Pb(II)、Cd(II)、Cu(II)、Fe(III)、Zn(II)、As(III)、In(III)和 Ni(II)及 1 000 倍的 Co(II)的干扰，并应用溶出伏安法测定了硫酸厂废渣中各化学提取液中的铊。王世信和李淑宜（1988）研究表明，Tl(I)在 0.04 mol/L NaOH-0.06 mol/L 柠檬酸三钠底液中，能给出清晰的半微分阳极溶出峰，峰电位约为-0.53 V（vs.SCE）。Tl(I)的质量浓度为 8～200 ng/mL，峰电流与 Tl(I)浓度呈线性关系，检测限为 40 pg/mL。实验结果表明，大量常见金属离子对铊的测定没有干扰，且加适量 EDTA 可掩蔽 Ag^+、Ca^{2+}、Cu^{2+}、Fe^{3+}、Pb^{2+}、Sn^{2+}、Zn^{2+} 等离子对铊测定的影响，加三乙醇胺则可掩蔽 Fe^{3+} 的干扰。

溶出伏安法与化学修饰电极的结合也可大大提高测定的选择性和灵敏度。萘酚修饰汞膜电极、八羟基喹啉修饰碳糊电极对环境样品中铊的测定都得到了一定程度的运用（Lu et al.，1999；Cai and Khoo，1995）。溶出伏安法检测下限低、仪器简便，已在地质、冶金、生物样品分析中得到了广泛应用（刘娟 等，2013）。

3.2.4 电感耦合等离子体质谱法

如 3.1.3 小节所述，20 世纪 80 年代电感耦合等离子体质谱法（ICP-MS）快速发展，作为一种在环境水质重金属分析中广泛应用的高灵敏分析技术，已成为水环境铊元素分析的主流技术之一。环境水质铊的 ICP-MS 测定见《水质 65 种元素的测定 电感耦合等离子体质谱法》（HJ 700—2014）。贾香等（2017）对 ICP-MS 与 GF-AAS 测定矿山废水中铊的分析性能做了比较，认为 ICP-MS 具有更低的检出限，但 GF-AAS 对复杂基体样品抗干扰性能更好。卢水平等（2014）将 ICP-MS 应用于地表水中铊的测定，采用 In 和 Rh 混合标准溶液作为内标，在线内标校正基体效应干扰，该方法的检出限可达 0.003 μg/L，加标回收率为 93%～110%，该法 10^5 倍的 K、Na、Mg、Ca，104 倍的 Ba，5 000 倍的 Cu、Al、Zn、Mn、Pb、Cd，1 000 倍的 Sb、Se、As、V、Ti、Co、Ni、Cr，500 倍的 Li，以及 100 倍的 Sn 对铊的测定无明显干扰。Xu 等（2019）将光化学蒸气发生气态进样技术引入 ICP-MS，以 20%甲酸为介质，在 5 mg/L 过渡金属钴辅助下，通过照射 210 s 的紫外线实现铊的挥发性蒸气发生，进而实现水样中铊的 ICP-MS 测定，铊的方法检出限为 0.001 1 μg/L。Böning 和 Schnetger（2011）将高分辨率扇形场 ICP-MS 应用于海水中铊的测定，检出限和定量限分别为 0.1 ng/L 和 0.3 ng/L，该技术兼具准确快速的优点。总体来说，ICP-MS 对环境水中铊测定具有理想的检出限性能，无须富集前处理即可以在铊浓度较低的地表水检测中应用，但该技术分析成本和实验室要求相对较高。

ICP-MS 的特点：①可同时测定多种元素；②灵敏度高，检出限低；③分析速度快；④检测模式灵活多样，可进行定量分析、半定量分析及定性分析；⑤操作自动化程度高；⑥样品处理简便，可直接分析固体、液体和气体等样品；⑦可以简便地与不同的进样技术（如流动注射）及分离技术（如高效液相色谱、气相色谱）进行联用（王中瑗 等，2016）。

ICP-MS 研究主要进展：①仪器性能的改进：高分辨率等离子体质谱仪、多接收高分辨等离子体质谱仪和飞行时间质谱仪的使用增加，接口技术进一步改进，计算机信息处理技术不断升级。②分析对象的扩展：有机生物、药物、环境毒物和农作物等检测问题受到空前关注，金属硫因异构体、金属纳米粒子胶体和生物抗体、磷化蛋白、肉类、尿液、中毒人体器官、血清中 DNA 片段、有机汞（铅、锡）化合物、农作物等成为近几年发表文献的主要研究对象。③联用技术成为研究工作的主要技术手段：重点发展的联用技术主要有毛细管电泳、液相色谱（含高效液相色谱和毛细管液相色谱）、气相色谱（含固相微萃取毛细管气相色谱）、离子色谱（含离子排代色谱）、流动注射等。④进样技术研究：ICP-MS 进样技术（不含分离进样）仍是研究重点发展的方向，包括直接注入进样、冷蒸发进样、激光消融进样和单粒子分散液滴进样等。⑤分析测试技术和方法研究：元素形态分析、同位素稀释和比值测定技术和方法也已成为 ICP-MS 测量技术发展的研究重点之一。

相对于 ICP-MS，ICP-AES 是另外一种在重金属多元素分析中常用的原子光谱技术，其分析技术成本和实验室要求相对较低。易颖等（2015）将 ICP-AES 应用于废水中铊的测定，在优化条件下，铊的方法检出限为 22 μg/L，对废水样测定结果的相对标准偏差为 0.2%～0.8%（$n=7$），加标回收率为 98%～100%。与火焰原子吸收光谱法类似，该法检出限相对较高。Biata 等（2018）制备了 1-(2-吡啶偶氮)-2-萘酚（PAN）功能化的 ZnO-ZrO$_2$@AC 复合材料，作为水样中铊的吸附剂，采用固相微萃取法对水中铊进行富集，采用 ICP-AES 法定量分析。该法富集因子达 112，水中铊的检出限和定量限分别为 0.25 ng/L 和 0.84 ng/L，日内和日间精密度测试相对标准偏差分别为 2.4%和 4.3%。

马超等（2020）将车载 ICP-MS 仪器应用于环境水中多种重金属元素的现场分析。其中，铊元素的检出限为 0.001 μg/L，线性范围为 0.1～50 μg/L；相对标准偏差为 1.3%。该技术具有检出限低、干扰少、准确度和精密度高、分析速度快等优点，可满足各类水质铊污染事件的应急监测需求，是应对水质铊污染突发环境事件的重要技术手段。

与水环境铊元素测定方法类似，GF-AAS 和 ICP-MS 是当前土壤中铊元素测定的主流技术。相对于 ICP-MS，GF-AAS 的相关研究主要集中于前处理方法及干扰的消除等。此外 ICP-AES 等技术也有所应用。以 X 射线荧光光谱（X-ray fluorescence，XRF）及固体直接进样等为代表的快速分析技术成为土壤中铊测定的重要研究方向之一。

此外，高倩倩等（2014）建立了一种以聚氨酯泡沫富集，ICP-AES 法测定土壤及水系沉积物中铊含量的分析方法，最佳实验条件下该法的检出限为 0.01 mg/L，对土壤及水系沉积物标准物质的测定结果与推荐值相符，相对误差小于 10%，相对标准偏差为 1.9%～4.9%（n=10），6 mg/mL 与 Tl 发射谱线相近的 Cu^{2+}、Ca^{2+}、Ag^+ 对铊的测定无明显干扰。Jakubowska 等（2006）将王水氧化提取与全消解法进行了对比，采用流动注射-示差脉冲阳极溶出伏安法（flow injection-differential pulse anodic stripping voltammetry，FI-DPASV）测定了土壤中的铊，认为王水氧化提取不能保证完全提取土壤中的铊，且在分析效率上也无显著优势。徐子优等（2015）建立了固体直接进样石墨炉原子吸收测定环境土壤中铊的方法。采用 40 μL 1 000 mg/L 铱溶液作为持久化学改进剂处理石墨样品舟，将 0.1～1.0 mg 微量土壤样品放入石墨样品舟直接进行铊含量的测定，该方法检出限为 0.05 ng，定量测定下限为 0.167 ng、准确度≤0.05、精密度≤10%（祖文川 等，2022）。

在大气中铊的分析技术研究方面，徐丽繁（2015）根据《空气和废气 颗粒物中铅等金属元素的测定 电感耦合等离子体质谱法》（HJ 657—2013），用滤膜采集环境空气中的颗粒物，用滤筒采集污染源废气中的颗粒物，以 HNO_3-HCl 为消解液，用微波消解法消解整个滤膜，电热板湿法回流消解整个滤筒，采用 ICP-MS 测定了铊的含量。空气中铊方法检出限为 0.004 ng/m³（采样体积按 150 m³），废气中铊的检出限为 0.001 μg/m³（采样体积按 0.6 m³ 计）；相对标准偏差为 1.6%～2.2%（n=6）。刘裕婷（2012）建立了 ICP-MS 测定工作场所空气中铊的分析方法。该法用装好微孔滤膜的小型塑料采样夹采样后，经 3%硝酸溶液洗脱，用 ICP-MS 法进行定量测定，最低检出限为 0.017 mg/m³；相对标准偏差低于 10%（n=6）；回收率为 98.6%～102.6%。

3.3　铊元素化学形态分析法

3.3.1　化学形态分析

每一种元素的不同形态具有不同的化学活性，对环境和人体健康具有不同的影响作用，因此定性、定量地测定环境样品中特定元素的化学形态是评价该元素生理毒性和环境危害，以及在环境中迁移和转化规律的重要依据。20 世纪 70 年代以来，元素的形态分析逐渐发展成为分析化学的一个重要分支，继而成为当代科学研究的热点问题。

形态分析是分析化学的一个分支学科，包括物理形态分析和化学形态分析，一般主要讨论化学形态分析。20 世纪 70 年代以来，国内外不同学者对"化学形态"给出了各自不同的定义（戴树桂，1992；袁东星 等，1992；周天泽，1991；汤鸿宵，1985；Stumm and Brauner，1975）。2000 年国际纯粹应用化学联合会（International Union of Pure and Applied Chemistry，IUPAC）统一给出了痕量元素化学形态分析的定义，确认了元素化学形态分析的术语（Templeton et al.，2001）。

（1）化学形式（chemical species）：一种元素的特有形式，如同位素组成、电子或氧化状态、化合物或分子结构等。

（2）形态（speciation）：一种元素的形态即该元素在一个体系中特定化学形式的分布。

（3）形态分析（speciation analysis）：识别和定量测量样品中一种或多种化学形式的分析工作。

（4）分步提取（fractionation）：根据物理性质（如粒度、溶解度等）或化学性质（如结合状态、反应活性等）对样品中一种或一组被测定物质进行分类提取的过程。

有时测定某些样品中元素的不同化学形态是非常困难的。样品中存在的化学形态往往不是很稳定，在分析过程中可能会发生变化。各种不同的化学形态处于一个平衡体系，而在分析处理过程中，一旦平衡被破坏，就可能产生不同化学形态之间的转化。当难以测定一种特定介质中某种元素的各个不同化学形态时，一种实用的替代方案就是鉴别元素形态的各种分类组合，即所谓分步提取分析方法，有学者将其称为偏提取、顺序提取或相态分析（何红蓼 等，2005）。

铊的化学价态分析，Tl(I)是环境水样中 Tl 的主要存在形态，Tl(III)含量水平很低，实现 Tl(III)与 Tl(I)的分离是铊环境分析中需要解决的难点问题。

Krasnodębska-Ostręga 等（2013）采用二乙基二硫代氨基甲酸酯（DDTC）修饰的十八烷基硅胶有效选择性吸附 Tl(III)，采用 96%乙醇洗脱，化学分解 Tl(III)-DDTC 络合物后，应用 ICP-MS 测定。该方法实现了海水样品中 Tl(I)和 Tl(III)的形态分析，对 2 mL 水样 Tl(I)和 Tl(III)的检出限分别为 0.1 ng 和 0.43 ng。Zhao 等（2019）将 ICP-MS 与离子色谱技术联用，实现了水中 Tl(I)和 Tl(III)的价态分析。采用 Hamilton PRP-X100 阴离子交换柱，将 200 mmol/L 乙酸铵+10 mmol/L 二乙烯三胺五乙酸（DTPA）混合溶液作为流动相，pH 为 4.2 时，Tl(I)与 Tl(III)可以有效分离，检出限为 0.003～0.006 µg/L；采用 Dionex CS12A 阳离子交换柱时，将 15 mmol/L HNO_3+3 mmol/L DTPA 混合溶液作为流动相，Tl(I)与 Tl(III)可以有效分离，检出限为 0.009～0.012 µg/L。该方法是对环境水样中 Tl 总量测定之外，ICP-MS 与相关分离技术联用实现 Tl 具体化学形态分析的拓展应用，对环境水样中 Tl(I)和 Tl(III)具有良好的分离及检测效果（祖文川 等，2022）。

3.3.2 化学形态分析技术

元素化学形态分析是了解和认识环境介质中元素的生物毒性及其对生态系统的危害影响的科学密钥，一旦被认识将迅速成为人们关注的重点。对环境中痕量无机元素的价态、化合态、金属有机化合态的分析，很快成为化学分析中非常活跃的领域（Florence，

1982）。

　　化学形态分析的关键难点是完整地将原始样品中元素的各种化学形态定量分离。理想的化学形态分析应该是天然环境中原始样品的在线实时分析，但是受分析技术的限制，目前在多数情况下是很难实现的。现实采用的大多数方法需要采集样品并在实验室中预处理之后进行分离和测定。这种方法存在一定的缺陷，在分析过程中存在化学形态改变的可能性。一般固体样品的前处理采用选择性浸取，辅以加压、超声、微波等手段。

　　联用分析技术是准确形态分析的主要手段，即先用有效的在线分离技术对某种元素的各种化学形态进行选择性分离，然后用高灵敏度的无机元素检测技术进行测定。这些联用分析技术正在环境科学、临床化学、毒理学和营养学等领域不断扩大应用范围。

　　Tl 形态分析不同于总 Tl 分析，除对分析方法有更高的灵敏度要求之外，还要求 Tl 的存在形态及分布在样品采集储存、分离富集和测定过程中保持不变。进行环境水样 Tl 分析时，常规的做法是加入一定量的无机酸，使溶液的 pH 调整为 1.5~2.0，以便试样的运输和保存。但对于 Tl 的形态分析仅加入无机酸不足以防止 Tl 形态分布的改变，尤其是不能防止 Tl(III) 的还原（Karlsson et al.，2006），在实际分析中，大多采用加入络合剂与 Tl(III) 形成稳定的络合物，如加入 DTPA 形成 Tl(DTPA)$^{2-}$ 强稳定性的络阴离子（Karlsson et al.，2006；Nolan et al.，2004；Coetzee et al.，2003）。有研究者在短时间内（小于 8 h）采用无机酸酸化来减少样品储存中可能发生的 Tl 化学形态的变化（Lin and Nriagu，1999a，1999b）。大多测试技术不能直接区分 Tl 不同化学形态，必须结合合适的分离技术。要保证在分离过程中 Tl 的化学形态不发生变化，有氧化剂或还原剂存在的分离体系将不适合 Tl 的化学形态（氧化还原价态）分离。如采用聚氨酯泡沫塑料或活性炭选择性吸附分离 Tl 时（吴惠明 等，2001；孙晓玲 等，1997；熊昭春，1990），体系中存在过氧化氢或溴水等氧化剂，会改变样品中 Tl 的化学形态分布，因此不能应用于 Tl 氧化还原价态分离。而有些对无机和有机 Tl(Me$_2$Tl$^+$) 的分离方法不受氧化还原剂的影响，如添加少许饱和溴水将 Tl(I) 氧化成 Tl(III)，用甲基异丁酮（MIBK）萃取无机 Tl(III) 可实现无机和有机 Tl 化学形态分离（Morgan et al.，1980）。由于某一形态 Tl 的含量可能仅占总量的很小一部分，这对分离技术的分离效率提出了更高的要求。那些选择性差、分离不完全的技术（如沉淀法）将不适合用于 Tl 的化学形态分析。目前实际应用于 Tl 化学形态分析的分离技术主要有溶剂萃取、固相萃取、离子交换、色谱分离等。利用装填涂有 8-羟基喹啉的氧化铝的微交换，在 EDTA 存在时选择吸附 Tl(I)，用 0.5 mL 1 mol/L 硫代硫酸钠洗脱，实现了水样中 Tl 氧化还原价态的分离（Dadfarnia et al.，2007）。Lin 和 Nriagu（1999a，1999b）用阳离子交换树脂（Chelex-100）在优化条件下选择吸附 Tl(III)（以[TlCl$_4$]$^-$形式），然后利用 14% 的硝酸洗脱，而 Tl(I) 不能形成稳定的络阴离子，不被吸附，成功进行了河水和湖水中 Tl 的价态分离。Tl 的形态分析中以柱色谱分离较多，通常将样品中 Tl(III) 转化成稳定的化合物，如 Tl(III) 与 DTPA 形成稳定的络合物，然后选用各种离子色谱柱实现 Tl 价态分离（Casiot et al.，2011；Coetzee et al.，2003）。应用于 Tl 形态分析的检测方法主要有原子吸收光谱（atomic absorption spectrometry，AAS）、电感耦合等离子体原子发射光谱（ICP-AES）和电感耦合等离子体质谱（ICP-MS）等高灵敏度、高选择性的元素检测技术（贾彦龙 等，2013）。

　　化学形态分析的研究真正得到重视并快速发展是在 20 世纪 90 年代，这主要归功于

ICP-MS 技术的发展，该技术极高的检测灵敏度（10^{-15}）及易于与分离技术联用的特点，为化学形态分析提供了强有力的检测技术保障。

化学形态的分析方法主要有 3 种：①直接测定法；②模拟计算法；③模拟实验（分级提取）法。

直接测定法按采用的分析测试方法分为电化学法、色谱法、光谱法等。由于单一仪器的局限性，形态分析时多采用多种分析方法和仪器联用技术，相互补充，将分离与测定结合为一体。如气相色谱石英炉原子吸收、高效液相色谱原子吸收、高效液相色谱等离子体质谱/光谱、微波诱导等离子体原子发射光谱等被广泛用于元素的化学形态分析（陈静 等，2003；Michallke，2002；黄志勇 等，2002）。

模拟计算法是对以化学平衡为基础建立的相应模型进行模拟计算，这是化学形态分析中很重要的一种方法。但由于模拟计算需同时考虑平衡关系和不同组分间相互影响的因素较多，计算复杂，需要建立相关的热力学、动力学数学模型。该方法主要应用于水体系的形态分析（李广玉 等，2004），但对复杂体系中元素化学形态的计算仍有一定难度（王亚平 等，2005）。

模拟实验（分级提取）法是以实验为基础建立起来的。由于自然环境体系的复杂性，要对所有构成元素的各种化学形态进行精确研究是非常困难的，甚至是不可能的（Quevauviller，1998a；Quevauviller et al.，1997，1993）。由于土壤、沉积物样品中化学反应机理复杂、成分不均匀、样品前处理步骤繁杂，直接测定对仪器和分析方法要求高，难度较大，不适合用于生态地球化学中大批量样品的分析研究及生态毒理学、环境中生物可给性等方面的研究。研究表明，重金属在土壤、沉积物中的总量不能直接用于环境效应的评估（Pistrowska et al.，1994），元素的迁移性、生态有效性和毒性主要取决于元素的化学形态（Quevauviller，1998a；Quevauviller et al.，1993）。因此，研究土壤、沉积物中元素的循环、迁移和转化对环境质量和人体健康的影响，选择更为合理有效的替代方法显得尤为迫切。分级提取法因其操作简便、适用范围广、能提供丰富的信息，而得到了广泛的应用（Quevauviller et al.，1996；Tessier et al.，1979）。分级提取法模拟各种可能的、自然的及人为的环境条件变化，合理地使用一系列选择性试剂，按照由弱到强的原则，连续溶解不同吸收痕量元素的矿物相（Gleyzes et al.，2002），把原来单一分析元素全量的评价指标变成元素各化学形态的分析量，从而提高了评价质量。然而由于分类标准不一致，研究者对这种方法也有不同看法。例如单孝全和王仲文（2001）将它归为物理形态分析。但考虑分级提取法是利用化学性质不同的提取剂选择提取样品中不同相态的金属元素的方法，而且研究的不单单是样品中元素的粒度、溶解度、密度等物理性质，王亚平等（2005）认为这种形态分析方法还是应该属于化学形态分析。

3.3.3　化学形态分级提取法

目前国内外广泛使用的化学元素分级提取法是在加拿大 Tessier 等（1979）提出的土壤、沉积物样品重金属元素分级提取法的基础上发展起来的，如欧盟的 BCR 三步提取法（Ure et al.，1993）。

1. Tessier 法

1979 年，Tessier 等提出了早期被广泛应用的分级提取流程，首次较系统地归纳了已有的各种流程，提出 5 种以操作定义的地球化学相态。

（1）可交换态。被弱吸附的金属形态，特别指被较弱的静电吸附而附着在土壤颗粒表面的可被离子交换释放的金属形态，实验所用的提取剂通常为强酸与强碱的盐类电解质或弱酸与弱碱形成的 pH 为 7 的盐类。

（2）碳酸盐结合态（弱酸可溶态）。被碳酸盐吸附部分，该部分对 pH 变化敏感，在 pH 约为 5 的碳酸盐溶解时被释放。

（3）铁锰氧化物结合态（可还原态）。Fe、Mn 氧化物具有很强的吸附痕量金属元素的能力，是优良的土壤净化剂。将 Fe、Mn 还原为可溶性低价态，可释放该部分结合的金属。

（4）有机质结合态（可氧化态）。主要指被有机酸聚合物如胡敏酸、富里酸及蛋白质、脂肪、树脂等结合的痕量元素，在氧化条件下，这些有机物可降解，释放出所结合的金属。由于氧化条件下某些硫化物也可能被氧化为可溶性硫酸盐，也有可能释放部分金属硫化物。

（5）残余态。残余态存在于原生或次生矿物晶格中，可用 HF、$HClO_4$ 等复合强酸分解。

Tessier 的 5 步顺序提取流程所用试剂为：①可交换态 1 mol/L $MgCl_2$，pH 为 7；②碳酸盐结合态 1 mol/L $NaAc$，HAc 调至 pH 为 5；③铁锰氧化物结合态 0.04 mol/L $NH_2OH\cdot HCl$，4.4 mol/L HAc，96 ℃；④有机结合态 0.02 mol/L HNO_3+H_2O_2，pH 为 2，85 ℃，3.2 mol/L NH_4Ac，3 mol/L HNO_3；⑤残余态 HF+$HClO_4$。

Tessier 的提取流程被广泛应用于重金属污染土壤的研究，但应用过程中产生了不少的争议（何红蓼 等，2005）。该流程主要缺陷是在可交换态采用 $MgCl_2$ 作为提取剂，使某些元素含量严重偏高，由此可能导致错误的生态环境地球化学结论。原因在于提取剂缺乏选择性，提取过程中存在重吸附和再分配现象，使结果缺乏质量控制。国际分析化学领域对土壤中元素形态分析方法广泛使用的缺陷争议很多，但因缺少有说服力的实验依据而难下结论。直到 2001 年，单孝全和王仲文证明了元素化学形态分析过程中的确存在元素再分配与重吸收问题，结束了国际学术界对该问题的争论。目前国内外常用的分级提取方法基本上都是基于 Tessier 法针对不同样品采用不同提取剂和提取条件而改进的方法（王亚平 等，2005）。

2. BCR（SM&T）法

虽然 Tessier 分级提取方法被广泛使用，但是不同研究者使用的流程缺乏统一性，各国实验室之间的数据很难比较。1987 年欧盟的标准、测量与测试规划（Standards，Measurements and Testing-Programme，SM&T，即前 BCR）组织了一个合作项目（López-Sánchez et al.，1998；Quevauviller，1998b，1997），目的是协调土壤和沉积物中痕量元素的分级提取方案，使其数据具有可比性。同时分析了另一个影响数据可比性的问题，即没有适当的标准参考物质，使分析质量难以控制。因此，统一流程的同时也制备标准参考物质，在对已有方案充分讨论的基础上，提出三步提取方案：①弱酸提取态 0.11 mol/L HAc；②可还原态 0.1 mol/L $NH_2OH\cdot HCl$，HNO_3 调至 pH 为 2；③可氧化态

8.8 mol/L H_2O_2，HNO_3 调至 pH 为 2～3，1 mol/L NH_4Ac，HNO_3 调至 pH 为 2。这就是 BCR 分析法。

  该方法详细规定了实验操作细节，以确保方法的重现性。欧盟 8 个国家 20 多个实验室进行了两轮比对实验，比对实验采用的检测技术有 FAAS、电热原子化原子吸收光谱法（electrothermal atomization atomic absorption spectrometry，ETAAS）、ICP-AES 和 ICP-MS，根据数据分析，ICP-MS 可接受数据比例最高。采用三步提取流程对沉积物标准参考物质（BCR601）进行定值。在验证过程中，可提取态的长期稳定性一直是各国专家所关注的。要求稳定性的检验期为 3 年。在后来的应用实践中，BCR 法的三步顺序提取流程得到进一步修正：强化第二步条件，改为 0.5 mol/L $NH_2OH\cdot HCl$，提高了 HNO_3 酸度，并增加残余态以利于质量控制。由于自 1996 年 BCR601 标准物质定值已有多年，SM&T 于 2001 年研制了标准物质 BCR701，代替即将用尽的标准物质 BCR601。至此，BCR 分级提取方案已成为研究土壤、沉积物重金属污染状态被普遍采用的方法（陈永亨 等，2020）。

3. BCR 法和 Tessier 法的对比

  众多化学分析家和环境地球化学家使用 BCR 法和 Tessier 法流程时，一般在第一步增加水溶态，最后一步增加残余态。这样 BCR 法和 Tessier 法相态的对应关系非常清楚（表 3.1）。大部分步骤的地球化学意义，甚至提取剂是可以进行比较的，主要不同为提取剂类型、提取剂浓度、称样量、提取条件等。

表 3.1   BCR 法和 Tessier 法的对应关系

方法	提取态	提取剂与流程
BCR 法[①]	水溶态	称 1 g 样品加入 25 mL 蒸馏水（煮沸、冷却，pH=7.0），22 ℃±5 ℃下振荡 2 h，3 000 g 下离心 20 min
	弱酸提取态	称 1 g 样品加 40 mL 0.11 mol/L HOAc，22 ℃±5 ℃下振荡 16 h，3 000 g 下离心 20 min
	可还原态	残渣中加入 40 mL 0.5 mol/L $NH_2OH\cdot HCl$，pH=2，22 ℃±5 ℃下振荡 16 h，3 000 g 下离心 20 min
	可氧化态	残渣中加入 10 mL 30% H_2O_2，保持室温 1 h，加热至 85 ℃±2 ℃ 1 h，加 50 mL 1 mol/L NH_4Ac，pH=2，22 ℃±5 ℃振荡 16 h，3 000 g 下离心 20 min
	残余态	HF+$HClO_4$+HCl+HNO_3 处理
	标准物质	BCR701
Tessier 法	水溶态	无
	可交换态	称 1 g 样品加 18 mL 1 mol/L $MgCl_2$，pH=7.0，室温下搅拌 1 h
	碳酸盐结合态	残渣中加 1 mol/L NaOAc，pH=5.0，室温下搅拌 5 h
	铁锰氧化态	残渣中加入 20 mL 0.04 mol/L $NH_2OH\cdot HCl$ 和 25%HOAc 溶液，96 ℃±3 ℃下适当搅拌 6 h
	有机态	残渣中加入 10 mL 0.02 mol/L HNO_3，5 mL 30% H_2O_2，pH=2，85 ℃±2 ℃适当搅拌 2 h；加 3 mL 30% H_2O_2，85 ℃±2 ℃适当搅拌 3 h；加 5 mL 3.2 mol/L NH_4OAc 和 20% HNO_3 混合液，室温连续搅拌 0.5 h
	残余态	HF+HCl+$HClO_4$ 处理
	标准物质	无

方法	提取态	提取剂与流程
Tessier 修正法（七步法）[②]	水溶态	称 2.5 g 样品加入 25 mL 蒸馏水（煮沸、冷却，pH=7.0），25 ℃±5 ℃下振荡 2 h，4 000 g 离心 20 min
	离子交换态	残渣中加 25 mL 1 mol/L $MgCl_2$，pH=7.0，25 ℃±5 ℃下振荡 2 h，4 000 g 离心 20 min
	碳酸盐结合态	残渣中加 25 mL 1 mol/L NaAc，pH=5.0，25 ℃±5 ℃下振荡 5 h，4 000 g 离心 20 min
	铁锰氧化态	残渣中加入 50 mL 0.25 mol/L $NH_2OH·HCl$，0.25 mol/L 的 HCl，25 ℃±5 ℃下振荡 6 h，4 000 g 下离心 20 min
	弱有机态[②]	残渣中加入 50 mL 0.1 mol/L $Na_4P_2O_7$，pH=10，25 ℃±5 ℃下振荡 3 h，4 000 g 下离心 20 min
	强有机态	残渣中加入 5 mL 30% H_2O_2，3 mL HNO_3，摇匀，于 83 ℃±3 ℃下保持 1.5 h，再加 3 mL 30% H_2O_2 保持 70 min 不时搅动；加入 3.2 mol/L NH_4Ac 2.5 mL，稀释至 25 mL，室温静置 10 h，4 000 g 下离心 20 min
	残余态	$HF+HClO_4+HCl+HNO_3$ 处理
	标准物质	无

注：①国家地质实验测试中心改进的 BCR 法中新增水溶态和残余态定值，残余态原为王水消解，遵循 ISO 11466 改为 $HF+HClO_4+HCl+HNO_3$ 处理，目前正在研制与此相关的标准物质；②Tessier 修正法在实验中的弱有机态在铁锰氧化态之前提取，此处为便于比较

从表 3.1 中可以看出，3 个流程的共同特点是将元素形态分为水溶态（Tessier 流程没有此相态，但可以理解在可交换态中）、弱酸提取态（Tessier 及其修正法流程将其进一步划分成可（离子）交换态和碳酸盐结合态）、可还原态（铁锰氧化态）、可氧化态（有机态，Tessier 修正法中将其分为弱有机态和强有机态）和残余态。各流程的区别主要在于所用试剂和具体操作条件不同（王亚平 等，2005）。

Albores 等（2000）利用污水厂污泥的相态分析研究比较了 BCR 法和 Tessier 法的效果，表明 BCR 法的可氧化物提取比 Tessier 法更有效。BCR 分级提取流程获得了良好的实验室间的可比性，分析的所有结果表明新的 BCR 提取流程适用于污染土壤样品的分析测试。于是 BCR 分级提取流程成为国内外研究土壤、沉积物重金属污染状态时广泛应用的方法。

BCR 法将自然和人为环境条件的变化归纳为弱酸、可还原和可氧化 3 种类型，同时将选择性提取剂由弱到强的作用充分应用，使窜相相应降到最低。经过国际几十个实验室的多次比对实验和改进，BCR 法日益成熟和完善，加之步骤相对较少，形态之间窜相不严重，其再现性显著优于 Tessier 法（陈永亨 等，2020）。

3.4 铊 BCR 法

铊是一个变价元素，环境介质中铊的化学形态受环境因素影响很大。长期以来，Tessier 等（1979）及 Kersten 和 Förstner（1986）提出的分级提取法被广泛应用于土壤和沉积物中重金属的相态分析。铊的相态分析在 Tessier 五步法基础上，经卢萌麻和白

金峰（1999）改进为七步提取法。但因为缺乏参考物质，限制了 BCR 法有效性的验证和与世界范围内分析结果的对比。原欧洲共同体标准物质局（European Community-Bureau-of-Reference）指导制定了标准三步分级提取法（BCR 法，图 3.1，Ure et al.，1993），BCR 法简单易行，可重现性强，并制备了相关标准参考物质（Que vauviller et al.，1997），因此被广泛应用于沉积物、土壤和垃圾中重金属 Cu、Pb、Zn、Cd、Ni 的形态分析。然而，应用 BCR 法进行土壤样品中 Tl 形态分析的实例很少，对 Tl 的 BCR 法缺乏深入的研究。

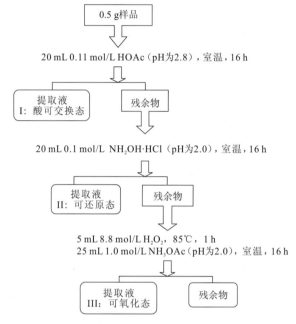

图 3.1　标准 BCR 法分级提取流程图

由于应用标准 BCR 法进行重金属离子的分级提取形态分析时，乙酸（acetic acid，HAc）和盐酸羟胺（$NH_2OH \cdot HCl$）提取体系中金属离子发生的重分配现象和提取剂的选择性问题存在较多的争议，不同研究者提出了较多的改进措施（Mossop and Davidson，2003；Sutherland and Tack，2002；Sahuquillo et al.，1999）。这些研究主要针对 Cu、Zn、Cd、Cr、Ni 和 Pb，没有对 Tl 的提取条件进行实验研究。从 2000 年开始，杨春霞等（2005，2004）系统研究了 BCR 标准三步提取法中争议较大的 HAc 和 $NH_2OH \cdot HCl$ 提取体系的提取剂 pH、提取剂浓度和提取体系温度三个主要条件对各形态 Tl 提取量的影响，根据实验结果对体系做了改进，在 BCR 法的基础上建立一个较完善的土壤 Tl 形态分级提取方法。

通过对 BCR 法中富有争议的 HAc 和 $NH_2OH \cdot HCl$ 提取体系中提取剂 pH、提取剂浓度和提取体系温度对 Tl 提取量影响的研究，发现提取剂 pH 是影响 Tl 提取的主要因素，其次为提取剂浓度和提取体系温度。根据 Tl 分级提取方法的研究结果，对标准 BCR 法进行了改进：$NH_2OH \cdot HCl$ 提取剂 pH 由 2.0 酸化至 1.5，提取剂的摩尔浓度由 0.1 mol/L 升至 0.5 mol/L，提取温度为 60 ℃；其他提取条件不变。改进后的铊 BCR 法中，铁锰氧化物结合态 Tl 的提取和释放程度明显提高，而且优化后的条件还有效减弱或避免了铁锰氧化物结合态释放的 Tl 在有机相和残余相中的重分配现象，这对正确评价 Tl 在土壤中的结合形式有重要的意义（陈永亨 等，2020）。

经过 10 余年的实践分析检验，对体系的 pH、提取剂浓度和提取体系温度进行改进是合理的，在标准 BCR 法的基础上建立比较完善的土壤和沉积物的 Tl 形态分级提取分析方法。表 3.2（任加敏，2019）列出了几种 BCR 分级提取方法的流程对比。

表 3.2　铊 BCR 分级提取形态分析法流程对比

形态	流程		
	标准 BCR 法	Rauret 改进 BCR 法	杨春霞改进 BCR 法
F1	称取 1 g 样品，加 40 mL 0.11 mol/L HAc，室温下振荡 16 h，3 000 g 下离心 20 min	称取 1 g 样品，加 40 mL 0.11 mol/L HAc，（22±5）℃下振荡 16 h，3 000 g 下离心 20 min	称取 0.5 g 样品，加 20 mL 0.11 mol/L HAc 提取剂，室温搅拌 16 h，5 000 r/min 离心 15 min
F2	残余物中加 40 mL 0.1 mol/L NH$_2$OH·HCl（用 HNO$_3$酸化至 pH=2），室温下振荡 16 h，3 000 g 下离心 20 min	残余物中加 40 mL 0.5 mol/L NH$_2$OH·HCl（用 25 mL 2 mol/L HNO$_3$酸化至 pH=1.5），（22±5）℃下振荡 16 h，3 000 g 下离心 20 min	残余物中加 20 mL 0.5 mol/L NH$_2$OH·HCl（用 HNO$_3$酸化至 pH=1.5），60 ℃下振荡 16 h，离心分离同上步
F3	残余物中加 10 mL H$_2$O$_2$（pH=2～3），室温溶解 1 h；加热至（85±2）℃ 1 h；加 50 mL 1 mol/L NH$_4$Ac（pH=2），（22±5）℃下振荡 16 h，3 000 g 下离心 20 min	残余物中加 10mL H$_2$O$_2$（pH=2～3），室温溶解 1 h；加热至（85±2）℃ 1 h；加 50 mL 1 mol/L NH$_4$Ac（pH=2），（22±5）℃下振荡 16 h，3 000 g 下离心 20 min	残余物中加入 5 mL H$_2$O$_2$（30%；pH=2.2）室温溶解 1 h；去盖，85 ℃加热至近干；重新加入 H$_2$O$_2$后加盖，85 ℃溶解 1 h；去盖，85 ℃蒸至近干；冷却后加 25 mL 1 mol/L NH$_4$Ac（pH=2），其余同第一步
F4	未提及	王水	HNO$_3$-HClO$_4$- HF
参考文献	Vaněk 等（2013）	Sutherland 和 Tack（2002）	杨春霞等（2005）

注：F1 为酸可交换态；F2 为可还原态；F3 为可氧化态；F4 为残余态

为了验证分级提取法对样品中铊等元素形态分析数据的可靠性，对购买的土壤和沉积物标准物质（GBW07406 编号 GSS-6，GBW070311 编号 GSD-11）进行 BCR 分级提取实验，通过分级提取实验中金属元素的回收率来检验。实验表明铊的分级提取四步含量之和与土壤、水系沉积物成分分析标准物质的全溶结果很好地吻合，铊提取项之和的回收率分别达到 96.4%、103.2%；这表明采用改进的 BCR 分级提取法对样品中铊的化学形态分析是可信的，结果是令人满意的（王春霖，2010；Yang et al.，2009，2005）。至此，铊 BCR 法被广泛应用于矿石、矿渣及其冶炼工艺各环节废渣、电尘、土壤、沉积物、工业废水沉淀废渣等环境介质样品的铊化学形态分析（马良，2021；Liu et al.，2020，2019a，2019b，2018，2017，2016；Lin et al.，2020；林景奋，2020；任加敏，2019；Huang et al.，2018；陈永亨 等，2013；贾彦龙 等，2013；王春霖，2010；刘敬勇 等，2009；Yang et al.，2009，2005；王春梅，2007；杨春霞，2004）。

参 考 文 献

曹小安, 陈永亨, 张诠, 等, 2000. 测定痕量铊的泡沫塑料吸附分离: 镉试剂 2B 分光光度法. 分析测试学报, 19(3): 11-14.

曹小安, 陈永亨, 黄橄荣, 等. 2002. 差示脉冲阳极溶出伏安法测定痕量铊的研究. 广州大学学报(自然科学版), 1(4): 20-22.

陈登云, Christopher T, 2001. ICP-MS 技术及其应用. 现代仪器, 4: 8-11, 38.

陈静, 周黎明, 曲刚莲, 2003. HPLC 联用技术在环境砷形态分析上的应用. 环境科学与技术, 26(2): 60-62, 66.

陈永亨, 王春霖, 刘娟, 等, 2013. 含铊黄铁矿工业利用中铊的环境暴露通量. 中国科学: 地球科学, 43(9): 1474-1480.

陈永亨, 齐剑英, 吴颖娟, 等, 2020, 铊环境分析化学方法. 北京: 科学出版社.

戴树桂, 1992. 环境分析化学的一个重要方向: 形态分析的发展. 上海环境科学, 11(11): 20-27, 43.

董云会, 刘保安, 邹爱红, 1999. 铊(I)-碘化钾-向红菲罗啉络合吸附波的研究. 分析科学学报, 15(4): 324-327.

杜维, 施敏芳, 李爱民, 2017. 石墨炉原子吸收法测定地表水中铊的关键问题研究. 环境科学与技术, 40(S2): 257-260.

冯先进, 屈太原, 2011. 电感耦合等离子体质谱法(ICP-MS)最新应用进展. 中国无机分析化学, 1(1): 46-52.

高倩倩, 刘海波, 刘永玉, 等, 2014. 聚氨酯泡沫富集-电感耦合等离子体原子发射光谱法(ICP-AES)测定土壤及水系沉积物中铊含量. 中国无机分析化学, 4(3): 6-9.

高筱玲, 刘一鸣, 王瑞芬, 等, 2014. 石墨炉原子吸收法测定水中铊的方法改进. 环境监测管理与技术, 26(3): 48-49.

何红蓼, 李冰, 杨红霞, 等, 2005. 环境样品中痕量元素的化学形态分析: I. 分析技术在化学形态分析中的应用. 岩矿测试, 24(1): 51-58.

何为, 范中晓, 霍彩红, 2004. 微分脉冲极谱测定痕量铊的研究. 电子科技大学学报, 33(3): 309-311，315.

何应律, 赵锦端, 匡文心, 等, 1995. 溶剂浮选吸光光度法测定痕量铊的研究. 理化检验-化学分册, 31(5): 295-296.

胡存杰, 刘海玲, 2000. 聚酰胺富集分离-光度法测定环境样品中痕量铊. 分析试验室, 19(4): 30-33.

黄志勇, 吴熙鸿, 胡广林, 等, 2002. 高效液相色谱/电感耦合等离子体质谱联用技术用于元素形态分析的研究进展. 分析化学, 30(11): 1387-1393.

贾香, 邓慧兰, 马立奎, 等, 2017. ICP-MS 法与石墨炉原子吸收法测定矿山废水中铊含量的比较. 中国测试, 43(s1): 76-79.

贾彦龙, 肖唐付, 周广柱, 等, 2013. 水体、土壤和沉积物中铊的化学形态研究进展. 环境化学, 32(6): 917-925.

李广玉, 鲁静, 何拥军, 2004. 天然水化学组分存在形式的研究理论基础及其应用进展. 海洋地质动态, 20(4): 24-27, 38.

李建平, 郭保科, 刘雅, 等, 2000. 生物材料中铊的溶出伏安法检测. 中华劳动卫生职业病杂志, 18(5): 313-314.

李伟新, 2015. 工业废水中铊的化学形态及石墨炉原子吸收法直接测定微量铊的研究. 广东化工, 42(8): 171-172.

梁永津, 杜韶娴, 张荧, 等, 2014. 便携式重金属测定仪应急监测地表水中的痕量铊. 化学试剂, 36(8):

734-736, 760.

林景奋, 2020. 污染土壤剖面中铊的迁移转化研究. 广州: 广州大学.

刘娟, 王津, 陈永亨, 等, 2013. 铊电化学分析技术的研究进展. 安徽农学通报, 19(11): 120-122.

刘敬勇, 常向阳, 涂湘林, 等, 2009. 广东某硫酸冶炼工业区土壤铊污染及评价. 地质论评, 55(2): 242-250.

刘裕婷, 2012. 工作场所空气中钡、钾、钠、铊及其化合物的电感耦合等离子体质谱仪测定法. 职业与健康, 28(12): 1464-1465, 1468.

卢水平, 林海兰, 朱瑞瑞, 等, 2014. 电感耦合等离子体质谱法测定地表水中铊的研究. 环境科学与管理, 39(12): 130-132.

卢荫庥, 白金峰, 1999. 土壤中铊的相态分析. 地质实验室, 15(4): 217-220.

鲁青庆, 2018. 石墨炉原子吸收法测定有色冶炼环境水样中痕量铊. 湖南有色金属, 34(1): 75-77, 80.

罗津新, 2000. TBP萃淋树脂分离GFAAS测定水与废水中的铊. 现代科学仪器(4): 39-41.

马超, 康晓风, 吕天峰, 等, 2020. 车载电感耦合等离子体质谱法现场快速测定水中22种重金属元素. 理化检验-化学分册, 56(2): 232-235.

马良, 2021. 黔西南滥木厂地区土壤铊污染特征及原位钝化修复研究. 贵阳: 中国科学院地球化学研究所.

彭彩红, 张平, 陈永亨, 等, 2016. 火焰原子吸收光谱法测定工业废水中铊、铅、镉时高盐分的干扰. 理化检验-化学分册, 52(8): 952-954.

齐剑英, 范芳, 李祥平, 2020. 铊的电感耦合等离子体质谱分析法与电感耦合等离子体原子发射光谱分析法//陈永亨, 齐剑英, 吴颖娟, 等. 铊环境分析化学方法. 北京: 科学出版社: 170-197.

钱振彭, 1982. 关于光谱定量分析的基本公式. 光谱学与光谱分析, 1, 2(2):72-73.

任加敏, 2019. 不同钝化剂对高铊污染土壤中铊化学形态分布的影响. 广州: 广州大学.

单孝全, 王仲文, 2001. 形态分析与生物可给性. 分析实验室, 20(6): 103-108.

孙晓玲, 胡瑞莲, 张勤, 等, 1997. 泡沫塑料吸附-石墨炉原子吸收光谱法测定地质物料中痕量铊. 光谱实验室, 14(2): 71-75.

谭龙华, 汪模辉, 廖梦霞, 等, 1999. 硅胶-TBP反相萃取层析分离法测定金(III)与铊(III)的研究. 分析试验室, 18(1): 1-4.

汤鸿霄, 1985. 试论重金属的水环境容量. 中国环境科学, 5(5): 38-43.

王春霖, 2010. 含铊硫铁矿中铊在硫酸生产过程中的赋存形态转化、分布特征及对环境污染的贡献. 广州: 中国科学院广州地球化学研究所.

王春梅, 2007. 贵州兴仁铊矿化区土壤中铊的环境地球化学. 贵阳: 贵州大学.

王富权, 余益民, 李顺玉, 等, 1994. 流通池介质交换DPASV法同时测定铜铋锑铊铅锡. 分析测试学报, 13(2): 79-82.

王继森, 周红英, 1989. 脂胺泡沫塑料富集火焰和平台石墨炉原子吸收测定岩矿中微、痕量汞和铊的研究. 分析化学, 17(11): 1000-1003.

王建华, 阮文举, 何荣桓, 等, 1992. Tl(I)-Cr(VI)-I-淀粉体系催化光度法测定铊的研究. 分析实验室, 11(5): 43-45.

王世信, 李淑宜, 1988. 阳极溶出伏安法测定天然水、岩石矿物中痕量铊. 岩矿测试, 7(1): 31-35.

王献科, 李玉萍, 李莉芬, 1999. 液膜分离富集与测定工业废水中痕量铊. 湖南冶金(3): 36-39.

王亚平, 黄毅, 王苏明, 等, 2005. 土壤和沉积物中元素的化学形态及其顺序提取法. 地质通报, 24(8):

728-734.

王耀光, 1991. 半微积分极谱法. 厦门: 厦门大学出版社.

王中瑗, 张宏康, 陈思敏, 等, 2016. 电感耦合等离子体质谱法分析元素形态的研究进展. 理化检验-化学分册, 52(11): 1359-1364.

吴惠明, 郭慧清, 陈永亨, 等, 2001. 活性炭吸附分离-分光光度法测定硫化矿和土壤中的痕量铊. 岩矿测试, 20(4): 275-278.

吴颖娟, 2020. 铊的电化学分析法//陈永亨, 齐剑英, 吴颖娟, 等. 铊环境分析化学方法. 北京: 科学出版社: 124-169.

熊昭春, 1990. 泡塑对分散金属的吸附及其分析应用. 地质实验室, 6(5): 277-280.

熊昭春, 1992. 我国泡塑分离富集技术发展十年. 岩矿测试, 11(1-2): 84-86, 100.

徐丽繁, 2015. 电感耦合等离子体质谱测定空气和废气颗粒物中钴、铊元素. 江西化工(5): 127-129.

徐子优, 杨柳, 陈维, 等, 2015. 固体直接进样石墨炉原子吸收法测定环境土壤中铊元素. 分析仪器(3): 10-14.

杨春霞, 2004. 含铊黄铁矿利用过程中毒害重金属铊的迁移释放行为研究. 广州: 中国科学院广州地球化学研究所.

杨春霞, 陈永亨, 彭平安, 等, 2002. 铊的分离富集技术. 分析测试学报, 21(3): 94-99.

杨春霞, 陈永亨, 彭平安, 等, 2004. H$^+$反应对重金属分级提取形态分析法实用性的影响. 分析试验室, 23(10): 74-80.

杨春霞, 陈永亨, 彭平安, 等, 2005. 土壤中重金属铊的分级提取形态分析法研究. 分析测试学报, 24(2): 1-6.

易颖, 卢水平, 朱瑞瑞, 等, 2015. 电感耦合等离子体原子发射光谱法测定废水中的铊. 环境监测管理与技术, 27(1): 39-41.

于磊, 林海兰, 朱日龙, 等, 2020. 不同基体改进剂对石墨炉原子吸收法测定土壤和沉积物中铊的影响. 分析试验室, 39(4): 416-421.

袁东星, 王小如, 杨芃原, 等, 1992. 化学形态分析. 分析测试通报, 11(4): 1-9.

袁蕙霞, 2005. 矿石中微量铊的吸附催化极谱测定. 甘肃冶金, 27(3): 118-119.

元艳, 方金东, 董学林, 2014. 地质样品中三稀金属元素分析方法进展. 资源与环境工程, 28(1): 89-93.

张艳, 罗岳平, 黄钟霆, 等, 2016. 微波消解-石墨炉原子吸收法测定土壤中铊. 中国环境监测, 32(3): 110-114.

赵藻藩, 周性尧, 张悟铭, 等, 1990. 仪器分析. 北京: 高等教育出版社.

赵锦端, 何应律, 钱徐根, 等, 1994. 8-羟基喹啉-5-磺酸-溴化十六烷基三甲胺荧光光度法测定痕量铊. 分析化学, 22(10): 1057-1060.

周天泽, 1991. 无机微量元素形态分析方法学简介. 分析试验室, 10(3): 44-50.

周西林, 李启华, 胡德声, 2012. 实用等离子发射光谱分析技术. 北京: 国防工业出版社.

朱日龙, 于磊, 周刚强, 等, 2018. 石墨炉分光光度法测定土壤和沉积物中铊. 环境化学, 37(2): 363-366.

邹爱红, 董云会, 王洪燕, 1999. 阳极溶出伏安法测定氧化镉中痕量铊. 冶金分析, 19(4): 61-62.

祖文川, 汪雨, 陈建钢, 等, 2022. 环境领域铊元素的分析技术研究进展. 分析试验室, 41(3): 357-365.

Alborés A F, Cid B P, Gópez E F, et al., 2000. Comparison between sequential extraction procedures and single extractions for metal partitioning in sewage sludge samples. Analyst, 125: 1353-1357.

Biata N R, Dimpe K M, Ramontja J, et al., 2018. Determination of thallium in water samples using inductively coupled plasma optical emission spectrometry (ICP-OES) after ultrasonic assisted-dispersive solid phase microextraction. Microchemical Journal, 137: 214-222.

Böning P, Schnetger B, 2011. Rapid and accurate determination of thallium in seawater using SF-ICP-MS. Talanta, 85(3): 1695-1697.

Cabral A R, Lefebvre G, 1996. Use of sequential extraction in the study of heavy metal retention by silty soils. Water, Air & Soil Pollution, 102: 330-344.

Cai Q, Khoo S B, 1995. Differential pulse stripping voltammetric determination of thallium with an 8-hydroxyquinoline- modified carbon paste electrode. Electroanalysis, 7(4): 379-385.

Casiot C, Egal M, Bruneel O, et al., 2011. Predominance of aqueous Tl(I) species in the river system downstream from the abandoned Carnoulès mine (Southern France). Environmental Science Technology, 45: 2056-2064.

Ciszewski A, Wasiak W, Ciszewska W, 1997. Hair analysis: Part 2. Differential pulse anodic stripping voltammetric determination of thallium in human hair samples of person in permanent contact with lead in their workplace. Analytica Chimica Acta, 343(3): 225-229.

Cleven R, Fokkert L, 1994. Potentiometric stripping analysis of thallium in natural waters. Analytica Chimica Acta, 289(2): 215-221.

Clszewski A, 1990. Determination of thallic and thallous ions by differential pulse anodic stripping voltammetry without preliminary separation. Talanta, 37(10): 995-999.

Coetzee P P, Fischer J L, Hu M, 2003. Simultaneous separation and determination of Tl(I) and Tl(III) by IC-ICP-OES and IC-ICP-MS. Water SA, 29(1): 17-22.

Dadfarnia S, Assadollahi T, Shabani A M H, 2007. Speciation and determination of thallium by on-line microcolumn separation/preconcentration by flow injection-flame atomic absorption spectrometry using immobilized oxine as sorbent. Journal of Hazardous Materials, 148(1-2): 446-452.

Davis Carter J G, Shuman L M, 1993. Influence of texture and pH of kaolinitic soils on zinc fractions and zinc uptake by peanuts. Soil Science, 155(6): 376-384.

Domańska K, Tyszczuk-Rotko K, 2018. Integrated three-electrode screen-printed sensor modified with bismuth film for voltammetric determination of thallium(I) at the ultratrace level. Analytica Chimica Acta, 1036: 16-25.

Florence T M, 1982. The speciation of trace elements in waters. Talanta, 29(5): 345-364.

Gleyzes C, Tellier S, Astruc M, 2002. Fractionation studies of trace elements in contaminated soils and sediments: A review of sequential extraction procedures. Trends in Analytical Chemistry, 21(6-7): 451-467.

Grotto D, Batista B L, Carneiro M F H, et al., 2012. Evaluation by ICP-MS of essential, nonessential and toxic elements in Brazilian fish and seafood samples. Food and Nutrition Sciences, 3(9): 1252-1260.

Hoeflich L K, Gale R J, Good M L, 1983. Differential pulse polarography and differential pulse anodic stripping voltammetry for determination of trace levels of thallium. Analytical Chemistry, 55(9): 1591-1595.

Huang X X, Li N, Wu Q H, et al., 2018. Fractional distribution of thallium in paddy soil and its bioavailability to rice. Ecotoxicology and Environmental Safety, 148: 311-317.

Husáková L, Černohorský T, Šrámková J, et al., 2008. Interference-free determination of thallium in aqua regia leaches from rocks, soils and sediments by D_2-ETAAS method using mixed palladium-citric acid-lithium chemical modifier. Analytica Chimica Acta, 614(1): 38-45.

Jakubowska M, Zembrzuski W, Lukaszewski Z, 2006. Oxidative extraction versus total decomposition of soil in the determination of thallium. Talanta, 68(5): 1736-1739.

Karlsson U, Düker A, Karlsson S, 2006. Separation and quantification of Tl(I) and Tl(III) in fresh water samples. Journal of Environmental Science and Health, Part A: Toxic/Hazardous Substances Environmental Engineering, 41(7): 1157-1169.

Kersten M, Förstner U, 1986. Chemical fraction of heavy metals in anoxic estuarine and coastal sediments. Water Science and Technology, 18: 121-130.

Kozina S A, 2003. Stripping voltammetry of thallium at a film mercury electrode. Journal of Analytical Chemistry, 58: 1067-1071.

Krasnodębska-Ostręga B, Sadowska M, Piotrowska K, et al., 2013. Thallium(III) determination in the Baltic seawater samples by ICP MS after preconcentration on SGX C18 modified with DDTC. Talanta, 112: 73-79.

Lin J F, Yin M L, Wang J, et al., 2020. Geochemical fractionation of thallium in contaminated soils near a large-scale Hg-Tl mineralised area. Chemosphere, 239: 124775.

Lin T S, Nriagu J O, 1999a. Thallium speciation in the Great Lakes. Environmental Science & Technology, 33(19): 3394-3397.

Lin T S, Nriagu J O, 1999b. Thallium speciation in river waters with Chelex-100 resin. Analytica Chimica Acta, 395(3): 301-307.

Liu J, Luo X W, Wang J, et al., 2017. Thallium contamination in arable soils and vegetables around a steel plant: A newly-found significant source of Tl pollution in South China. Environmental Pollution, 224: 445-453.

Liu J, Wang J, Chen Y H, et al., 2016. Thallium dispersal and contamination in surface sediments from South China and its source identification. Environmental Pollution, 213: 878-887.

Liu J, Wang J, Xiao T F, et al. 2018. Geochemical dispersal of thallium and accompanying metals in sediment profiles from a smelter-impacted area in South China. Applied Geochemistry, 88: 239-246.

Liu J, Yin M L, Luo X W, et al., 2019a. The mobility of thallium in sediments and source apportionment by lead isotopes. Chemosphere, 219: 864-874.

Liu J, Yin M L, Xiao T F, et al., 2020. Thallium isotopic fractionation in industrial process of pyrite smelting and environmental implications. Journal of Hazardous Materials, 384: 121378.

Liu J, Yin M L, Zhang W L, et al., 2019b. Response of microbial communities and interactions to thallium in contaminated sediments near a pyrite mining area. Environmental Pollution, 248: 916-928.

Lu T H, Yang H Y, Sun I W, 1999. Square-wave anodic stripping voltammetric determination of thallium(I) at a Nafion/mercury film modified electrode. Talanta, 49(1): 59-68.

López-Sánchez J F, Sahuquillo A, Fiedler H D, et al., 1998. CRM 601: A stable material for its extractable content of heavy metals. The Analyst, 123(8): 1675-1677.

Michallke B, 2002. The coupling of LC to ICP-MS in element speciation: Part II: Recent trends in application. Trends in Analytical Chemistry, 21(3): 154-165.

Morgan J M, Mchenry J R, Masten L W, 1980. Simultaneous determination of inorganic and organic thallium by atomic-absorption analysis. Bulletin of Environmental Contamination and Toxicology, 24(3): 333-337.

Mossop K F, Davidson C M, 2003. Comparison of original and modified BCR sequential extraction procedures for the fractionation of copper, iron, lead, manganese and zinc in soils and sediments. Analytica Chimica Acta, 478(1): 111-118.

Nolan A, Schaumlöffel D, Lombi E, et al., 2004. Determination of Tl(I) and Tl(III) by IC-ICP-MS and application to Tl speciation analysis in the Tl hyperaccumulator plant *Iberis intermedia*. Journal of Analytical Atomic Spectrometry, 19(6): 757-761.

Ostapczuk P, 1993. Present potentials and limitations in the determination of trace elements by potentiometric stripping analysis. Analytica Chimica Acta, 273(1-2): 35-40.

Pistrowska M, Dudka S, Ponce-hernandez R, et al., 1994. The spatial distribution of lead concentrations in the agricultural soils and main crop plants in Poland. Science of the Total Environment, 158: 147-155.

Quevauviller P, 1998a. Operationally defined extraction procedures for soil and sediment analysis I: Standardization. Trends in Analytical Chemistry, 17(5): 289-298.

Quevauviller P, 1998b. Conclusions of the workshop: Standards, measurements and testing for solid waste management. Trends in Analytical Chemistry, 17(5): 314-320.

Quevauviller P, Ure A, Muntau H, et al., 1993. Improvement of analytical measurements within the BCR-programme: Single and sequential extraction procedures applied to soil and sediment analysis. International Journal of Environmental Analytical Chemistry, 51: 129-134.

Quevauviller P, Van Der Sloot H A, Ure A, 1996. Conclusions of the workshop: Harmonization of leaching/extraction tests for environmental risk assessment. Science of the Total Environment, 178(1-3): 133-139.

Quevauviller P, Rauret G, López-Sánchez J F, et al., 1997. Certification of trace metal extractable contents in a sediment reference material (CRM 601) following a three-stage sequential extraction procedure. Science of the Total Environment, 205(2-3): 223-234.

Reidy L, Bu K X, Godfrey M, et al., 2013. Elemental fingerprinting of soils using ICP-MS and multivariate statistics: A study for and by forensic chemistry majors. Forensic Science International, 233(1-3): 37-44.

Rounaghi C, Eshagi Z, Ghiamati E, 1996. Study of the complex for mation between 18C6 Crown either and Tl^+, Pb^{2+} and Cd^{2+} in binary non-aqueous solvents using differential pulse polarography. Talanta, 43(7): 1043-1048.

Sahuquillo A, López-Sánchez J F, Rubio R, et al., 1999. Use of a certified reference material for extractable trace metals to assess source of uncertain in the BCR three-stage sequential extraction procedure. Analytica Chimica Acta, 382(3): 317-327.

Shams E, Yekehtaz M, 2002. Determination of trace amounts of thallium by adsorptive cathodic stripping voltammetry with xylenol orange. Analytical Sciences, 18: 993-996.

Spano N, Panzanelli A, Piu P C, et al., 2005. Anodic stripping voltammetric determination of traces and ultratraces of thallium at a graphite microelectrode: Method velopment and application to environmental waters. Analytica Chimica Acta, 553(1-2): 201-207.

Sutherland R A, Tack F M G, 2002. Determination of Al, Cu, Fe, Mn, Pb and Zn in certified reference materials using the optimized BCR sequential extraction procedure. Analytica Chimica Acta, 454(2): 249-257.

Stumm W, Brauner P A, 1975. A chemical speciation//Riley J P, Skirrow G. Chemical oceanography. New York: Academic Press.

Templeton D M, Ariese F, Comelis R, et al., 2001. IUPAC guidelines for terms related to speciation of trace elements. Pure and Applied Chemistry, 72(8): 1453-1470.

Tessier A, Campbe P G C, Bison M, 1979. Sequential extraction procedure for the speciation of particulate trace metals. Analytical Chemistry, 51: 844-851.

Ure A M, Quevauviller P H, Muntau H, et al., 1993. Speciation of heavy metals in solids and harmonization of extraction techniques undertaken under the auspices of the BCR of the Commission of the European Communities. International Journal of Environmental Analytical Chemistry, 51: 135-142.

Vaněk A, Chrastný V, Komárek M, et al., 2013. Geochemical position of thallium in soils from a smelter-impacted area. Journal of Geochemical Exploration, 124: 176-182.

Xu T, Hu J, Chen H J, 2019. Transition metal ion Co(II)-assisted photochemical vapor generation of thallium for its sensitive determination by inductively coupled plasma mass spectrometry. Microchemical Journal, 149: 103972.

Yang C X, Chen Y H, Peng P A, et al., 2005. Distribution of natural and anthropogenic thallium in highly weathered soils. Science of the Total Environment, 341(1-3): 159-172.

Yang C X, Chen Y H, Peng P A, et al., 2009. Trace element transformations and partitioning during the roasting of pyrite ores in the sulfuric acid industry. Journal of Hazardous Materials, 167(1-3): 835-845.

Zhao Y X, Cheng F, Men B, et al., 2019. Simultaneous separation and determination of thallium in water samples by high-performance liquid chromatography with inductively coupled plasma mass spectrometry. Journal of Separation Science, 42(21): 3311-3318.

Zolotov Y A, 2018. Russian contributions to analytical chemistry. Cham: Springer.

第 4 章 铊在矿产中的分布与化学形态

4.1 铊的矿物学

4.1.1 铊（含铊）矿物

铊是典型的奇数元素，在自然界多呈分散状态，鲜少单独成矿。但铊同时具有亲石性和亲硫性特征，在特殊成矿环境也可形成铊矿物，甚至富集成矿。作为亲石矿物，Tl可以通过同构置换进入云母、明矾石、钾长石和黄钾铁矾，由于 Tl^+ 的离子半径为 1.49 Å，K^+ 的离子半径为 1.33 Å，两者具有相似的离子半径，从而 Tl^+ 可以取代 K^+。铊容易与硫结合的特性促使其与铅、锌、铜、砷、锑、铁、汞和金在各种广泛分布的硫化物矿物中共存。硫化矿的开采和加工是生态系统中 Tl 污染的主要来源。据估计，2000 年以前，全球工业过程每年总共释放 2 000～5 000 t Tl 进入表生环境（涂光炽 等，2003）。近年来，我国某些省份主要江河发生了几起 Tl 污染事件，影响了饮用水源安全，如 2010 年10 月广东北江、2013 年 7 月广西贺江、2017 年 5 月四川和陕西嘉陵江、2018 年 8 月湖南禄江（湘江支流）（Liu et al., 2019）。

迄今为止，自然界中已发现 56 种铊的独立矿物。其中包括硫化物和硫盐类矿物 45种、硒化物矿物 3 种、氧化物 2 种、含氧盐 4 种，以及锑化物和氯化物各 1 种，见表 4.1（范裕 等，2005）。铊矿物虽由几十种元素组成，但参与矿物组成计算的主要元素不超过 20 种，如图 4.1（涂光炽 等，2003）所示。早在 20 世纪 50 年代，我国学者已开始对一些矿床中分散元素进行分析研究。自 1988～1989 年安树仁和陈代演等在贵州滥木厂铊矿床中分别相继发现斜硫砷汞铊矿（Christite）和红铊矿（Lorandite）以来，目前我国一共发现 12 种独立的铊矿物，如褐铊矿（Avicennite）、硫砷铊铅矿（Hutchinsonite）、辉铁铊矿（Picotpaulite）、硫铁铊矿（Raguinite）、铊黄铁矿（Thallium pyrite）、铊明矾（Lanmuchangite）、硫砷铊矿（Ellisite）、红铊矿（Lorandite）等，见表 4.2（陈永亨 等，2020）。其中铊明矾（Lanmuchangite）是新发现的一种铊矿，首次发现于我国贵州滥木厂地区（陈代演 等，2001）。这些独立铊矿物主要被发现于云南南华、贵州滥木厂、西藏洛隆和安徽香泉等地（苏龙晓 等，2014）。

表 4.1　目前世界上已发现的主要铊矿物

分类	序号	中文名称	英文名称	化学式	晶系
硫化物	1	辉铊矿	Carlinite	Tl_2S	三方晶系
	2	硫锑铊铁铜矿	Chalcothallite	$(Cu,Fe)_6Tl_2SbS_4$	四方晶系
	3	斜硫砷汞铊矿	Christite	$TlHgAsS_3$	单斜晶系
	4	硫砷铊银铅矿	Hatchite	$(Pb,Tl)AgAs_2S_5$	三斜晶系

分类	序号	中文名称	英文名称	化学式	晶系
	5	红铊铅矿（硫砷铊铅矿）	Hutchinsonite	$(Pb,Tl)_2As_5S_9$	斜方晶系
	6	红铊矿	Lorandite	$TlAsS_2$	单斜晶系
	7	斜硫锑铊矿	Parapierrotite	$Tl(Sb,As)_5S_8$	单斜晶系
	8	辉铁铊矿	Picotpaulite	$TlFe_2S_3$	斜方晶系
	9	硫锑铊矿	Pierrotite	$Tl_2Sb_6As_4S_{16}$	斜方晶系
	10	硫铁铊矿	Raguinite	$TlFeS_2$	斜方晶系
	11	拉硫砷铅矿	Rathite	$(Pb,Tl)_3As_5S_{10}$	单斜晶系
	12	硫锑铜铊矿	Rohaite	$TlCu_5SbS_2$	四方晶系
	13	硫砷汞铊矿	Routhierite	$TlCu(Hg,Zn)_2(As,Sb)_2S_3$	四方晶系
	14	硫铊铁铜矿	Thalcusite	$Cu_{3-x}Tl_2Fe_{1+x}S_4$	四方晶系
	15	硫镍铁铊矿	Thalfenisite	$Tl_6(Fe,Ni,Cu)_{25}S_{26}Cl$	等轴晶系
	16	硫砷锑汞铊矿	Vrbaite	$Tl_4Hg_3Sb_2As_8S_{20}$	斜方晶系
	17	铜红铊铅矿	Wallisite	$PbTl(Cu,Ag)As_2S_5$	三斜晶系
	18	维硫锑铊矿	Weissbergite	$TlSbS_2$	三斜晶系
	19	硫砷锑铅铊矿	Chabourneite	$(Tl,Pb)_{21}(Sb,As)_{91}S_{147}$	三斜晶系
	20	硫砷铜铊矿	Imhofite	$Tl_6CuAs_{16}S_{40}$	单斜晶系
硫化物	21	贝硫砷铊矿	Bernardite	$Tl(As,Sb)_5S_8$	单斜晶系
	22	硫铊银金锑矿	Criddleite	$TlAg_2Au_3Sb_{10}S_{10}$	单斜晶系
	23	硫砷铅铊矿	Edenharterite	$TlPbAs_3S_6$	斜方晶系
	24	硫砷锡铊矿	Erniggliite	$Tl_2SnAs_2S_6$	三方晶系
	25	硫铊砷矿	Gillulyite	$Tl_2(As,Sb)_8S_{13}$	单斜晶系
	26	银板硫锑铅矿	Rayite	$Pb_8(Ag,Tl)_2Sb_8S_{21}$	单斜晶系
	27	硫锑铊砷矿	Rebulite	$Tl_5Sb_5As_8S_{22}$	单斜晶系
	28	新民矿	Simonite	$TlHgAs_3S_6$	单斜晶系
	29	硫砷锌铊矿	Stalderite	$TlCu(Zn,Fe,Hg)_2As_2S_6$	四方晶系
	30	硫铊汞锑矿（灰泥岩）	Vaughanite	$TlHgSb_4S_7$	三斜晶系
	31	硫铊砷矿	Fangite	Tl_3AsS_4	斜方晶系
	32	硫砷铊矿	Ellisite	Tl_3AsS_3	三方晶系
	33	硫锑砷铊矿	Jankovicite	$Tl_5Sb_9As_3SbS_{22}$	三斜晶系
	34	辉砷银铅矿	Jentschite	$TlPbAs_2SbS_6$	单斜晶系
	35	斜硫锑砷银铊矿	Sicherite	$TlAg_2(As,Sb)_3S_6$	斜方晶系
	36	硫砷铊汞矿	Galkhaite	$(Cs,Tl)(Hg,Cu,Zn)_6(As,Sb)_4S_{12}$	四方晶系
	37		Unnamed	$TlHgAs_3S_6$	四方晶系

分类		序号	中文名称	英文名称	化学式	晶系
硫化物		38		Unnamed	MHgAsS$_3$,(M=Tl,Cu,Ag)	单斜晶系
		39		Unnamed	TlCu$_3$S$_2$	
		40	铊黄铁矿	Thallium Pyrite	(Fe,Tl)(S,As)$_2$	等轴晶系
		41		Unnamed	TlSnAsS$_3$	
		42		Unnamed	Tl$_2$AsS$_3$	
		43		Unnamed	Cu$_3$(Bi,Tl)S$_4$	
		44		Unnamed	Tl$_3$AsS$_4$	
		45		Unnamed	Au(Te,Tl)	
硒化物		46	硒铊铁铜矿	Bukovite	Tl$_2$Cu$_3$FeSe$_4$	四方晶系
		47	硒铊银铜矿	Crookesite	Cu$_7$(Tl,Ag)Se$_4$	四方晶系
		48	硒铊铜矿	Sabatierite	Cu$_4$TlSe$_3$	斜方晶系
锑化物		49	锑铊铜矿	Cuprostibite	Cu$_2$(Sb,Tl)	四方晶系
氧化物		50	褐铊矿	Avicennite	Tl$_2$O$_3$	等轴晶系
		51		Unnamed	Fe$_2$TlAs$_4$O$_{12}$·4H$_2$O	三方晶系
氯化物		52		Unnamed	TlCl	
含氧盐	硫酸盐	53	水钾铊矾	Monsmedite	H$_8$K$_2$Tl$_2$(SO$_4$)$_8$·11H$_2$O	等轴晶系
		54	铊明矾	Lanmuchangite	TlAl[SO$_4$]$_2$·12H$_2$O	等轴晶系
		55	铁钾铊矾	Dorallcharite	(Tl,K)Fe$_3$(SO$_4$)$_2$(OH)$_6$	三方晶系
	硅酸盐	56	硅铝铊石	Perlialite	K$_8$Tl$_4$Al$_{12}$Si$_{24}$O$_{72}$·20H$_2$O	六方晶系

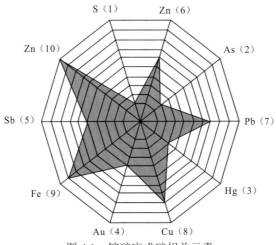

图 4.1 铊矿床成矿相关元素

数字表示与该元素相关程度

表 4.2　我国发现的部分铊的独立矿物

矿物	化学式	铊平均质量分数/%	晶系	发现地	资料来源
硫砷铊铅矿	$(PbTl)As_5S_9$	19.57	斜方晶系	云南南华	张宝贵等（1995）
辉铁铊矿	$TlFe_2S_3$	未检测	斜方晶系		张忠等（1996）
硫砷铊矿	Tl_3AsS_3	未检测	三方晶系		张忠等（1996）
铊黄铁矿	$(Fe,Tl)(S,As)_2$	6.96	等轴晶系		张宝贵等（1998）
红铊矿	$TlAsS_2$	59.4	单斜晶系	贵州滥木厂	陈代演（1989）
斜硫砷汞铊矿	$TlHgAsS_3$	35.17	单斜晶系		安树仁等（1988）
铊明矾	$TlAl[SO_4]_2 \cdot 12H_2O$	33.25（Tl_2O）	等轴晶系		陈代演等（2001）
硫铁铊矿	$TlFeS_2$	未检测	斜方晶系		李国柱（1996）
褐铊矿	Tl_2O_3	98.53（Tl_2O_3）	等轴晶系	西藏洛隆	毛水和等（1989）

位于北马其顿共和国南部卡瓦达尔奇市附近的 Allchar 矿是一个古老的低温热液 Au-As-Sb-Tl 矿床。Allchar 矿的矿物组成非常独特，除红铊矿（$TlAsS_2$）外，还有 45 种其他矿物，其中一些是非常稀有的矿物。它是世界上已知含铊矿物最丰富的矿床和最多不同种铊矿物的地方，其中 4 种现在被称为典型地方物种：硫锑砷铊矿（$Tl_5Sb_9(AsSb)_4S_{22}$）、辉铁铊矿（$TlFe_2S_3$）、硫砷锑铊矿（$Tl_5Sb_5As_8S_{22}$）、斜硫砷汞铊矿（新尾矿）（$TlHgAs_3S_6$）（Boev and Jelenkovic，2012）。除锑和砷之外，该矿的矿物中还富含铊。根据铊储量（超过 500 t）和金、锑储量（Volkov et al.，2006），矿床被划分为大型矿床和中型矿床。这个地区位于靠近北马其顿共和国和希腊边界附近，拥有火山热液成因的矿床。

我国云南南华砷铊矿床属于典型的低温改造矿床，成矿温度在 200 ℃以下，以 As-Tl 元素组合为特征。砷铊矿体赋存于黑灰色细层纹状碳质泥质白云岩、碳质泥质灰岩和白云质泥岩即混杂岩（hybrid sedimentary complex）相变带部位。矿化多层且较连续，长达 650~850 m，仅雄黄厂段就见 15 个小矿化层。矿体呈脉状、透镜状和似层状，分布与地层走向一致。矿体沿走向有膨胀和收缩现象，最大含矿层沿走向长 800 m，宽 102~110 m。矿床中发现 4 种铊矿物：辉铁铊矿（$TlFe_2S_3$）、硫砷铅铊矿（$TlPbAs_3S_6$）、硫砷铊矿（Tl_3AsS_3）和铊黄铁矿（$(Fe,Tl)(S,As)_2$）。铊黄铁矿为黄铁矿结构，铊置换铁，砷置换硫，铊质量分数在 5.14%~8.65%变化，砷质量分数在 4.59%~6.96%变化。伴生矿物主要有雄黄（AsS）、雌黄（As_2S_3）、镁毒石（$H_2CaMg[AsO_4]_2 \cdot 11H_2O$）、石膏（$CaSO_4 \cdot 2H_2O$）、泻利盐（$MgSO_4 \cdot 7H_2O$）（张兴茂，1998）。

瑞士的 Lengenbach 的铅锌砷铊矿以罕见的含 Tl 硫盐和硫化物而闻名，它位于瑞士南部阿尔卑斯山脉的 Penninic 部分，在该矿区中共发现 31 种矿物，其中 16 种是仅在该区发现的稀有矿物（Hettmann et al.，2014）。Lengenbach 矿床是在区域变质过程中产生的硫化物熔体的参与下形成的（Hofmann，1994）。如果变质温度高到足以熔化前体硫化物，就会产生硫化物熔体。所需的温度取决于主要矿物组成、矿物组合和氧逸度水平（f_{O_2}）。在硫化物熔体的分离结晶过程中，As 和 Tl 表现为不相容元素（Tomkins et al.，2007）。它们在剩余的熔融馏分中强烈富集，从这些馏分中结晶出矿物，如锑硫砷铅矿和硫砷铅矿（Hettmann et al.，2014）。矿化主要由含黄铁矿高达 80%的层控层及其含量较低的闪锌矿和方铅矿层组成（Hofmann and Knill，1996），都含有各种稀有的磺基盐。这些层序又可分为还原带、富砷带和中间氧化还原带。还原带主要赋存有黄铁矿、磁黄铁矿、毒砂、闪锌矿、磁铁矿、黑云母和晶质铀矿。富砷带由黄铁矿、重晶石、闪锌矿、硫砷铅矿、脆硫砷铅矿、雌黄、雄黄和其他富砷硫盐类组成（Hettmann et al.，2014）。

在铊矿物产出的矿床中，除铊矿物外，其他共伴生产出的矿石矿物和脉石矿物均不同程度地含微量的铊等分散元素。此外，表生环境的次生矿物中也含有微量的铊，石膏和泻利盐矿物中铊质量分数可高达 243 mg/kg 和 283 mg/kg（张宝贵 等，1997）。在苏联，特别是中亚等一些铅锌矿床和多金属矿床的表生矿物中通常含有 $n\sim10n$ mg/kg 的铊，硬锰矿中铊质量分数可高达 320～1 000 mg/kg，铊黄钾铁矾中铊最高质量分数可达 175 000～20 400 mg/kg（涂光炽 等，2003）。

4.1.2　铊矿床分布

根据现有数据，铊矿床在全球分布得极不均匀。大多数铊矿床集中在北半球（欧洲、亚洲和北美洲），仅少数存在于南半球（南美洲和大洋洲）。铊矿床最多的国家是瑞士、美国、法国和中国。超过一半的铊矿物来自这些国家的矿床，如美国内华达州卡林型金矿床、瑞士 Lengenbach 矿床、法国阿尔卑斯山 Jason Roux 砷锑矿床和中国贵州滥木厂汞铊矿床，如表 4.3（涂光炽 等，2003）所示。铊矿床通常集中在低温成矿区，例如地中海沿岸、中国西南部、北美（卡林型金矿）和俄罗斯北高加索地区。世界各地铊矿物地质环境不同，但大多数铊存在于铅、锌、铁、铜、砷、金、银、汞、锑、硒或锡的硫化物矿床中；特别是在雄黄和雌黄含量高的矿床中。独立的铊矿物非常罕见，主要集中发现在环太平洋和地中海沿岸的地区（龙江平 等，1993）。

表 4.3　常见铊矿产地及其伴生矿物

矿物	化学式	产地	伴生矿物
红铊矿（Lorandite）	$TlAsS_2$	北马其顿共和国，爱尔察砷锑矿床	
斜硫砷汞铊矿（Christite）	$TlHgAsS_3$	美国，内华达州卡林型金矿	
		中国，贵州滥木厂汞铊矿床	
硫砷铊铅矿（Hutchinsonite）	$(Pb,Tl)_2As_5S_9$	中国，云南南华砷铊共生矿床	铊黄铁矿、辉铁铊矿、硫砷铊矿、雄黄、雌黄、方铅矿、黄铁矿、白云石、石英、方解石
铊黄铁矿（Thallium Pyrite）	$(Fe,Tl)(S,As)_2$	中国，云南南华砷铊矿床	雄黄、方铅矿、闪锌矿、硫砷铊铅矿
褐铊矿（Avicennite）	Tl_2O_3	乌兹别克斯坦，拉布拉克山区赤铁矿方解石脉	方铅矿、白铅矿、黄铁矿、白钨矿、锆石
		中国，西藏洛隆县斯拉沟天然河流重砂	锐钛矿、赤铁矿、钛铁矿、重晶石、榍石
铊明矾（Lanmuchangite）	$TlAl[SO_4]_2\cdot12H_2O$	中国，贵州滥木厂铊矿床氧化带	水绿矾、镁铝矾、钾明矾、黄钾铁矾、石膏、自然硫、砷华

我国已发现丰富的含铊矿产资源，广泛分布于不同地区。例如广东云浮含铊硫铁矿、云南兰坪含铊铅锌矿、广西宜兰含铊汞矿、安徽香泉含铊硫铁矿矿床、贵州戈塘含铊锑金矿、甘肃柯寨含铊硒矿床、四川东北寨含铊金砷矿、江西城门山含铊铅矿等。贵州滥木厂汞铊矿的铊质量分数达 3 800 mg/kg，铊储量约为 390 t；云南兰坪铅锌矿平均铊质量分数为 110 mg/kg，铊储量为 8 200 t；安徽香泉硫铁矿 Tl 质量分数可达 3 000 mg/kg，探明储量为 459 t；广东云浮硫铁矿平均 Tl 质量分数约为 50 mg/kg，探明储量近 7 000 t。总体而言，目前我国硫化物矿床已探明的 Tl 储量估计约为 16 000 t（Liu et al.，2019）。

4.1.3 不同矿区的含铊矿物和铊含量分布

在过去几十年中，大规模开采导致大量 Tl 释放到环境中，对人类健康构成严重威胁。前人研究发现，在我国西南部（贵州和云南）90 万 km^2 的大型低温热液成矿区内存在极高的 Tl 含量水平。该典型低温热液成矿区的特征是存在 Tl、Sb、Hg、Pb、Au、As 和 Zn 等金属矿化带。该区域岩石中的平均 Tl 质量分数在 1.63～3.81 mg/kg，形成了几个具有高 Tl 地球化学基线的典型区域（Liu et al.，2019）。

用高精度透射电子显微镜（transmission electron microscope，TEM）对南华砷铊矿尾矿矿石的研究发现，Tl 主要高度积累在尾矿的微/纳米级（0.01～100 μm）颗粒上（Wei et al.，2021）。Tl、As、Pb 和 O 均匀分布在颗粒上，其分布分别为 7.07%、0.01%、12.2% 和 30.2%。根据晶体学分析发现，颗粒的主要矿物学成分为三氧化二铊（Tl_2O_3）和铜铊矿（$Cu_3Tl_2FeS_4$）。利用激光剥蚀电感耦合等离子体质谱仪（laser ablation inductively coupled plasma mass spectrometer，LA-ICP-MS）进一步分析证实，该颗粒（粒径为 100 μm）中有高含量的 As、Tl、Pb 和 Zn，质量分数分别为 10～100 000 mg/kg、1～100 mg/kg、10～1 000 mg/kg 和 10～1 000 mg/kg。Pb 在颗粒表面分布得最均匀，As 主要集中在颗粒边缘，Tl 则集中在颗粒中心。进一步分析结果表明，微量元素 Tl 和 As 在尾矿中高度富集，可通过各种自然风化作用进入土壤等环境介质中（Wei et al.，2021）。

广东云浮黄铁矿矿床中也发现了源自浅成热液成矿作用的黄铁矿中 Tl 含量较高，平均为 50 mg/kg。该矿床的块状硫化物储量>200 Mt，主要由层状黄铁矿矿石组成，其次是磁黄铁矿（$Fe_{1-x}S$）、闪锌矿（ZnS）和黄铜矿（$CuFe_2S$），该矿床保存了近 7 000 t 铊（杨春霞，2004）。作为伴生元素，Tl 也可广泛存在于各种含钾岩石（如云母、明矾石和钾长石）中，甚至富集于这些岩石中。

4.2 铅锌矿中铊的分布与化学形态

自然界中铊以微量形式存在于铁、铅、锌等硫化物矿中。铅锌精矿、混合铅锌矿中铊质量分数通常为 0.000 05%～0.01%（Gürdal，2011）。

铅锌矿开采和利用是重要的铊污染源之一。为了更全面地了解铅锌矿中铊的迁移情况，应考虑几点：①在迁移过程中，铊在方铅矿精矿、闪锌矿精矿和尾矿之间分布不均，该来源的铊不仅会沿溪流扩散，也会在河漫滩沉积物上扩散；②锌、铅或可渗透到地表或地表附近，并参与土壤迁移活动。铊的总浓度是衡量元素对环境造成危害的重要指标，除此之外，铊的迁移率是研究样品中潜在毒性效应的关键因素。这可以通过对土壤样品进行 BCR 分级提取来测定，使用合适的萃取剂提取酸可交换态、可还原态、可氧化态。去离子水提取态在一定程度上可提供有关土壤中弱结合态和高活动态铊的含量，以及铊在溶液相和固相之间平衡的信息（Jakubowska et al.，2007）。表 4.4 展示了波兰不同含铊矿石样品中不同结合态的铊的分布特征（Karbowska et al.，2014）。

表 4.4 波兰含铊矿石样品中铊的形态分布特征 （单位：mg/kg）

样品	酸可交换态	可还原态	可氧化态	残余态
粗矿堆场（浮选前的矿石）	0.099	0.220	0.990	0.650
浮选后池塘样品（深度 0~0.3 m）	0.025 4	0.025	0.385	0.280
成品矿石 闪锌矿	0.200	0.088	3.260	4.680
成品矿石 沉积方铅矿	0.245	0.022	1.350	0.540
成品矿石 浮选方铅矿	0.391	0.130	3.270	2.940
水	0.145	0.190	4.990	1.150
Luszowka	0.032	0.075	1.210	0.310
G55（表层）	0.265	1.240	1.080	5.010
G56（下层）	0.063 9	0.390	0.320	0.440
G770（表层）	0.049	0.130	0.160	1.430
G774（下层）	0.019 4	0.078	0.220	1.300
GO6（参考地区）	0.000 94	0.011	0.035	0.280

通过 X 射线衍射（X-ray diffraction，XRD）测定，铅矿主要成分为 ZnS、FeS_2 和 PbS，还有部分 $PbSO_4$ 等。单精矿主要成分是 ZnS 和 FeS，此外，含有少量 $PbClF$、PbS 和 $PbSO_4$ 等。铅矿的主要成分为硫化铅，单精矿是经过浮选后的锌矿，主要成分为硫化锌。铅矿和单精矿含铊量分别为 38.35 mg/kg 和 87.67 mg/kg。锌矿的含铊量比铅矿的要高一倍以上。铅矿矿石中弱酸可交换态、可还原态、可氧化态和残余态中铊的质量分数分别为 8.42 mg/kg、1.492 mg/kg、3.031 mg/kg 和 26.51 mg/kg，分别占 21.34%、3.78%、7.68% 和 67.20%。Tl 作为一种亲硫亲石性元素，很容易富集于硅酸盐（如云母）和硫化物（如黄铁矿、方铅矿等），因此铅矿的 Tl 主要结合于残余态中。

单精矿（锌矿）的弱酸可交换态、可还原态、可氧化态和残余态中铊的质量分数分别为 23.95 mg/kg、8.96 mg/kg、18.76 mg/kg 和 28.48 mg/kg，分别占 29.88%、11.18%、23.41% 和 35.53%。已浮选单精矿中活动态铊的质量分数（64.47%）大于未浮选铅矿中 Tl 的质量分数（32.8%），即在残余态中铊的质量分数相对减少，也就是说减少了硅酸盐、原生和次生矿物等晶格中的铊。这是因为在选矿过程中必须严格控制混合锌精矿中 SiO_2 的含量。焙烧中 PbS 或 ZnS 被氧化为 PbO 和 ZnO，与 SiO_2 接触反应生成硅酸盐，特别是硅酸铅，它的熔点低（766 ℃），能降低炉料软化点，促使焙砂结块，阻碍焙烧的正常进行。因此，单精矿残余态中铊的质量分数降低，即活动态中铊的质量分数升高（陈永亨 等，2013）。

Karbowska 等（2014）研究的浮选后铅锌矿中活动态的铊质量分数为 60.6%，与单精矿类似。含铊铅锌矿中铊的 20%～30%分布于酸可交换态，3%～11%分布于可还原态，这与研究云浮黄铁矿中不同形态的铊约 25%分布于酸可交换态和 5%分布于可还原态类似，如表 4.5 所示（Liu et al.，2016）。

表 4.5 粤北地区铅锌矿中铊的不同化学形态质量分数 （单位：mg/kg）

类别	可交换态	可还原态	可氧化态	剩余态	总和
铅矿	4.63	2.02	8.87	20.00	35.52
锌矿	3.56	1.74	8.94	8.36	22.60
锌精矿	24.00	8.96	18.80	28.50	80.26
铅锌闪锌矿	2.80	2.75	6.04	3.26	14.85

铅锌矿主要成分为 PbS 和 ZnS，其精矿的焙烧烧结是使铅锌物料脱硫结块，即温度在 1 000～1 200 ℃及通入大量空气的氧化条件下反应，得到的产物为烧结块及筛下物返粉。铅锌矿的弱酸可交换态中的铊，主要吸附于矿物结构层间或以碳酸盐形式结合。

4.3　硫铁矿中铊的分布与化学形态

粤西含铊硫铁矿是我国含硫量品位最高的黄铁矿床之一，该矿床矿物组成相对简单，主要成分为黄铁矿，仅含少量褐铁矿、方铅矿、闪锌矿，以及非金属矿物石英、方解石、绢云母等。X 射线粉晶衍射对矿石组成的半定量分析显示细粒、致密的块状精矿石主要由黄铁矿单矿物组成，其杂质质量分数低于 1%；粒状和粉状矿石的主要成分均是黄铁矿（88%），但石英等其他矿物杂质质量分数超过 10%；浮选矿石中黄铁矿的品位（69%）较块状、粒状和粉状矿石低得多，而其他杂质的质量分数较高，超过 30%。通常硫酸厂生产硫酸的原料主要是含硫量较高的细粒、致密块状精矿石和粉粒状矿石（表 4.6）。

表 4.6　粤西硫铁矿中铊的含量分布

类别	Tl 质量分数/(mg/kg)	资料来源
块状黄铁矿	13.7～43.0	陈永亨等（2001），谢文彪等（2001）
粉状黄铁矿	10.0～55.7	
粉粒状黄铁矿	4.66～18.0	王正辉等（2000）
块状黄铁矿	6.47	杨春霞（2004）
粒状黄铁矿	15.1	
条带状黄铁矿	3.1～6.6	张宝贵（1994）
块状黄铁矿	1.0～2.7	
黄铁矿	46～53	周令治和邹家炎（1994）

硫铁矿中不同形态的铊及其他重金属元素，在焙烧过程中具有不同的稳定性和迁移

性。对不同类别硫铁矿中铊及其他重金属的赋存形态进行分析，各赋存形态中的铊及其他重金属的含量采用 ICP-MS 测定。硫铁矿中不同形态铊的质量分数及回收率见表 4.7（陈永亨 等，2013）。

表 4.7　不同黄铁矿中铊的化学形态质量分数及回收率　　（单位：mg/kg）

矿石形态	F1	F2	F3	F4	∑Fi	总量	回收率/%
块状矿石	3.85	0.84	1.73	9.13	15.55	16.3	95.4
粉粒状矿石	8.40	1.79	3.88	19.10	33.17	34.0	97.6
浮选矿石	10.90	2.14	2.93	27.70	43.67	45.4	96.2

注：F1 为酸可交换态；F2 为可还原态；F3 为可氧化态；F4 为残余态

黄铁矿中不同形态的铊等重金属在焙烧过程中具有不同的稳定性和迁移性，其中酸可交换态容易受环境的影响发生迁移转化，且易被生物直接吸收利用；可还原态主要为铁锰氧化物和氢氧化物结合态；可氧化态主要包括硫化物结合态和有机质结合态（由存在于矿物颗粒包裹层中的有机质与重金属结合而成）；残余态主要存在于硅酸盐、原生及次生矿物等矿物晶格中。根据分级提取的结果，各类矿石中铊在酸可交换态、可还原态、可氧化态和残余态中均有分布，且存在一定的差异；但铊在各类矿石酸可交换态和可还原态中的质量分数基本一致，其中约 25%分布于酸可交换态、5%分布于可还原态。然而可氧化态铊在浮选矿石中的质量分数（6.7%）明显低于其他类型矿石（11%～12%）。这是由水洗浮选使部分黄铁矿矿石溶解所致。总体而言，矿石中大约 40%的铊是活动态，它们在矿石焙烧过程中可直接进入气态或被吸附在固体表面，在水洗或酸洗的过程中可进入水体环境，约 60%的铊以残余态赋存于矿物晶格中（陈永亨 等，2013）。

Aguilar-Carrillo 等（2018）分析了从墨西哥几个矿区采集的不同采矿冶金和沉积物样品中 Tl 的存在及其地球化学分布。根据矿床类型和所采用的选矿方法，对样品采用改进的 BCR 顺序萃取程序，以调查 Tl 的地球化学行为和潜在环境风险。结果显示，大多数采矿冶金样品中都含有 Tl，不稳定态铊质量分数高达 184.4 mg/kg。对不同样品中 Tl 分布特征的分析发现，Tl 通常与不稳定态相关，而不是滞留在残余态中。具体而言，从可交换/酸可提取和结晶性差的可还原态中提取出高水平的 Tl，表明其分别与可溶性和无定形铁锰（氢）氧化物相关，如表 4.8（Aguilar-Carrillo et al.，2018）所示。此外，还发现 Tl 与结晶可还原组分有关，可能与锰氧化物和黄钾铁矾类矿物结合。

表 4.8　墨西哥不同矿区中不同形态的铊质量分数　　（单位：mg/kg）

类型	可交换态	可还原态	结合态	可氧化态
萨卡特卡斯（Zacatecas）银矿	0.21	0.23	0.40	1.98
莫雷洛斯（Morelos）金银混合矿	1.12	14.10	22.20	1.74
圣路易斯波托西（San Luis Potosí）铅锌矿	28.50	12.80	11.90	3.39
墨西哥州（Estado de México）金银混合矿	1.84	5.76	17.20	10.60
圣路易斯波托西镉矿	107.00	47.50	13.80	7.85
圣路易斯波托西铅锌铜矿	72.50	80.40	26.00	5.46

4.4 煤矿中铊的分布

在自然界中，除前面论述的含铊黄铁矿和铅锌矿外，世界范围内也报道过一些煤矿、含铁矿床的高铊富集案例。Gürdal（2011）报道了土耳其 Çan 煤矿样品 Tl 平均质量分数为 0.32 mg/kg，其中煤的局部区域样品中铊质量分数达到 3.4 mg/kg，煤矿样品中铊与硫呈现正相关，表明煤矿中的铊可能与硫化矿物有关。Hower 等（2005）发现美国肯塔基州派克县北部和马丁县南部的庞德克里克（Pond Creek）煤层中铊的分布不均，其中铊在煤矿岩层上部发生富集，可高达 46 mg/kg。Spears 和 Tewalt（2009）研究英国约克郡-诺丁汉郡煤田的帕克盖特（Parkgate）煤矿样品，其中一些微量元素随着黄铁矿含量升高而增加，黄铁矿含有大部分的汞、砷、硒、铊和铅，也是钼、镍、镉和锑的主要来源，煤中的其他来源贡献较小。然而，Dai 等（2006）发现我国贵州西南部兴仁石门坎无烟煤样品中铊出现明显富集，铊质量分数高达 7.5 mg/kg，该煤炭样品的主要载体是后生绿泥石，存在于热液成因的脉状高岭石中，而不是煤中的同生黄铁矿，其成因可能与金矿化有关。

Kruszewski（2013）研究了波兰南部上西里西亚煤盆地的样品，对含铁矿床的大块样品进行电感耦合等离子体质谱分析发现铊质量分数高达 44 mg/kg，这代表了铊在该地区显著的局部异常，煤炭样品中 Tl 可能以 Tl^{3+} 形式存在。Vaněk 等（2021）研究了波兰沃尔布罗姆受铊采矿区污染的泥炭地，与锌等可迁移元素相比，泥炭地中铊是较为固定的元素，铊的存在一定程度上反映了大气沉积的历史，泥炭中铊的记录更受局部地质成因来源的影响。表 4.9 列出了部分国家煤矿中铊的质量分数。

表 4.9 部分国家煤矿中铊的质量分数

分布范围	国家	煤矿位置	铊质量分数/（mg/kg）	文献来源
亚洲	中国	黔西断陷区乌兰图嘎锗矿区 华蓥山地区	0.1～1.3 0.038～0.580	Wang 等（2021），Dai 等（2014），Zhang 等（2004）
		兴仁矿区	0.02～7.50	Dai 等（2006）
		三峡地区	0.15～2.47	Xiong 等（2017）
		河东煤田离柳矿区	0.02～1.31	赵晶等（2011）
		乌兰图嘎锗矿区	0.212～5.420	Wang 等（2021）
		华蓥山地区	0.038～0.580	Dai 等（2014）
北美洲	加拿大	奴隶河流域	0.01～0.33	Jardine 等（2019）
	美国	池塘溪煤层	2.0～46.0	Hower 等（2005）
		黑武士盆地	0.3～19.0	Diehl 等（2004）
		芝加哥峡谷	0.6～2.9	Gammons 等（2021）
欧洲	土耳其	Örnekler 煤矿	0.1～3.4	Gürdal（2011）
	波兰	上西里西亚煤盆地	154	Kruszewski（2013）
		西里西亚煤盆地	0.7～41.7	Makowska 等（2019）

分布范围	国家	煤矿位置	铊质量分数/(mg/kg)	文献来源
欧洲	捷克	Turów 煤矿	0.2～2.4	Vaněk 等（2016）
	英国	诺丁汉郡煤田	0.33～40	Kruszewski（2013）
	西班牙	维拉拉纳和巴坦地区	29～76	Spears 和 Tewalt（2009）
大洋洲	澳大利亚	昆士兰地区	0.04～0.28	López-Antón 等（2015）

从表 4.9 中可以看出，不同煤矿中铊含量差异较大。除了部分富铊煤，大多数煤的铊质量分数分布在 0.1～3.4 mg/kg。

除了煤矿中存在异常的高铊富集，煤的二次加工所造成的环境影响也开始引起关注。已有数据表明，发电厂是向大气排放铊的主要来源之一。Burmistrz 等（2018）指出在煤炼焦过程中，煤中所含的生态有毒元素进入焦炭。煤炭炼焦时，焦炉电池填充、焦炭从腔室中推出、焦炭淬火和在电池加热通道中燃烧焦炉气体的过程可能会向环境排放生态有毒元素。一般来说，在煤的燃烧和水泥生产中，Tl 在高温下挥发，并在系统较冷部分的灰颗粒表面凝结。因此，Tl 在粉煤灰中的含量可能是燃烧前的 2～10 倍。据 Lopez Anton 等（2013）报道，燃煤电厂空气中的飞灰排放的 Tl 质量分数在 29～76 μg/g，且含量随着粒径的减小而增加，在直径小于 7.3 μm 的细颗粒上 Tl 含量最高。这些粒子是最危险的，因为它们能够通过发电厂中的传统粒子保留装置，并保持悬浮在大气中，最终可能沉积在下呼吸道中。

López-Antón 等（2015）对 50 MW 工业循环流化床燃烧（circulating fluidized bed combustion，CFBC）装置中铊的释放行为进行了评价，重点研究了铊在炉渣和飞灰中的分布。结果表明，铊主要保留在固体副产物中，不随烟气排放到空气中。不仅工业燃煤活动可导致环境中铊的释放，家用煤灰也可造成与工业排放一样的环境影响。但家庭产生的煤灰一般被当作城市垃圾处理，导致铊通过这种形式的暴露长期被忽视。Kleszcz 等（2021）采用石墨炉原子吸收光谱法对 52 份居民家庭煤灰样品进行了检测，测定了砷、镉、铅和铊 4 种有毒元素的质量分数，分别为 50.9 mg/kg、43.5 mg/kg、128.9 mg/kg 和 6.66 mg/kg，而家用煤灰中铊的质量分数为 0.150～6.6 mg/kg。来自个体家庭煤灰样本中上述 4 种有毒元素的浓度水平与工业来源煤灰中的浓度水平相当。

总体而言，某些煤矿矿区和燃煤发电厂排放的铊等污染物的富集浓度会受到地质背景和矿区开采等多种环境因素的影响，各个煤矿区中铊的赋存机制尚不清楚。但目前已有的少数研究普遍认为，Tl 主要存在于煤中的硫化物和有机质中。由于煤矿在工业中大规模使用，富含铊的煤矿也极有可能是向环境释放铊的一个巨大释放源。快速的工业化导致全球每年向自然界排放的铊在数千吨以上，对表生环境污染的影响及其潜在的健康风险不容忽视，亟须更加广泛和深入地研究。

参 考 文 献

安树仁, 安贤国, 李锡林, 1988. 自然界罕见的斜硫砷汞铊矿在贵州的发现和研究. 贵州地质, 5(4): 377-379, 383.

陈代演, 1989. 红铊矿在我国的发现和研究. 矿物学报, 9(2): 141-147.

陈代演, 王冠鑫, 邹振西, 等, 2001. 新矿物: 铊明矾. 矿物学报, 21(3): 271-277.

陈永亨, 谢文彪, 吴颖娟, 等, 2001. 中国含铊资源开发与铊环境污染. 深圳大学学报(理工版), 18(1): 57-63.

陈永亨, 王春霖, 刘娟, 等, 2013. 含铊黄铁矿工业利用中铊的环境暴露通量. 中国科学: 地球科学, 43(9): 1474-1480.

何立斌, 孙伟清, 肖唐付, 2005. 铊的分布、存在形式与环境危害. 矿物学报, 25(3): 230-236.

范裕, 周涛发, 袁峰, 2005. 铊矿物晶体化学和地球化学. 吉林大学学报(地球科学版), 35(3): 284-290.

李国柱, 1996. 兴仁滥木厂汞铊矿床矿石物质成分与铊的赋存状态初探. 贵州地质, 13(1): 24-37.

龙江平, 郑宝山, 张忠, 等, 1993. 黔西南与金矿化有关的高砷煤的地质地球化学研究. 矿物岩石地球化学通报(3): 125-127.

毛水和, 卢文全, 杨有富, 等, 1989. 褐铊矿在我国的首次发现. 矿物学报, 9(3): 253-256, 293.

苏龙晓, 陈永亨, 刘娟, 等, 2014. 含铊矿床在全国的分布及其资源开发对环境的影响研究. 安徽农业科学, 42(22): 7588-7591.

涂光炽, 高振敏, 胡瑞忠, 等, 2003. 分散元素地球化学及成矿机制. 北京: 地质出版社.

王正辉, 罗世昌, 林朝惠, 等, 2000. 苹果酸对含铊黄铁矿的淋滤实验研究. 地球化学, 29(3): 283-286.

谢文彪, 陈穗玲, 陈永亨, 2001. 云浮黄铁矿利用过程中微量毒害元素的环境化学活动性. 地球化学, 30(5): 465-465.

杨春霞, 2004. 含铊黄铁矿利用过程中毒害重金属铊的迁移释放行为研究. 广州: 中国科学院广州地球化学研究所.

张宝贵, 张乾, 潘家永, 1994. 粤西大降坪超大型黄铁矿矿床微量元素特征及其成因意义. 地质与勘探, 30(4): 66-71.

张宝贵, 张忠, 龚国洪, 等, 1995. 硫砷铊铅矿($PbTlAs_5S_9$)在中国的发现和研究. 矿物学报, 15(2): 138-143.

张宝贵, 张忠, 张兴茂, 等, 1997. 贵州兴仁滥木厂铊矿床环境地球化学研究. 贵州地质, 14(1): 71-77.

张宝贵, 张三学, 张忠, 等, 1998. 南华砷铊矿床铊黄铁矿的发现和研究. 矿物学报, 18(2): 174-178.

张兴茂, 1998. 云南南华砷铊矿床的矿床和环境地球化学. 矿物岩石地球化学通报, 17(1): 44-45.

张忠, 张兴茂, 张宝贵, 等, 1996. 南华砷铊矿床雄黄标型特征. 矿物学报, 16(3): 315-320.

赵晶, 关腾, 李姣龙, 等, 2011. 平朔矿区 9#煤中镉、铬和铊的含量分布及赋存状态. 河北工程大学学报(自然科学版), 28(4): 56-59, 73.

周令治, 邹家炎, 1994. 稀散金属近况. 有色金属(冶炼部分)(1): 42-46.

Aguilar-Carrillo J, Herrera L, Gutiérrez E J, et al., 2018. Solid-phase distribution and mobility of thallium in mining-metallurgical residues: Environmental hazard implications. Environmental Pollution, 243(B): 1833-1845.

Banks D, Reimann C, Røyset O, et al., 1995. Natural concentrations of major and trace elements in some Norwegian bedrock groundwaters. Applied Geochemistry, 10(1): 1-16.

Boev B, Jelenkovic R, 2012. Allchar deposit in Republic of Macedonia: Petrology and age determination// Al-Juboury A Petrology: New Perspectives and Applications. InTech. Doi:10.5772/24851.

Burmistrz P, Wieronska F, Marczak M, et al., 2018. The possibilities for reducing mercury, arsenic and thallium emission from coal conversion processes. 4th Polish Mining Congress/Session: Human and

Environment Facing the Challenges of Mining. Krakow, Poland: 174: 012003.

Dai S, Zeng R, Sun Y, 2006. Enrichment of arsenic, antimony, mercury, and thallium in a Late Permian anthracite from Xingren, Guizhou, Southwest China. International Journal of Coal Geology, 66(3): 217-226.

Dai S, Luo Y, Seredin V V, et al., 2014. Revisiting the late Permian coal from the Huayingshan, Sichuan, southwestern China: Enrichment and occurrence modes of minerals and trace elements. International Journal of Coal Geology, 122: 110-128.

Diehl S F, Goldhaber M B, Hatch J R, 2004. Modes of occurrence of mercury and other trace elements in coals from the warrior field, Black Warrior Basin, Northwestern Alabama. International Journal of Coal Geology, 59(3-4): 193-208.

Gammons C H, Edinberg S C, Parker S R, et al., 2021. Geochemistry of natural acid rock drainage in the Judith Mountains, Montana: Part 2: Seasonal and spatial trends in Chicago Gulch. Applied Geochemistry, 129: 104968.

Gürdal G, 2011. Abundances and modes of occurrence of trace elements in the Çan coals (Miocene), Çanakkale-Turkey. International Journal of Coal Geology, 87(2): 157-173.

Hall G E M, Gauthier G, Pelchat J C, et al., 1996. Application of a sequential extraction scheme to ten geological certified reference materials for the determination of 20 elements. Journal of Analytical Atomic Spectrometry, 11(9): 787-796.

Hettmann K, Kreissig K, Rehkämper M, et al., 2014. Thallium geochemistry in the metamorphic Lengenbach sulfide deposit, Switzerland: Thallium-isotope fractionation in a sulfide melt. American Mineralogist, 99(4): 793-803.

Hofmann B A, 1994. Formation of a sulfide melt during Alpine metamorphism of the Lengenbach polymetallic sulfide mineralization, Binntal, Switzerland. Mineralium Deposita, 29(5): 439-442.

Hofmann B A, Knill M D, 1996. Geochemistry and genesis of the Lengenbach Pb-Zn-As-Tl-Ba-mineralisation, Binn Valley, Switzerland. Mineralium Deposita, 31(4): 319-339.

Hower J C, Ruppert L F, Eble C F, et al., 2005. Geochemistry, petrology, and palynology of the Pond Creek coal bed, northern Pike and southern Martin counties, Kentucky. International Journal of Coal Geology, 62(3): 167-181.

Jakubowska M, Pasieczna A, Zembrzuski W, et al., 2007. Thallium in fractions of soil formed on floodplain terraces. Chemosphere, 66(4): 611-618.

Jardine T D, Doig L E, Jones P D, et al., 2019. Vanadium and thallium exhibit biodilution in a northern river food web. Chemosphere, 233: 381-386.

Karbowska B, Zembrzuski W, Jakubowska M, et al., 2014. Translocation and mobility of thallium from zinc-lead ores. Journal of Geochemical Exploration, 143: 127-135.

Kleszcz K, Karon I, Zagrodzki P, et al., 2021. Arsenic, cadmium, lead and thallium in coal ash from individual household furnaces. Journal of Material Cycles and Waste Management, 23(5): 1801-1809.

Kruszewski Ł, 2013. Supergene sulphate minerals from the burning coal mining dumps in the Upper Silesian Coal Basin, South Poland. International Journal of Coal Geology, 105: 91-109.

Liu J, Wang J, Chen Y, et al., 2016. Thallium transformation and partitioning during Pb-Zn smelting and environmental implications. Environmental Pollution, 212: 77-89.

Liu J, Luo X, Sun Y, et al., 2019. Thallium pollution in China and removal technologies for waters: A review. Environment International, 126: 771-790.

López Antón M A, Spears D A, Díaz-Somoano M, et al., 2013. Thallium in coal: Analysis and environmental implications. Fuel, 105: 13-18.

Lópze-Antón M A, Spears D A, Díaz-Somoano M, et al., 2015. Enrichment of thallium in fly ashes in a Spanish circulating fluidized-bed combustion plant. Fuel, 146: 51-55.

Makowska D, Strugala A, Wieronska F, et al., 2019. Assessment of the content, occurrence, and leachability of arsenic, lead, and thallium in wastes from coal cleaning processes. Environmental Science and Pollution Research, 26(9): 8418-8428.

Nriagu J O, Pacyna J M, 1988. Quantitative assessment of worldwide contamination of air, water and soils by trace metals. Nature, 333(6169): 134-139.

Riley K W, French D H, Farrell O P, et al., 2012. Modes of occurrence of trace and minor elements in some Australian coals. International Journal of Coal Geology, 94: 214-224.

Spears D A, Tewalt S J, 2009. The geochemistry of environmentally important trace elements in UK coals, with special reference to the Parkgate coal in the Yorkshire-Nottinghamshire Coalfield, UK. International Journal of Coal Geology, 80(3-4): 157-166.

Tomkins A G, Pattison D R M, Frost B R, 2007. On the initiation of metamorphic sulfide anatexis. Journal of Petrology, 48(3): 511-535.

Vaněk A, Grösslová Z, Mihaljevič M, et al., 2016. Isotopic tracing of thallium contamination in soils affected by emissions from coal-fired power plants. Environmental Science & Technology, 50(18): 9864-9871.

Vaněk A, Vejvodová K, Mihaljevič M, et al., 2021. Thallium and lead variations in a contaminated peatland: A combined isotopic study from a mining/smelting area. Environmental Pollution, 290: 117973.

Volkov A, Serafimovski T, Kochneva N T, et al., 2006. The Alshar epithermal Au-As-Sb-Tl deposit, southern Macedonia. Geology of Ore Deposits, 48(3): 175-192.

Wang X, Tang Y, Schobert H H, et al., 2021. Partitioning behavior during coal combustion of potentially deleterious trace elements in Ge-rich coals from Wulantuga coal mine, Inner Mongolia, China. Fuel, 305: 121595.

Wei X, Wang J, She J, et al., 2021. Thallium geochemical fractionation and migration in Tl-As rich soils: The key controls. Science of the Total Environment, 784: 146995.

Xiong Y, Xiao T, Liu Y, et al., 2017. Occurrence and mobility of toxic elements in coals from endemic fluorosis areas in the Three Gorges Region, SW China. Ecotoxicology and Environmental Safety, 144: 1-10.

Zhang J, Ren D, Zhu Y, et al., 2004. Mineral matter and potentially hazardous trace elements in coals from Qianxi Fault Depression Area in southwestern Guizhou, China. International Journal of Coal Geology, 57(1): 49-61.

第5章　铊在矿产利用中的分布与化学形态

5.1　铊的工业污染分布特征与现状

5.1.1　地表环境中铊的分布特征

铊在自然界的丰度很低，但分布广泛，由于其亲石性和亲硫性，铊可以富集在不同类型的矿物中，如硫化物矿物（黄铁矿、方铅矿和闪锌矿等）和硅酸盐矿物（云母等）。铊作为矿物的伴生金属会随着矿产资源开发、金属加工冶炼、化工生产、工厂排放等人为活动进入水体、土壤和大气环境中。这些含铊的工业废水/废物一旦排放到环境中，就可能通过各种媒介进入农田土壤中。一方面铊可通过采矿场和冶炼场的周围和下游地区的污水灌溉进入农田。另一方面以含铊矿石为原材料的冶炼加工厂排放的含铊烟气，未经特殊处理就通过大气排放，其中一些水溶性的铊化合物，会随着大气的干湿沉降作用进入农田土壤中。土壤中的铊富集可能导致铊向农作物转移，长期食用含铊农作物将造成铊中毒。

如表 5.1 所示，天然水体中铊的浓度很低，不同地区水体中铊浓度变化存在较大差异。硫化物矿化区和工业利用区水体中铊浓度急剧升高。由此表明在表生环境中，含铊硫化物通过化学风化作用，或水−岩相相互作用，使岩石矿物中的铊释放进入地下水或地表水中。

表 5.1　各种水体中铊的浓度分布

水体	Tl 质量浓度/(μg/L)	资料来源
太平洋和大西洋海水	0.012~0.016	Flegal 和 Patterson（1985）
波罗的海海水	0.061 2	Lukaszewski 等（1996）
莱茵河河水	0.715	Cleven 和 Fokkert（1994）
奥得河河水	0.016 7	Lukaszewski 等（1996）
渥太华河河水	0.006	Hall 等（1996）
Kiekre 湖水	0.008 5	Lukaszewski 等（1996）
北美五大湖湖水	0.001~0.036	Cheam 等（1996），Lin 和 Nriagu（1999b）
意大利中部地下水	1.264	Dall'Aglio 等（1994）
意大利废弃采矿区泉水	0.004 3	Ghezzi 等（2019）
意大利废弃采矿区废水	0.336~0.768	Campanella 等（2017）
意大利饮用泉水	0.005~0.037	Campanella 等（2016）
加拿大地下水	0.006	Hall 等（1996）

水体	Tl 质量浓度/（μg/L）	资料来源
挪威中部和南部地下水	0.001~0.250	Banks 等（1995）
意大利南部溪流水	0.001~0.006	Dall'Aglio 等（1994）
波兰波兹南自来水	0.005 1~0.071	Lukaszewski 等（1996）
波兰有色废水	0.026	Wojtkowiak 等（2016）
中国云浮硫铁矿区自来水	0.01~0.03	陈永亨等（2002）
北极雪和冰水	0.000 3~0.000 9	Cheam 等（1996）
英国西南部自来水	0.003~0.011	Law 和 Turner（2011）
英国西南部河水	0.003~0.562	Law 和 Turner（2011）
英国西南部河口水	0.002~0.024	Law 和 Turner（2011）
英国西南部废水	0.002~1.516	Law 和 Turner（2011）
英国泰马河口河水	6×10^{-6}	Anagboso 等（2013）
英国康沃尔河河水	13×10^{-6}	Tatsi 和 Turner（2014）
英国康沃尔废弃矿井水	264×10^{-5}	Tatsi 和 Turner（2014）
土耳其尾矿废水	0.002 85	Sasmaz 等（2019）

未污染土壤中的 Tl 质量分数通常小于 1 mg/kg，但世界上部分地区的土壤中存在较高含量的 Tl。例如波兰南部的西里西亚-克拉科夫地区锌冶炼厂（Boleslaw 锌冶炼厂）附近污染土壤中 Tl 质量分数为 1.8~30.1 mg/kg；布科诺（博莱斯劳锌厂）一级/二级锌冶炼厂周围森林土壤剖面 Tl 质量分数可高达 30.1 mg/kg（Dmowski and Badurek，2002）。D'Orazio 等（2020）指出意大利托斯卡纳西北部一个废弃的矿区附近农田土壤高达 16.9 mg/kg。土壤中的铊富集可能导致 Tl 向农作物转移。Campanella 等（2016）研究表明，Tl 容易在受 Tl 污染土壤中生长的农作物中累积进而严重影响当地居民的健康，他们在意大利托斯卡纳一个废弃矿区附近采集的卷心菜中发现了高 Tl 浓度（高达 2.83 mg/kg）。对受污染地区居民尿液和头发的分析表明，Tl 的积累量很大。Xiao（2001）研究发现中国贵州西南部滥木厂汞铊矿区土壤 Tl 质量分数为 40~124 mg/kg，所有作物可食用部分都发现了铊，其中青菜作物中 Tl 质量分数最高（平均为 338 mg/kg）；居民通过食用当地种植的作物而摄入 Tl，平均日摄入量估计为 1.9 mg/人，表现出慢性 Tl 中毒症状。云南南华多金属矿附近采集的蜈蚣草不同部位 Tl 质量分数为 1.09~44.1 mg/kg（Wei et al.，2021）。广东西部一个超大型黄铁矿矿场是最主要的 Tl 污染源之一，其周围农田土壤 Tl 质量分数为 2.41~14.80 mg/kg，常见蔬菜可食用部位 Tl 质量分数高达 20.33 mg/kg（Liu et al.，2017）。通过计算危害系数（hazard quotient，HQ）来评估食用受污染的蔬菜所产生的健康风险，结果表明广东某水泥厂工业园附近种植的几乎所有的作物中 Tl 的 HQ 值都大于 1，平均 HQ 值为 24.39（HQ>1，对人体健康危害大；HQ>10，慢性毒性）（Liu et al.，2017）。因此，通过摄入这些农田种植蔬菜而引起的人体慢性 Tl 中毒应引起高度重视。受污染土壤中的 Tl 很容易通过土壤—作物这一途径转移到人体，是一个"化学定时炸弹"，形成较大的潜在健康风险，不容忽视。

5.1.2 典型工业来源的铊污染现状

排放铊的主要工业来源包括化石燃料的燃烧、冶炼活动和水泥厂（Nriagu and Pacyna，1988）。全球每年通过工业排放的含铊蒸气和尘埃、液体和固体为 2 000～5 000 t，这是一个极大的环境隐患。我国含铊矿产资源十分丰富。经济的发展促使资源开发力度不断加大，由此引发的铊环境污染问题日趋严重。与国外情况比较来看，我国含铊资源利用中，由于较少考虑铊的回收利用，铊随生产过程释放入环境，尤其是进入水体中的铊，在环境中迁移扩散进入土壤，并在生物链中富集，通过粮食、蔬菜和水果进入人体。研究表明，云南南华砷铊矿床在 40 多年的开采过程中，已表现出较为明显的铊污染效应（张兴茂，1998）。

矿石开采造成铊在地表环境中的富集，矿石加工冶炼或工业生产过程（如黄铁矿制硫酸过程中产生的洗涤废水中含大量铊，副产品再生产及产品利用等）使铊进一步扩散。因此含铊矿物（PbS、FeS$_2$、ZnS 等）的开采和高温冶炼等活动是环境中铊污染的重要来源之一。由于煤和石油中高含量的有机质对铊有明显的吸附作用，而铊的化合物在高温下极易挥发，煤燃烧可引起空气中铊浓度升高。吸入这种含铊空气粉尘也会导致人体内铊含量蓄积，因而煤和石油燃烧也是环境中铊污染不可忽视的来源之一。

采矿区和冶炼区是人类活动的活跃区，同时也是铊等重金属最容易进入环境的区域，近些年来，随着国际上对铊污染越来越重视，采矿区和冶炼区的铊污染也成为国外研究者的研究重点。本书整理了近十年来国外不同地区铊污染情况，如表 5.2 所示。

表 5.2　近十年来国外不同地区铊污染情况

研究区域	研究对象	Tl 质量分数 /(mg/kg)	参考文献
波兰奥尔库什锌冶炼厂	森林土壤剖面	4.91～30.1	Vaněk 等（2018）
	草地土壤剖面	4.08～5.85	
	当地锌矿	9.95	
	尾矿	27.6	
	飞灰	15	
	炉渣	1.19	
	颗粒状废渣	322	
	最终精炼废渣	568	
波兰克拉科夫-西里西亚铅锌矿开采区	天然铅锌矿	1.85～2.05	Karbowska 等（2014）
	闪锌矿黏矿	6.1～10.1	
	方铅矿	6.3～7.3	
波兰西里西亚-克拉科夫锌冶炼区	河流沉积物	1.49～6.6	Vaněk 等（2011）
	森林土壤剖面	0.16～12.70	
墨西哥索诺拉尾矿坝和圣路易斯波托西冶炼区	冶炼区土壤	1.56～46.70	Cruz-Hernández 等（2019）
	尾矿坝土壤	0.358～133	

研究区域	研究对象	Tl 质量分数 /(mg/kg)	参考文献
墨西哥多金属矿床开采区	矿石/粗矿/精矿/废渣	0.08～199.70	Aguilar-Carrillo 等（2018）
纳米比亚罗什皮纳浮选尾矿坝	土壤剖面 1	0.7～7.2	Grösslová 等（2018）
	土壤剖面 2	0.7～7.6	
	土壤剖面 3	0.5～0.9	
	浮选废渣 1	13	
	浮选废渣 2	20.9～48.9	
土耳其凯班铅锌矿区	河流沉积物	5.45～5.90	Sasmaz 等（2019）
	河床沉积物	1.54	
	池塘沉积物	1.34	
泰国海啸冲击区	海啸沉积物	0.37～1.33	Lukaszewski 等（2012）
西班牙力拓黄铁矿露天冶炼区	黄铁矿	22	López-Arce 等（2018）
	冶炼残渣	122	
西班牙拉佩雷拉燃煤发电厂	煤炭混合物	0.74～0.78	López-Antón 等（2015）
西班牙马德里废弃矿区	废弃物	0.87～2.65	Gomez-Gonzalez 等（2015）
意大利瓦尔迪卡斯特洛卡杜奇废弃矿山周边地区	居民头发	0.001～0.498	Campanella 等（2016）
英国西南部	底灰	0.93～1.20	Law 和 Turner（2011）
	飞灰	0.93～1.70	
英国西南部	沉积物	0.5	Turner 等（2013）
英国泰马河河口	沉积物	0.08～0.22	Anagboso 等（2013）
印度德干地盾采石场	玄武岩基红壤	7～244	Howarth 等（2018）
	硬砂岩基红壤	37～652	
捷克南波希米亚地区	森林土壤剖面	0.56～1.65	Vaněk 等（2009）
	草地土壤剖面	1.11～2.06	
捷克中波希米亚地区	表层土壤	0.61	Vaněk 等（2010）
	红砂壤	0.43	

在社会经济发展的大潮中，人类为了追求快速发展的经济利益，大量开发矿产资源，这些长期与金属硫化物矿（如黄铁矿、铅锌矿）伴生的铊随着金属资源的开采和冶炼而从地下转入地表，并随生产工艺流程进入水体、土壤和大气等表生环境介质。由于长期缺乏针对铊污染的监测方法和相关环境管理措施，大量含铊废物被直接排放到环境系统中。因此，对铊在工业活动各个环节中的迁移和转化的机理有待深入研究，相关回收处理技术和排放标准亟待制定。

5.2　含铊矿采选中铊含量的分布特征

含铊矿石在开采过程中，产生的含铊废渣、尾矿、扬尘等，暴露在空气中，在表生作用下，如遇水淋滤作用、干燥扬尘等方式，铊易以高活动性的离子形式迁移至环境中。研究表明，铊在含铊原矿石中分布分散，在尾矿中富集，在精矿中贫化。如云浮硫铁矿原矿中 Tl 质量分数低于 10 mg/kg，浮选后尾矿含铊量大于 20 mg/kg，精矿含铊量低于 2 mg/kg（谢文彪 等，2001）。在选冶过程中接近 96% 的铊迁移至选矿尾矿中，其余部分随选矿精矿进入冶炼流程，在冶炼过程中，铊主要迁移至冶炼烟气、冶炼渣中（陈永亨 等，2002）。相对于原矿，尾矿粒度小而均匀，更利于离子溶出。姜凯等（2014）对云南金顶铅锌矿床矿石和尾矿铊含量分析结果表明，铊主要赋存于黄铁矿中。粤西某硫铁矿年产量达 300 万 t，通过各种途径进入环境中的铊总量相当大，且硫化尾矿中因含有易氧化的硫化矿物，对环境的影响无法估量。巨量的尾矿常以泥浆形式排入尾矿库中露天堆存，特别是含硫尾矿在氧和水的作用下，经细菌催化而发生酸化，大量重金属离子随之进入水体、土壤，造成更加严重的环境污染（铊在铅锌矿选冶过程中的转移及环境影响风险）。

5.2.1　硫铁矿采选过程

粤西某硫铁矿是我国少有的特大型黄铁矿矿床，其矿石储量和质量居于全国之冠，是世界第二大硫铁矿，总储量达 2.1×10^4 万 t，平均品位为 32.04%，是大型露天开采矿山。该硫铁矿是一座世界少有的超大型优质铁锰多金属伴生矿床，成矿环境呈碱性、还原性，矿床主要矿石矿物为黄铁矿，含有少量的磁黄铁矿、磁铁矿、方铅矿、闪锌矿、黄铜矿等，并伴有多种微量毒害元素（如 As、Hg、Au、Ag、Cu、Zn、Pb、Mn、Mo、Co、Ni、Tl、Se、Te、Ga、Ge 等）。自尾砂库的含有大量毒害重金属离子的酸性废水直接排放到山间河谷中，该区域段河水颜色呈亮黄色，两岸的土壤土质明显恶化。而且当地属亚热带潮湿多雨气候区，温暖潮湿多雨，雨量充沛，年均降雨量在 1 500 mm 以上，且降雨多集中于春季和夏季，雨水平均 pH 为 4.89，这种高温多雨的气候有利于露天硫铁矿尾矿渣中重金属的淋滤释放作用的进行。选矿产生的尾砂及废石主要沿着河谷排入尾砂坝拦截形成的尾砂库，常年被水浸泡淹没。矿石、尾砂和废石等硫铁矿金属矿物，经酸雨洗刷及各种采矿活动与空气接触并发生氧化反应，且形成大量酸性废水，酸性废水携带大量的毒害重金属离子沿着山间河谷溪水排出，并最终向下游汇入西江。矿山废水及废渣的排放总量决定了山间河水的水流状况和污染程度。河水铊污染可扩散至几十公里以外的西江支流（吴颖娟 等，2009）。无独有偶，在废弃的萨拉福萨矿（意大利阿尔卑斯山东北部）矿井排水中 Tl 质量浓度高达 260 μg/L（Ghezzi et al.，2019）；阿尔西西奥山（S. Erasmo 隧道）矿场的酸性废水中 Tl 质量浓度为 190～710 μg/L（D'Orazio et al.，2020）。Campanella 等（2016）在阿根廷法马蒂纳（La Rioja）富含硫化物矿区采集的水样中发现高达 1 260 μg/L 的 Tl。

5.2.2 铅锌矿采选过程

在铅矿采选过程中铊可能的迁移途径为铅精矿、锌精矿、尾矿和选矿回水。广西某地区铅锌矿选矿过程中磨矿至 74 μm 的粉矿占比 70%，优先浮选铅后浮选锌，选矿试验指标见表 5.3。铊在铅、锌精矿中并未产生明显富集，且选矿回水中并未检出铊。由此可见，选矿过程中除小部分铊进入铅、锌精矿，剩余大部分铊主要迁移至尾矿、选矿水及选矿底泥中（程秦豫 等，2018）。

表 5.3 选矿试验指标

产物	Pb		Zn		Tl(I)	
	品位/（g/t）	回收率/%	品位/（g/t）	回收率/%	品位/（g/t）	回收率/%
铅精矿	50.01	92.27	5.31	5.35	1.61	1.34
锌精矿	0.55	2.00	46.01	91.43	1.66	2.72
尾矿	0.035	5.73	0.036	3.22	1.30	95.94
选矿回水	—	—	—	—	未检出	—
合计	0.59	100	1.08	100	1.31	100

注：检测采用 ICP-MS，检出限为 0.05 μg/L

云南金顶铅锌矿是我国另一个超大型铅锌矿。经研究发现金顶矿床中的 Tl 与 Fe 相关系数为 0.84，由此可推测 Tl 主要赋存于黄铁矿中，而非闪锌矿或方铅矿中（表 5.4；姜凯 等，2014）。

表 5.4 金顶矿床中矿石主要元素及伴生元素含量

样品	Cd 质量分数/（mg/kg）	Tl 质量分数/（mg/kg）	Pb 质量分数/%	S 质量分数/%	Zn 质量分数/%
工业矿堆 1#-02	459	89.4	1.37	0.68	3.17
工业矿堆 1#-03	326	91.8	2.44	0.72	2.44
工业矿堆 4#-02	883	61.2	1.08	1.41	6.52
工业矿堆 4#-04	144	5.7	0.12	0.20	0.82
工业矿堆 3#-03	512	139	0.26	>10.0	1.88
工业矿堆 3#-04	833	88.6	0.66	2.80	7.08
氧化锌矿堆 5#-03	3 680	10	2.12	2.14	>10
氧化锌矿堆 5#-04	3 100	67	2.13	0.29	>10
氧化矿堆 1#-01	2 020	26	1.79	0.59	>10
氧化矿堆 1#-02	2 020	20	2.30	0.39	>10
氧化矿 3#-02	1 877	154	0.68	5.62	0.17
氧化矿 3#-03	945	112	0.62	5.51	0.1
硫化矿矿堆 2#-03	3 890	48	4.42	>10	>10

样品	Cd 质量分数 / (mg/kg)	Tl 质量分数 / (mg/kg)	Pb 质量 分数/%	S 质量分数 /%	Zn 质量分数 /%
硫化矿矿堆 2#-04	396	20	0.36	4.87	4.3
硫化矿 1#-01	453	7	0.89	2.32	2.3
硫化矿 1#-04	701	12	0.59	7.40	8.7
低品位矿堆 3#-03	1 782	19	4.40	1.63	11.85
低品位矿堆 3#-04	1 839	22	1.40	0.67	15.05
混合矿堆-02	491	91	0.09	4.95	7.50
尾矿坝-06	265	42	0.427	4.62	2.30

5.3 含铊矿石冶炼中铊污染物的迁移转化特征

选矿过程中铊主要迁移到选矿尾矿中,冶炼过程则主要迁移至烟气和废渣中。含 Tl 矿石的冶炼、含铊煤燃烧等过程是 Tl 进入环境的主要途径之一。与酸性矿山废水直接破坏生态环境不同,使用这些富铊矿物作为生产原料,在高温过程中会将铊浓缩富集并且排放到环境中造成二次污染。在氧化焙烧和烧结硫化精矿时,其中部分铊被气体带走,富集于电除尘中。

5.3.1 硫铁矿冶炼过程

铊在方铅矿、闪锌矿、辉锑矿、黄铜矿、辰砂、雄黄、雌黄和硫酸盐类矿物中以微量元素形式存在,因其含量不高,工业利用较困难,所以矿山资源开发过程中铊等毒害元素被排放进入尾砂中,尾砂就成了一种严重的环境污染源,其中铊含量比矿石中的平均值要高。在高温焙烧过程中,矿石中的 Tl 主要有两个释放渠道:其一挥发进入炉气,通过洗涤废水在沉灰池发生沉降;其二进入固相的各净化阶段的废渣,直接进入沉灰池沉降。研究表明矿石焙烧后,矿石中 Tl 赋存形态发生了明显的变化:①吸附在矿物结构层间或结合在碳酸盐中的 Tl 发生了明显的释放,主要挥发进入炉气,并通过洗涤废水沉降在沉灰渣中的酸可交换相;②铁锰氧化物结合的 Tl(主要为褐铁矿结合的部分)转变很弱,主要以铁锰氧化物结合态形式存在于各净化阶段的废渣中,最后进入沉灰渣的铁锰氧化物结合相;③硫化物结合的 Tl 可释放入炉气、残余在硫化物中或转变进入铁氧化物矿物晶格中,并最后进入沉灰渣的酸可交换相、硫化物结合相和残余相;④铝硅酸盐矿物的 Tl 转变很弱,主要以残余态形式存在于各净化阶段的废渣中,最后进入沉灰渣的残余相。研究发现硫铁矿燃烧后,铊大部分保存在炉渣和炉灰中,在炉灰中铊得到进一步富集,富集程度可达 10%~40%(陈永亨 等,2013)。硫铁矿焙烧过程的飞灰中可溶性铊的含量明显高于炉底渣,炉灰对环境的危害程度大大高于炉渣。也就是说,利用硫铁矿制造硫酸对环境产生的污染效应将大于含铊硫铁矿开采过程中对环境的污染效应。

以黄铁矿生产硫酸工艺为例，硫酸生产过程中，含铊黄铁矿中 25%铊直接进入水体，15%铊以活动态存在于矿渣中，约 60%铊以残余态形式存在于矿渣中（表 5.5；陈永亨 等，2013）。

表 5.5　酸生产各工序流程焙烧渣中铊的形态分布

类别	酸可交换态		可还原态		可氧化态		残渣态		总量 /（mg/kg）
	质量分数 /（mg/kg）	占比 /%	质量分数 /（mg/kg）	占比 /%	质量分数 /（mg/kg）	占比 /%	质量分数 /（mg/kg）	占比 /%	
沸腾炉渣	1.36	3.50	1.86	4.79	2.64	6.79	33.0	84.9	38.9
废热锅炉渣	4.39	9.00	4.20	8.61	4.78	9.80	35.4	72.6	48.8
旋风除尘渣	5.11	9.91	5.78	11.20	6.97	13.50	33.7	65.4	51.6
电除尘渣	8.90	11.90	9.43	12.60	10.50	14.00	46.0	61.5	74.8
洗涤渣	4.15	5.91	3.02	4.30	3.66	5.21	59.4	84.6	70.2
除雾渣	9.52	12.40	10.10	13.10	10.60	13.80	46.6	60.7	76.8

研究发现某硫铁矿中铊的质量分数为 14.4～43.7 mg/kg，各个工艺流程产生的废渣中铊的质量分数分别为：沸腾炉渣 38.9 mg/kg，废热锅炉渣 48.8 mg/kg，旋风除尘渣 51.6 mg/kg，电除尘渣 74.8 mg/kg，洗涤渣 70.2 mg/kg，除雾渣 76.8 mg/kg，这些废渣中铊的含量随着颗粒变细小而升高（陈永亨 等，2013）。王春霖等（2015）对工厂周边空气中气溶胶检测发现 PM_{10} 和 $PM_{2.5}$ 均有明显的铊污染，PM_{10} 和 $PM_{2.5}$ 中铊质量浓度分别高达 6.92 ng/m^3 和 4.29 ng/m^3，其富集因子均大于 10。从黄铁矿生产废渣中铊的含量分布可看出，废渣颗粒越细铊含量越高，而且颗粒越细，进入表生环境中的生物可利用性越强，对人体健康的威胁越大。谢文彪等（2000）对某硫铁矿焙烧产物排水中 Tl 含量测定显示，炉渣排水和飞灰排水 Tl 质量浓度约为 4.52 µg/L 和 37.86 µg/L，除尘废水 Tl 质量浓度为 15.4～400 µg/L。生产过程中铊在炉渣、炉灰和炉气中的含量依次升高，且洗涤废水中含大量可溶性铊，通过不同工艺流程最后进入水体，排入周围流域。对于一个年产 300 万 t 的黄铁矿矿山，以平均含铊 20 mg/kg 计算，如不加以防控，每年预计约有 60 t 铊进入环境（陈永亨 等，2013）。

5.3.2　铅锌矿冶炼过程

铅锌矿和铜矿焙烧烧结的烟尘是工业生产铊的主要来源。在炼铅过程中约有 60%的铊进入焙烧烧结烟尘中，因此可以进行加工处理。国外某厂生产的铅精矿中的铊有 54%富集于烧结烟尘中，电收尘器中烟尘含铊 0.16%。铅鼓风炉烟尘中的铊含量约占精矿中铊含量的 23%，烟尘中含铊 0.013%。铅系统中的烟尘，通常加以氧化焙烧，焙烧过的烟尘可以返回烧结炉料中，或送往镉车间回收镉，并在回收镉的同时回收铊。在焙烧烟尘时，有一部分铊进入烟尘，如烧结烟尘含铊量较低时，氧化焙烧可进一步使铊富集（沈华生，1976）。在锌精矿焙烧时，大部分铊也富集于烟尘中，国外某厂在用多层炉焙烧锌精矿时烟道各段所获的烟尘成分见表 5.6（沈华生，1976）。

表 5.6　国外某厂锌精矿焙烧烟尘中各种元素质量分数　　　　（单位：%）

烟道烟尘		锌	铅	铊	镉	氯	铁	砷
旋风收尘器的烟尘		65.20	2.40	0.20	0.25	0.02	3.10	0.21
电收尘器的烟尘	电收尘前室	65.35	5.19	0.10	0.55	0.07	2.32	0.21
	第一电场	41.37	17.10	1.03	1.80	0.06	2.32	0.32
	第二电场	31.63	24.35	1.70	2.31	0.09	1.70	0.40
	第三电场	22.36	32.06	2.20	3.09	0.07	1.32	0.42

我国粤北某冶炼厂含铊铅锌矿中 20%～30%的铊分布于弱酸可交换态，3%～11%分布于可还原态。铅锌矿经烧结形成的烧结块中铊在弱酸可交换态和可还原态的质量分数变化不明显，而可氧化态的质量分数显著升高。烧结过程中大部分铊以气态形式挥发富集于电尘，是铅锌矿含铊量的 37～84 倍，电尘中弱酸可交换态的铊占 81%（刘娟 等，2015）。

Liu 等（2017）研究发现，某铅锌冶炼厂高温焙烧和烧结环境下大部分与硫化物结合的 Tl 以气体形式释放，这些高炉的含铊烟气首先用静电除尘器处理致使电尘渣中铊质量分数高达 3 280～4 050 mg/kg，然后在<60 ℃的洗涤塔中净化形成含铊的酸性废水。

刘志宏等（2007）研究表明，Tl 受高热易挥发，富集于烟道灰中。黄铁矿中大于 40%的 Tl 在焙烧过程中以气态挥发，被吸附于烟道灰表面，各焙烧产物含铊量关系为：微飞尘>旋风渣>锅炉渣>炉底渣。结果发现，硫化铅精矿中的铊主要以硫化物（Tl_2S_3、Tl_2S）和氯化物（$TlCl$）的形态存在。焙烧烧结时，铅精矿中的 Tl_2S 挥发，氧化生成硫酸盐。随着烧结温度升高，Tl 的硫酸盐离解生成 Tl 的氧化物，主要反应式如下：

$$Tl_2S(s)+O_2(g) \longrightarrow Tl_2SO_4(s) \ (>320 \ ℃) \tag{5.1}$$

$$Tl_2S(s)+O_2(g) \longrightarrow Tl_2O(g)+SO_2(g) \ (>600 \ ℃) \tag{5.2}$$

$$Tl_2O_3(s) \longrightarrow Tl_2O(g)+O_2(g) \ (>700 \ ℃) \tag{5.3}$$

铅精矿烧结焙烧时，铊主要富集于烟气中，占总铊量的 75%～80%。粗铅精炼时，Tl 主要富集于精炼浮渣。锌精矿中铊的品位一般比铅精矿铊的品位低，高温冶炼时，有 70%～84%的 Tl 挥发富集于烟尘；其余的铊主要赋存于焙砂的硅酸盐中。Tl 在铜精矿中分布分散，冶炼过程中，铊较少分布于冰铜和炉渣中。含 Tl 物料焙烧冶炼后，以氧化物或其他化合物（若矿物中含有 F，Tl 会以 TlF 形式挥发）进入大气中，主要通过降尘、雨雪等方式迁移至地表环境中。同时，含铊物料焙烧产物在水冲洗时，进入水体迁移至环境中。

5.3.3　钢铁冶炼过程

钢铁冶炼产生含铊废水，这也是近年来我国新发现的铊污染重要来源之一，其外排也会导致地表水铊的超标。熊果和沈毅（2015）通过分析某钢厂的铊检测数据提供了钢铁企业铊污染现状的大致情况：①钢铁企业存在铊污染，但相对较低；②钢铁企业的铊主要来源于铁矿、焦煤、石灰等，其他原料中含量较低；③铁矿中的铊含量因各钢铁企业的原料不同而存在差别。研究检测的某钢厂所用的进口铁矿中铊含量很低，所用的国内矿相对高些，且检测表明铁矿中的铊含量与其含硫量正相关，尤其以硫酸渣最高（硫铁矿残留）；④钢铁企业铊污染主要集中于烧结、球团和炼铁工序；⑤钢铁企业的含铊污染源：废水主要是烧结、球团的湿法脱硫废水、高炉煤气洗涤水及高炉煤气冷凝水；废气主要是烧结、球团机头烟气和高炉煤气；固体废弃物主要是烧结、球团机头除尘灰和高炉煤气干法除尘灰。

研究表明，铁矿石中的铊是以 Tl_2S_3、Tl_2S 和 $TlCl$ 的形态存在的，在高温下具有极易挥发的特性。在高于 320 ℃的温度下烧结时，物料中的 Tl_2S 挥发，同时被氧化生成硫酸盐：$Tl_2S(s)+2O_2(g)\Longrightarrow Tl_2SO_4(s)$。当温度再升高时，$Tl_2S$ 的氧化加速。温度高于 600 ℃时，Tl_2SO_4 离解成易挥发的 Tl_2O。温度高于 700 ℃时，Tl_2O_3 也离解成低价氧化物：$2Tl_2S(s)+3O_2(g)\Longrightarrow 2Tl_2O(g)+2SO_2(g)$；$Tl_2O_3(s)\Longrightarrow Tl_2O(g)+O_2(g)$。烧结、球团和高炉炼铁的温度均显著高于 700 ℃，因此矿石中的铊主要富集在烧结和高炉产出的烟气中，约为整个矿含铊量的 75%。烟气中大部分铊会被干法除尘器去除，进入除尘灰中（刘志宏 等，2007）。程秦豫等（2018）表明烟气中的铊采用湿法除尘或湿法脱硫时，铊绝大部分会进入洗涤液中，Tl^+ 因具有化学活动性而不沉淀，形成水污染。使用的铁矿石尤其是硫铁矿石中往往会含有一定量的铊元素。Liu 等（2017）对广东某大型钢铁厂的调查表明，即使原料中 Tl 含量很低（0.02～1.03 mg/kg），也会导致烧结炉除尘废水中 Tl 的富集。这一发现可能是由于在钢铁生产过程中，原材料中的 Tl 化合物在高温（>800 ℃）下快速释放和气化，并且在脱硫工序中含铊烟气经湿法除尘后被洗涤成含铊脱硫废水（Tl 质量浓度为 574～2 130 μg/L）进入环境。该地区沉积物的扫描电子显微镜（scanning electron microscope，SEM）结果中发现了富含铁的球形颗粒表面富集了一定含量的 Tl，而这种球形颗粒通常存在于炼钢过程产生的高炉烟气中。

总之，在冶炼过程中，矿石中伴生的铊元素在高温下发生汽化，形成含铊蒸气。含铊蒸气随着烟气进入脱硫除尘装置，采用湿法脱硫工艺时，铊烟气与 SO_2 形成可溶性硫酸铊进入脱硫液，采用干法脱硫工艺时，铊污染物进入固态脱硫产物。

5.3.4　煤炭燃烧过程

铊以微量水平存在于煤中，主要集中在煤的黄铁矿矿物中，并以不同的气相或可吸入颗粒形式排放到大气中。铊排放的变化不仅取决于燃料的成分和性质，还取决于燃烧条件。燃煤发电厂是 Tl 排放的一个主要来源，因为大多数煤炭含有 0.5～3.0 μg/g 的 Tl（López-Antón et al.，2013；Saha，2005；Lin and Nriagu，1999a）。据统计，美国每年大约 1 000 t 的 Tl 释放进入环境，其中 350 t 以蒸气和粉尘形式释放，60 t 与有色金属结合，超过 500 t 液体和固体废物（John Peter and Viraraghavan，2005）。从现有数据可推断，发电厂是大气中 Tl 排放的主要来源之一。大多数煤中铊的质量分数为 0.5～3.0 mg/kg。据计算，其中约一半排放到大气中。燃煤电厂烟气中 Tl 的排放量可达 700 μg/m³，水泥厂的排放量可达 2 500 μg/m³。López-Antón 等（2015）研究表明在煤燃烧中，Tl 在高温下挥发，并在系统较冷的部分凝结在灰颗粒表面。因此，Tl 在粉煤灰中的含量是燃烧前煤中含量的 2～10 倍。燃煤电厂飞灰排放的 Tl 质量分数为 29～76 μg/g，并随粒径减小而升高，在粒径小于 7.3 μm 的颗粒中含量最高。这些细颗粒物也是最危险的，因为它们能够穿越发电厂常用的除尘装置，并悬浮在大气中，最终可能沉积进入人体的下呼吸道中（López-Antón et al.，2013）。

在煤炭燃烧过程中，微量元素根据其挥发性、在煤中的赋存方式、转化技术、运行参数及现有的空气污染控制装置等在渣/底灰、飞灰和烟气中进行分配。在理论和实验研究的基础上，对煤燃烧过程中微量元素的行为提出不同的分类，具体可分为三大类：第1类为非挥发性元素（Ba、Ce、Cs、Mg、Mn 和 Th），主要集中在粗残渣中或在粗残渣与颗粒之间均匀分布；第2类由易挥发的元素组成，它们凝结在飞灰颗粒上，甚至在细颗粒上，可能会脱离颗粒控制系统（As、Cd、Cu、Pb、Sb 和 Zn）；第3类元素为高挥发性元素，在蒸汽相或气相富集，在所有固相（Br、Hg 和 I）中亏损。某些元素在第1类与第2类之间（Cr、Ni、U 和 V）或第2类与第3类之间（Se）表现出分配行为。在大多数研究中，Tl 被划分为第3类。

关于煤气化过程中 Tl 的迁移转化行为的文献较为有限。Querol 等（1995）在研究中发现 Tl 在飞灰中富集，挥发后部分凝结在颗粒上，可以类似于固硫（$CaO+SO_3\Longrightarrow CaSO_4$）的方式吸附在氧化钙上，导致飞灰的潜在毒性增加。像大多数挥发性有毒元素一样，Tl 可集中在可吸入颗粒物中，仅部分铊保留在固体燃烧副产物中，主要以硫酸盐的形式存在，在自然环境条件下很容易浸出。通过热力学平衡计算发现，煤中铊与 Cl 形成了热力学稳定的化合物，因此煤中氯的含量对 Tl 的挥发有相当大的影响。理论预测是研究煤转化过程中微量元素行为的有用工具。在低于 550 K 的氧化条件下，理论预测显示两种固体和两种浓缩的 Tl 的主要形态：$TlCl_3(s)$（300~350 K）和 $TlAsO_4(s)$（550 K 以下），以及 $TlCl(cr, l)$（400 K 左右）和 $Tl_2SO_4(cr, l)$（450 K 左右）。温度升高时，一些气体 Tl 卤化物和气态原子（$Tl(g)$）成为主导：$TlBr(g)$（600~1 600 K），$TlCl(g)$（500~1 800 K），$Tl(g)$（超过 1 500 K）和少量的 $TlF(g)$（1 600 K）。在低于 500 K，还原条件下 $TlI(cr, l)$（300 K）、$Tl_2S(cr, l)$（350 K）、$Tl_2Se(s)$（400 K）和 $TlBr(cr, l)$（450 K）占主导地位。在氧化条件下，几种气态卤化铊和气态自由原子（$Tl(g)$）占主导地位：$TlBr(g)$（500~1 400 K），$TlCl(g)$（500~1 500 K），$Tl(g)$（1 100 K 以上），$TlI(g)$（400~1 200 K）。

国际上以往对煤燃烧产生的 Tl 问题重视不够，对其特性的研究受到了限制。今后需加强研究准确的分析方法，并避免将有毒的 Tl 污染物排放到空气中。

5.3.5 水泥生产过程

水泥工业被认为是一个重要的人为铊（Tl）排放源，但关于水泥生产过程中铊的去向和水泥厂铊排放的报道很少。水泥生产过程中原料的高温煅烧（1 450 ℃）过程导致中低沸点的重金属挥发进入大气环境中。Brockhaus 等（1981）发现德国某水泥厂附近的大气铊沉降量高达 400 g/（m²·天），导致土壤和作物中铊含量升高，对当地居民和动物健康产生严重影响。Huang 等（2021）指出我国是世界上最大的水泥生产国和消费国，2018 年总产量 2.2×10^9 t，占全球总产量的一半以上。水泥生产是高度能源密集型的，并向大气中排放多种污染物。据统计，每年约 2 500 t 的重金属被排放到空气中（国家统计局能源司，环境保护部，2013）。Tl 作为水泥生产排放中的一种半挥发性元素，具有吸附到空气中已存在颗粒表面的能力，这些颗粒可能会沉降到当地或区域环境中。然而，目前国际上鲜少系统研究水泥厂中 Tl 的迁移转化途径及其对周围大气环境的影响。

参 考 文 献

陈永亨, 谢文彪, 吴颖娟, 等, 2002. 铊的环境生态迁移与扩散. 广州大学学报(自然科学版), 1(3): 62-66.

陈永亨, 王春霖, 刘娟, 等, 2013. 含铊黄铁矿工业利用中铊的环境暴露通量. 中国科学: 地球科学, 43(9): 1474-1480.

程秦豫, 黄易勤, 陈小雁, 等, 2018. 铊在铅锌矿选冶过程中的转移及环境影响风险. 有色金属工程, 8(2): 129-132.

侯琳琳, 2002. 贵州省兴仁县滥木厂地区铊汞砷环境污染和铊的土壤存在形态的研究. 成都: 成都理工大学.

姜凯, 2013. 云南兰坪金顶铅锌矿床的矿物学和地球化学研究. 昆明: 昆明理工大学.

姜凯, 燕永锋, 朱传威, 等, 2014. 云南金顶铅锌矿床中铊、镉元素分布规律研究. 矿物岩石地球化学通报, 33(5): 753-758.

刘娟, 王津, 苏龙晓, 等, 2015. 铅锌矿冶炼过程中铊的形态分布与转化特征//中国矿物岩石地球化学学会第 15 届学术年会论文摘要集(3). 长春: 1509-05.

刘志宏, 李鸿飞, 李启厚, 等, 2007. 铊在有色冶炼过程中的行为、危害及防治. 山西化工, 27(6): 47-51.

沈华生, 1976. 稀散金属冶金学. 上海: 上海人民出版社.

王春霖, 陈永亨, 王津, 等, 2015. 粤西某工厂周边大气细颗粒物中铊的分布特征//中国矿物岩石地球化学学会第 15 届学术年会论文摘要集(3). 长春: 1509-12.

吴颖娟, 杨春霞, 陈永亨, 等, 2009. 黄铁矿焙烧产物中铊的分布和环境贡献. 广州大学学报(自然科学版), 8(5): 58-63.

肖唐付, 陈敬安, 杨秀群, 2004. 铊的水地球化学及环境影响. 地球与环境, 32(1): 28-34.

谢文彪, 陈永亨, 陈穗玲, 等, 2000. 硫铁矿焙烧灰渣中铊分布规律及环境效应的研究. 矿物岩石地球化学通报, 19(3): 204-206.

谢文彪, 陈永亨, 陈穗玲, 等, 2001. 云浮硫铁矿及其焙烧灰渣中元素铊的组成特征. 矿产综合利用(2): 23-25.

熊果, 沈毅, 2015. 钢铁企业铊污染的研究及防治对策. 工业安全与环保, 41(6): 30-32.

杨春霞, 2004. 含铊黄铁矿利用过程中毒害重金属铊的迁移释放行为研究. 广州: 中国科学院广州地球化学研究所.

张兴茂, 1998. 云南南华砷铊矿床的矿床和环境地球化学. 矿物岩石地球化学通报, 17(1): 44-45.

Aguilar-Carrillo J, Herrera L, Gutiérrez E J, et al., 2018. Solid-phase distribution and mobility of thallium in mining-metallurgical residues: Environmental hazard implications. Environmental Pollution, 243(B): 1833-1845.

Anagboso M U, Turner A, Braungardt C, 2013. Fractionation of thallium in the Tamar estuary, south west England. Journal of Geochemical Exploration, 125: 1-7.

Banks D, Reimann C, Røysel O, et al., 1995. Natural concentrations of major and trace elements in some Norwegian bedrock groundwaters. Applied Geochemistry, 10: 1-16.

Brockhaus A, Dolgner R, Ewers U, et al., 1981. Intake and health effects of thallium among a population living in the vicinity of a cement plant emitting thallium containing dust. International Archives of Occupational and Environmental Health, 48(4): 375-389.

Campanella B, Casiot C, Onor M, et al., 2017. Thallium release from acid mine drainages: Speciation in river and tap water from Valdicastello mining district (northwest Tuscany). Talanta, 171: 255-261.

Campanella B, Onor M, D'Ulivo A, et al., 2016. Human exposure to thallium through tap water: A study from Valdicastello Carducci and Pietrasanta (northern Tuscany, Italy). Science of the Total Environment, 548-549: 33-42.

Cheam V, Lawson G, Lechner J, et al., 1996. Thallium and cadmium in recent snow and firn layers in the Canadian Arctic by atomic fluorescence and absorption spectrometries. Fresenius' Journal of Analytical Chemistry, 355: 332-335.

Cleven R, Fokkert L, 1994. Potentiometric stripping analysis of thallium in natural waters. Analytica Chimica Acta, 289(2): 215-221.

Cruz-Hernández Y, Villalobos M, Marcus M A, et al., 2019. Tl(I) sorption behavior on birnessite and its implications for mineral structural changes. Geochimica et Cosmochimica Acta, 248: 356-369.

D'Orazio M, Campanella B, Bramanti E, et al., 2020. Thallium pollution in water, soils and plants from a past-mining site of Tuscany: Sources, transfer processes and toxicity. Journal of Geochemical Exploration, 209: 106434.

Dall'Aglio M, Fornaseri M, Brondi M, 1994. New data on thallium in rocks and natural waters from central and southern Italy: Insights into application. Mineralogy and Petrology, 37: 103-112.

Dmowski K, Badurek M, 2002. Thallium contamination of selected plants and fungi in the vicinity of the Boleslaw zinc smelter in Bukowno (S. Poland): Preliminary study. Acta Biologica Cracoviensia Series Botanica, 44(1): 57-61.

Flegal A R, Patterson C C, 1985. Thallium concentrations in seawater. Marine Chemistry, 15(4): 327-331.

Ghezzi L, D'Orazio M, Doveri M, et al., 2019. Groundwater and potentially toxic elements in a dismissed mining area: Thallium contamination of drinking spring water in the Apuan Alps (Tuscany, Italy). Journal of Geochemical Exploration, 197: 84-92.

Gomez-Gonzalez M A, Garcia-Guinea J, Laborda F, et al., 2015. Thallium occurrence and partitioning in soils and sediments affected by mining activities in Madrid province (Spain). Science of the Total Environment, 536: 268-278.

Grösslová Z, Oborná V, Mihaljevič M, et al., 2018. Thallium contamination of desert soil in Namibia: Chemical, mineralogical and isotopic insights. Environmental Pollution, 239: 272-280.

Hall G E M, Gauthier G, Pelchat J C, et al., 1996. Application of a sequential extraction scheme to ten geological certified reference materials for the determination of 20 elements. Journal of Analytical Atomic Spectrometry, 11: 787-796.

Howarth S, Prytulak J, Little S H, et al., 2018. Thallium concentration and thallium isotope composition of lateritic terrains. Geochimica et Cosmochimica Acta, 239: 446-462.

Huang Y M, Liu J L, Feng X B, et al., 2021. Fate of thallium during precalciner cement production and the atmospheric emissions. Process Safety and Environmental Protection, 151: 158-165.

John Peter A L, Viraraghavan T, 2005. Thallium: A review of public health and environmental concerns. Environment International, 31(4): 493-501.

Karbowska B, Zembrzuski W, Jakubowska M, et al., 2014. Translocation and mobility of thallium from zinc-lead ores. Journal of Geochemical Exploration, 143: 127-135.

Kersten M, Xiao T F, Kreissig K, et al., 2014. Tracing anthropogenic thallium in soil using stable isotope compositions. Environmental Science & Technology, 48(16): 9030-9036.

Law S, Turner A, 2011. Thallium in the hydrosphere of south west England. Environmental Pollution, 159(12): 3484-3489.

Lin T S, Nriagu J O, 1999a. Thallium speciation in the Great Lakes. Environmental Science & Technology, 33(19): 3394-3397.

Lin T S, Nriagu J O, 1999b. Thallium speciation in river waters with Chelex-100 resin. Analytica Chimica Acta, 395(3): 301-307.

Liu J, Luo X W, Wang J, et al., 2017. Thallium contamination in arable soils and vegetables around a steel plant: A newly-found significant source of Tl pollution in South China. Environmental Pollution, 224: 445-453.

López-Arce P, Garrido F, García-Guinea J, et al., 2018. Historical roasting of thallium- and arsenic-bearing pyrite: Current Tl pollution in the Riotinto mine area. Science of the Total Environment, 648: 1263-1274.

López Antón M A, Spears D A, Díaz-Somoano M, et al., 2013. Thallium in coal: Analysis and environmental implications. Fuel, 105: 13-18.

López-Antón M A, Spears D A, Díaz-Somoano M, et al., 2015. Enrichment of thallium in fly ashes in a Spanish circulating fluidized-bed combustion plant. Fuel, 146: 51-55.

Lukaszewski Z, Karbowska B, Zembrzuski W, et al., 2012. Thallium in fractions of sediments formed during the 2004 tsunami in Thailand. Ecotoxicology and Environmental Safety, 80: 184-189.

Lukaszewski Z, Zembrzuski W, Piel A A, 1996. Direct determination of ultratraces of thallium in water by flow-injection: Differential-pulse anodic stripping voltammetry. Analytica Chimica Acta, 318(2): 159-165.

Nriagu J O, Pacyna J M, 1988. Quantitative assessment of worldwide contamination of air, water and soils by trace metals. Nature, 333(6169): 134-139.

Querol X, Fernández-Turiel J, López-Soler A, 1995. Trace elements in coal and their behaviour during combustion in a large power station. Fuel, 74(3): 331-343.

Saha A, 2005. Thallium toxicity: A growing concern. Indian Journal of Occupational and Environmental Medicine, 9(12): 53-56.

Sasmaz M, Öbek E, Sasmaz A, 2019. Bioaccumulation of cadmium and thallium in Pb-Zn tailing waste water by *Lemna minor* and *Lemna gibba*. Applied Geochemistry, 100: 287-292.

Tatsi K, Turner A, 2014. Distributions and concentrations of thallium in surface waters of a region impacted by historical metal mining (Cornwall, UK). Science of the Total Environment, 473-474: 139-146.

Turner A, Turner D, Braungardt C, 2013. Biomonitoring of thallium availability in two estuaries of southwest England. Marine Pollution Bulletin, 69(1-2): 172-177.

Vaněk A, Chrastný V, Mihaljevič M, et al., 2009. Lithogenic thallium behavior in soils with different land use. Journal of Geochemical Exploration, 102(1): 7-12.

Vaněk A, Chrastný V, Teper L, et al., 2011. Distribution of thallium and accompanying metals in tree rings of Scots pine (*Pinus sylvestris* L.) from a smelter-affected area. Journal of Geochemical Exploration, 108(1): 73-80.

Vaněk A, Grösslová Z, Mihaljevič M, et al., 2018. Thallium isotopes in metallurgical wastes/contaminated soils: A novel tool to trace metal source and behavior. Journal of Hazardous Materials, 343: 78-85.

Vaněk A, Grygar T, Chrastný V, et al., 2010. Assessment of the BCR sequential extraction procedure for thallium fractionation using synthetic mineral mixtures. Journal of Hazardous Materials, 176(1-3): 913-918.

Wei X D, Wang J, She J Y, et al., 2021. Thallium geochemical fractionation and migration in Tl-As rich soils: The key controls. Science of the Total Environment, 784: 146995.

Wojtkowiak T, Karbowska B, Zembrzuski W, et al., 2016. Miocene colored waters: A new significant source of thallium in the environment. Journal of Geochemical Exploration, 161: 42-48.

Xiao T F, 2001. Environmental impact of thallium related to the mercury-thallium-gold mineralization in southwest Guizhou Province, China. Québec: Université du Québec à Chicoutimi.

第6章 污染土壤中铊的化学形态分布与土壤修复技术

6.1 矿区污染土壤中铊的来源

图 6.1 为铊在环境中的迁移转化示意图。大量的铊通过含铊矿石矿物（主要是硫化物、钾长石和云母等）自然风化淋滤和人类活动排放进入土壤、沉积物、水体和大气等表生环境中；植物、动物以各种形式从土壤、沉积物、水体和大气中摄取铊，人类食用富铊的农作物和禽畜鱼后可能会产生铊中毒。

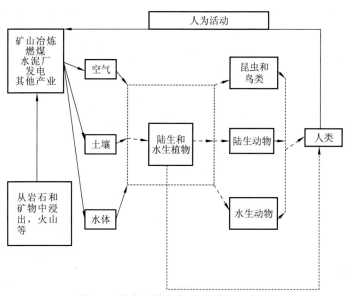

图 6.1　铊在环境中的迁移转化示意图

铊具有亲石、亲硫的双重地球化学性质，是典型的分散元素，主要以等价类质同象、异价类质同象存在于一些矿物中，还可以胶体吸附状态和独立铊矿物形式存在（何立斌，2008）。铊的地球化学参数与 IA 族碱金属钾、铷很相近，因此它们在结晶化学和地球化学性质上十分相似，这就决定了铊在一定条件下能以类质同象形式进入含碱金属的矿物（如长石和云母等）中，而与亲石元素一起活动，表现出铊具有亲石性质的一面（肖青相，2019；孙嘉龙，2009）。硫是组成铊矿物最重要的元素，有 48 种矿物含硫，占全部矿物的 86%，表现出明显的亲硫性，说明这些矿物大部分是低温成矿产物。除硫之外，铊主要与砷、锑、铜、铅、铁、汞和银形成共生元素组合，这可能与铊具有 18 个电子的铜型结构、与硫亲合力强有关。

矿石是铊分布最广泛的载体。铊在火成岩中的含量都比较低，铊在酸性岩石中的含量明显高于碱性岩石中的含量。铊在各类岩石中的分布参见 2.2 节相关内容。黄铁矿是最常见的富铊矿产资源之一（潘家永 等，1994），被广泛用于硫酸生产，在硫酸冶炼过程中铊会在冶炼废渣中高度富集。以黄铁矿石为原料的硫酸厂在广东省内曾经就有 29 家。而含铊矿床除独立的铊矿床外，黄铁矿床、铅锌矿床、汞矿床、锑金矿床等矿床都含有大量铊。

土壤铊污染有自然和人为污染两大来源。土壤中自然来源的铊污染，主要是含铊矿石矿物（硫化物、钾长石和云母）的自然风化淋滤，使铊随碱金属和重金属一起释放到土壤中，或随着地下水的传输进入水系沉积物和土壤溶液中。研究表明，法国未受人类影响的表层土壤的平均铊质量分数为 0.29 mg/kg，最高值为 55 mg/kg（Tremel et al.，1997），表明在自然影响条件下，土壤中铊含量也可以累积到一个很高的程度。欧洲 EuroRegion Neisse 地区表层土壤铊质量分数为 0.5 mg/kg（Heim et al.，2002）。日本开展的研究结果显示，18 个未受污染的表层土壤样品中平均铊质量分数为 0.33 mg/kg（Asami et al.，1996）；中国滥木厂地区的自然土壤铊质量分数为 1.5～6.9 mg/kg（Xiao et al.，2004a）。土壤中人为铊污染的来源主要是水泥厂、燃煤、硫化物矿石的冶炼和提炼过程中产生的灰尘沉降（邓红梅 等，2013），矿山尾矿和矿山废弃物的淋滤，含铊农业用水的灌溉，钾肥、磷肥等化肥的施用等，都可以人为地释放大量的铊进入土壤中。人为污染严重的地区，土壤中铊的含量可以从<1 mg/kg 到上百 mg/kg。燃煤、矿业开采及冶炼过程都可以向环境排放铊，造成环境中铊含量的上升（ATSDR，1992）。Łukaszewski 等（2003）在波兰一个废旧铅锌矿开采区采集的土壤样品中发现铊的质量分数为 17.9 mg/kg。Lis 等（2003）在铅锌矿开采和冶炼地区发现土壤中的铊质量分数达 35 mg/kg。在中国贵州，矿区土壤中的铊质量分数为 40～124 mg/kg（Xiao et al.，2004a）。此外，Xiao 等（2004b）研究还发现铊的自然矿化过程和人类活动可以共同导致环境中铊含量的升高。

6.2 矿区污染土壤中铊的分布与化学形态

目前已发现 56 种铊的独立矿物，如红铊矿、铊明矾矿、辉铊矿、硫砷铊矿、硫砷汞铊矿等，但数量稀少，极少能富集形成独立矿床，主要是以伴生组分的形式存在于铜矿床和铅锌硫化物矿床中（温汉捷 等，2020）。铊在土壤中的分布具有不均一性，世界土壤中铊的质量分数为 0.1～0.8 mg/kg，平均值为 0.2 mg/kg（Fergusson，1990），例如：德国未受污染地区的土壤铊平均质量分数为 0.4 mg/kg（Sager et al.，1998）；美国土壤中铊的质量分数为 0.2 mg/kg（Smith and Carson，1977）；俄罗斯西伯利亚地区土壤中铊的质量分数相对偏高，为 1.5～3.0 mg/kg（Il'in and Konarbaeva，2000）；中国土壤中铊的质量分数为 0.29～1.17 mg/kg，平均值为 0.58 mg/kg（齐文启 等，1992）。自然背景下土壤中铊元素的含量与原始风化母岩关系密切，一般母岩中黏土矿物、绢云母、锰氧化物等富铊矿物含量较高，则上伏土壤层铊含量也相应较高。虽然土壤中铊的背景值很低，但是在与含铊矿床及含铊矿石的生产加工企业有关的地区，土壤中的铊含量可数十至数千倍高于背景区（表 6.1）。其中，以富含独立铊矿物的独立铊矿床和铊矿化岩石有关的土壤污染最为严重。如北马其顿阿尔恰（Allchar）锑砷铊矿地区，土壤中铊质量分数可高达 17 000 mg/kg（Bačeva et al.，2014）；中国贵州滥木厂铊矿区和云南南华铊矿区，土壤中铊质量分数分别为 0.89～437 mg/kg 和 4.1～55 mg/kg（Sun et al.，2012；Xiao et al.，2007；张忠 等，1997）；瑞士采尔马特（Erzmatt）地区的铊矿化岩石风化土壤中铊的质量分数为 110～3 300 mg/kg（Voegelin et al.，2015）。在硫化物矿化区，土壤中 Tl 的含量显著升高，是背景区土壤的数十倍和数百倍。一般来说，在酸性岩地区，土壤中 Tl 的含量高于石灰岩区；有机质含量高的土壤中 Tl 含量也比较高（陈永亨 等，2001）。

表 6.1　土壤中铊的污染

地区	土壤总铊质量分数/（mg/kg）	污染源	参考文献
波兰西里西亚-克拉科夫	0.1～0.5	铅锌矿	Lis 等（2003）
波兰波兹南	1～1.9	铅锌矿下游漫滩土	Lukaszewski 等（2010）
波兰西里西亚-克拉科夫	0.29～8.10	铅锌矿	Karbowska 等（2014）
波兰小波兰	6～51	铅锌矿	Stefanowicz 等（2014），Wierzbicka 等（2004）
波兰奥尔库什	0～139	铅锌矿	Cabala 等（2009），Cabala 和 Teper（2007），Vanek 等（2013）
意大利萨拉福萨	0～17	铅锌矿	Pavoni 等（2017）
意大利莱勃尔	120～4 549	铅锌矿	Fellet 等（2012）
西班牙埃罗萨尔-德尔巴可	0.55～1.13	闪锌矿	Álvarez-Ayuso 等（2013）
法国杜埃	0.23～0.89	铅锌冶炼厂	Sterckeman 等（2002）
法国圣洛朗米尼尔	25	铅锌矿	LaCoste 等（1999）
法国朗格多克	6.4～244.9	铅锌矿	Escarré 等（2011）
土耳其凯班	3.0～27.6	铅锌铜矿	Sasmaz 等（2007）
瑞士采尔马特	110～3 300	矿化碳酸盐岩	Voegelin 等（2015）
北马其顿阿尔恰	0.11～17 000	砷锑铊矿	Bačeva 等（2014），Xiao 等（2007）
中国贵州滥木厂	0.89～437	汞砷铊矿	Xiao 等（2004a，2004b），Jia 等（2013），Sun 等（2012）
中国云南南华	4.1～55	砷铊矿	张忠等（1997）
西班牙阿斯纳尔科利亚尔	0.2～0.9	黄铁矿	Martin 等（2004）
中国广东云浮	1.6～15.4	黄铁矿	Yang 等（2005）
	3.07～9.42		Huang 等（2016）
西班牙阿斯纳尔科利亚尔	0.35～10.27	硫铁矿污泥	Sierra 等（2003）
中国贵州遵义	1.47～4.43	铂镍矿	陈代演和邹振西（2000）
美国亚利桑那	0.3～4.2	铀矿	Hinck 等（2013）
西班牙马德里	0.84～2.65	毒砂银铜矿化区	Gomez-Gonzalez 等（2015）

地区	土壤总铊质量分数/(mg/kg)	污染源	参考文献
中国广东	0.89～1.80	钢厂	Liu 等（2017）
印度比莱	1.02～1.30	钢厂	Pandey 等（2015）
波兰奥尔库什	39～43	金属加工	Wierzbicka 等（2004）
德国伦格里希	0.16～3.17	水泥厂	Kersten 等（2014）
土耳其	0.25～0.71	水泥厂	Karatepe 等（2011）
西班牙阿尔卡拉	0.03～0.25	城市活动	Peña-Fernández 等（2014）

根据《土壤和沉积物 13 个微量元素形态顺序提取程序》（GB/T 25282—2010），将土壤中的铊分为水溶态、弱酸提取态、可还原态、可氧化态和残渣态。其中，水溶态铊被土壤较弱吸附，易被植物直接吸收和利用（张忠 等，1997），弱酸提取态铊一部分被静电吸附在土壤和沉积物颗粒表面，另一部分束缚在碳酸盐矿物中，含有过量阳离子的土壤或者改变 pH 就可以将这一形态的铊释放出来。因此，这两部分铊被统称为"生物有效态铊"，常用其含量评价土壤重金属活性强弱和生物有效性（彭景权 等，2007）。可还原态铊主要指被氧化铁、氧化锰等吸附的铊。可氧化态铊则是与硫化物结合态和有机物结合态的铊。可还原态和可氧化态铊潜在迁移性比生物有效态铊弱得多，所以又被称为生物潜在可利用态铊。残渣态铊主要存在于硅酸盐晶格中，最为稳定，为生物难利用态。

土壤中的铊主要以水溶态、弱酸可交换态、可还原态、可氧化态和残渣态等几种形态存在（Rao et al.，2008；Rauret et al.，2000）。多数研究认为，土壤中的铊主要赋存于残渣态，其次为可还原态和可氧化态，弱酸可交换态及水溶态通常含量较低，例如：受闪锌矿废渣影响的土壤中残渣态占比为 81%～91%（Alvarez-Ayuso et al.，2013）；滥木厂土壤中残渣态占比为 60%～95%，平均值为 85%（Jia et al.，2013）。背景土壤的铊含量较低且主要存在于残渣态，而受污染土壤中活动态铊所占比例较高，如杨春霞等（2005）研究黄铁矿废渣堆积区土壤中 Tl 的形态分布，表明背景土壤的铊存在于残渣态，占比高达 98%，而污染土壤中铊主要富集在活动态，占比最高达 80%。人为来源的铊易水溶，进入土壤后可以迅速地被黏土矿物、铁锰氧化物、有机物等吸附而降低其在土壤中的迁移性。如在森林土壤中，大气沉降的铊由于被土壤中的有机质吸附，只能聚集在数厘米范围内的表层土壤中，无法继续向下迁移（Heinrichs and Mayer，1977）。人为源的铊进入土壤被吸附后主要以容易提取的相态存在（Martin and Kaplan，1998），但是随着进入时间的延长，容易提取相态的铊会逐渐转变成不易提取的相态并存在于土壤中，且这个过程发展较快，向厚 7.5 cm 的表层土壤混入 Tl_2SO_4 溶液后进行长达 30 个月的迁移实验，发现有 15%的铊在实验期间迁移到了地下 7.5～15 cm 的土壤中，但是在这段距离内，随着深度的增加铊含量迅速降低。同时发现表层土壤中铊相态变换主要发生在进入土壤后的 18 个月内，之后铊在土壤中的相态分布趋于稳定（Martin and Kaplan，1998）。

6.2.1　污染土壤中铊的化学形态分析

颜文等（1998）研究发现辽宁土壤中主要存在硅酸盐结合态和水溶态铊（占比为71.91%～89.88%），还有少量的铊是以硫化物和有机质结合态的形式存在。刘敬勇等（2008）研究发现广东某含铊硫酸冶炼堆渣场周围土壤剖面中铊主要以残渣态和铁锰氧化物结合态的形式存在。侯琳琳（2002）对贵州滥木厂铊矿床的研究表明，该地区土壤中铊在各相态的分配为：残渣态>有机结合态>硫化物态>铁锰氧化物结合态>可交换态>水溶态>碳酸盐结合态，并认为当地的铊污染为内源污染。李强等（2009）研究了华北平原污灌区土壤中铊的分布特征，发现表土层的形态分布按残渣态、有机结合态、碳酸盐结合态、可交换态、水溶态、铁锰氧化物结合态这一顺序递减。Huang 等（2018）对某水稻土的铊的赋存形态及其对稻米的生物可利用性进行了研究，发现稻田土壤中铊的可还原态（40.3%）>酸可交换态（30.5%）>残渣态（23.8%）>可氧化态（5.4%），并且指出稻米中铊含量与土壤中酸可交换态铊的相关性较强。Liu 等（2019a）的研究表明，广东云浮黄铁矿周边农田土壤中残余态铊质量分数最高，达到 36%～88%，其次是可还原态和可氧化态，分别为 1%～59% 和 2%～35%，表明铊主要赋存于硅铝酸盐和其他结晶度好的矿物（如石英、绢云母、长石和黑云母）中。

土壤中铊的化学形态及其与土壤物质的结合形式是影响其活动性（王春梅，2007；Li and Shuman，1996）和生物可利用性（Cabral and Lefebvre，1996；Davis and Shuman，1993）的主要因素，对其开展深入系统的研究是土壤铊污染防治与修复的关键。Tessier 等（1979）及 Kersten 和 Förstner（1986）提出的重金属的相态分级提取法，以及卢荫庥和白金峰（1999）改进的铊相态分析法由于缺乏参考物质，限制了方法有效性的验证和世界范围内分析结果的对比。

6.2.2　污染土壤中铊的化学形态分布特征

国外诸多学者对矿区土壤的铊的形态分布特征开展了研究。Karbowska 等（2014）对波兰铅锌矿研究发现，浮选引起小溪底泥中可氧化态铊含量较高，占比为 74.0%～77.2%，含矿白云石发育形成的土壤中活动态铊（除了残余态部分）主要以可氧化态和可还原态形式存在，占比分别为 16.5%～32.2% 和 14.2%～26.6%，而普通白云石发育形成的土壤中活动态铊仅占 15%，表明铊主要赋存于残余态中。Gomez-Gonzalez 等（2015）对西班牙马德里地区某矿山冶炼区土壤和沉积物铊污染研究发现，废弃矿渣是该地区的铊污染源，铊主要赋存于岩石和土壤的石英和硅铝酸盐中，占比高达 83.7%～97.9%，其次是赋存于可还原态中，占比为 1.7%～11.3%。此外，在有机颗粒和硅藻壳上也发现铊的存在，可氧化态铊占比为 0.9%～3.64%。Cruz-Hernández 等（2018）研究了墨西哥尾矿库和冶炼区的土壤中铊的形态分布情况，发现尾矿库的矿渣堆附近土壤中铊主要以残余态和可还原态形式存在，而金属冶炼区土壤中的铊主要赋存于可还原态和可氧化态。

Yang 等（2005）和杨春霞等（2004）运用改进的 BCR 法详细研究了广东云浮硫酸厂堆渣场旁的 3 个污染土壤剖面（剖面 A、B、C）和一个对照剖面 D，其中酸可交换态铊和可氧化态铊均在 20 cm 深度基本达到背景值，而 3 个铊污染土壤剖面中可还原态铊在 76 cm 深度均有明显的迁移扩散，说明铊化学形态的迁移扩散较为快速，可能在向下层土壤迁移过程中，在富含铁锰矿物层被吸附沉积下来，也可能在以 Tl^+ 迁移过程中被铁锰氧化物表面吸附并被氧化为 Tl^{3+} 而沉积下来，具体见表 6.2。

表 6.2　广东云浮硫酸厂污染土壤中 Tl 化学形态分布

剖面	样品	深度/cm	Tl_{Exc} 质量分数/(mg/kg)	Tl_{Exc} 占比/%	Tl_{Fe/MnO_x} 质量分数/(mg/kg)	Tl_{Fe/MnO_x} 占比/%	Tl_{OM} 质量分数/(mg/kg)	Tl_{OM} 占比/%	Tl_{Res} 质量分数/(mg/kg)	Tl_{Res} 占比/%	Tl_{Labile}[①] 质量分数/(mg/kg)	Tl_{Labile}[①] 占比/%	Tl_{Total}/(mg/kg)	R[②]/%
A	A1	0~2.0	2.46	34.1	1.46	20.2	0.09	1.3	3.21	44.4	4.01	55.6	7.31	99
	A2	2.0~4.0	1.85	30.8	1.61	26.9	0.15	2.6	2.39	39.7	3.62	60.3	6.21	97
	A3	4.0~6.0	1.06	23.6	1.71	38.1	0.19	4.3	1.52	34.0	2.96	66.0	4.87	92
	A4	8.5~10.5	0.32	11.4	0.55	19.5	0.11	3.8	1.86	65.3	0.98	34.7	3.23	88
	A5	14.5~16.5	0.17	8.3	0.27	13.3	0.05	2.5	1.53	76.0	0.49	24.0	2.13	95
	A6	28.0~30.5	0.01	0.7	0.03	1.6	0.03	1.7	1.69	96.1	0.07	4.0	1.60	110
	A7	42.0~44.0	0.02	1.0	0.16	8.5	0.02	1.0	1.66	89.5	0.20	10.5	1.92	97
	A8	57.0~59.0	0.01	0.5	0.14	7.0	0.02	0.9	1.78	91.6	0.17	8.4	1.74	112
	A9	74.0~76.0	0.01	0.5	0.01	0.8	0.02	1.1	1.58	97.7	0.04	2.4	1.68	96
B	B1	0~1.0	4.24	28.2	7.13	47.5	0.83	5.5	2.81	18.7	12.20	81.2	15.40	98
	B2	2.0~3.0	4.05	34.9	4.84	41.8	0.43	3.7	2.27	19.6	9.32	80.4	11.50	109
	B3	4.0~5.0	3.29	44.7	1.48	20.2	0.27	3.7	2.31	31.4	5.04	68.6	7.77	95
	B4	9.0~10.5	0.96	20.7	0.73	15.8	0.12	2.5	2.82	61.0	1.81	39.0	5.00	93
	B5	14.5~16.0	0.04	1.6	0.10	3.9	0.04	1.7	2.40	92.8	0.18	7.2	2.72	95
	B6	29.5~31.0	0.02	0.9	0.52	21.0	0.02	1.0	1.89	77.0	0.56	22.9	2.42	101
	B7	44.0~46.0	0.03	1.1	0.19	8.6	0.03	1.5	1.99	88.7	0.25	11.2	2.23	100
	B8	59.0~61.0	0.03	1.2	0.15	6.1	0.04	1.5	2.30	91.2	0.22	8.8	2.36	107
	B9	73.5~75.5	0.02	0.7	0.09	3.0	0.01	0.5	2.78	95.9	0.12	4.2	2.83	103
C	C1	0~1.0	0.78	16.0	0.67	13.6	0.15	3.1	3.29	67.3	1.60	32.7	4.99	98
	C2	2.0~3.0	0.64	15.2	0.40	9.5	0.11	2.6	3.06	72.6	1.15	27.3	4.28	98
	C3	4.0~5.0	0.30	11.9	0.21	8.6	0.06	2.3	1.92	77.1	0.57	23.8	2.29	109
	C4	9.5~10.5	0.05	3.1	0.11	6.1	0.05	2.7	1.53	88.0	0.21	11.9	1.64	106
	C5	14.5~15.5	0.01	0.7	0.08	3.6	0.06	2.6	2.08	93.1	0.15	6.9	2.33	96
	C6	29.5~31.0	0.07	3.1	0.78	33.4	0.04	1.7	1.44	61.8	0.89	38.2	2.48	94
	C7	44.5~46.0	0.05	3.1	0.06	3.8	0.02	0.9	1.46	92.1	0.13	7.8	1.76	90
	C8	60.0~61.5	0.03	1.4	0.03	1.6	0.01	0.7	2.04	96.4	0.07	3.7	2.11	100
	C9	73.5~75.5	0.06	2.1	0.10	3.5	0.05	1.8	2.58	92.7	0.21	7.4	2.99	93
D	D1	0~2.0	0.03	1.7	0.02	1.3	0.02	1.0	1.75	96.1	0.07	4.0	1.82	97
	D2	2.5~4.5	na[③]	nc[④]	na	nc	na	nc	na	nc	nc	nc	1.85	nc

剖面	样品	深度/cm	Tl_Exc 质量分数/(mg/kg)	Tl_Exc 占比/%	Tl_Fe/MnOx 质量分数/(mg/kg)	Tl_Fe/MnOx 占比/%	Tl_OM 质量分数/(mg/kg)	Tl_OM 占比/%	Tl_Res 质量分数/(mg/kg)	Tl_Res 占比/%	Tl_Labile① 质量分数/(mg/kg)	Tl_Labile① 占比/%	Tl_Total/(mg/kg)	R②/%
	D3	4.5~6.5	na	nc	na	nc	na	nc	na	nc	nc	nc	1.85	nc
	D4	9.0~11.0	na	nc	na	nc	na	nc	na	nc	nc	nc	1.81	nc
	D5	13.5~15.5	na	nc	na	nc	na	nc	na	nc	nc	nc	1.92	nc
D	D6	29.5~32.0	0.01	0.5	0.01	0.6	nd⑤	nc	1.73	98.9	0.02	1.1	2.02	87
	D7	44.5~46.5	na	nc	na	nc	na	nc	na	nc	nc	nc	1.71	nc
	D8	65.0~66.5	na	nc	na	nc	na	nc	na	nc	nc	nc	1.63	nc
	D9	75.5~77.5	nd	nc	0.01	0.5	nd	nc	1.75	99.4	0.01	0.5	1.83	96

注：① $Tl_{Labile} = Tl_{Exc} + Tl_{Fe/MnO_x} + Tl_{OM}$；②回收率，$R=[(Tl_{Exc} + Tl_{Fe/MnO_x} + Tl_{OM} + Tl_{Res})/Tl_{Total}]\times100\%$；③na 为未分析；④nc 为未计算；⑤nd 为未检测到

侯琳琳（2002）和王春梅（2007）对滥木厂污染土壤的研究表明，铊可能扩散到达 150 cm，甚至 250 cm 深处土壤中。由于侯琳琳采用的 7 步提取法，提取剂中 H^+ 反应消耗降低了体系的酸度，对铁锰氧化物结合态 Tl 提取不足，导致有机相和残余相中 Tl 的再分配现象（杨春霞 等，2005，2004）。而王春梅（2007）采用改进后 BCR 法的分析结果主要是铁锰结合相和残余相。由于侯琳琳和王春梅分析的土壤剖面样品太少，在 150 cm 深度上仅分上、中、下层分析，数据不完整，缺乏代表性；而且应用的 Tl 的分级提取法在技术和操作规范上不统一，数据重现性差，无法对比分析，难以获得有科学价值的信息，导致该研究区铊土壤环境化学研究进展停滞。根据广东云浮硫酸厂铊污染土壤剖面的研究结果（表 6.2；Yang et al.，2005；杨春霞，2004），滥木厂铊污染土壤从铊含量、污染深度和广度都更具有典型性和代表性，具有系统深入研究的价值。

因此对滥木厂典型铊污染土壤和沉积物剖面开展系统铊相态分析研究，对揭示铊在土壤中迁移扩散机理及迁移扩散速率和距离是非常有利的，这是铊污染影响土壤和地下水的关键科学问题。

6.2.3 高背景污染土壤中铊的化学形态分布特征

贵州黔西南滥木厂铊矿化区是世界上最为典型的富铊地区之一，源于富铊硫化物（红铊矿、雄黄、雌黄、辰砂等）自然风化及人类采矿活动影响，当地土壤、水体、沉积物和农作物中均高度富集铊，当地居民铊中毒现象曾经非常突出（陈永亨 等，2013；Sun et al.，2012；Xiao et al.，2012，2007，2004a，2004b，2004c，2003）。矿化区河水中 Tl 的质量浓度为 1~33 μg/L（Xiao et al.，2003），河流沉积物中铊质量分数为 14~53.1 mg/kg，平均质量分数为 30 mg/kg（Jia et al.，2013），可作为典型的铊污染沉积物。侯琳琳（2002）对滥木厂铊污染区土壤研究表明，21 个土壤样品中铊质量分数为 10.1~290.0 mg/kg。水体中 Tl 质量浓度为：矿坑水 46.5 μg/L、地下水 22.9 μg/L、地表溪流水 10.9 μg/L、泉水 9.1 μg/L。蔬菜中 Tl 质量分数为 1.48~25.30 mg/kg（7 个品种，10 个样品）。王春梅（2007）

对滥木厂污染区土壤研究资料表明：36 个土壤样品中铊质量分数为 1.3～130 mg/kg，平均为 33.2 mg/kg。所分析土壤样品剖面为 10～150 cm，在 150 cm 深样品中 Tl 质量分数高达 74.8 mg/kg，可能土壤中铊的纵向迁移污染是非常明显的。相较于广东云浮硫铁矿区采集的污染土壤剖面，一般在 20 cm 以下 Tl 含量已明显降低，这可能表明贵州滥木厂铊污染土壤更具有典型代表性。

贵州黔西南滥木厂汞铊矿区是目前全球确定的独立铊成矿矿床，也是自然高背景铊污染地区之一。该地区具有喀斯特地貌特征，西北海拔较高，东南海拔较低，平均海拔为 1 400 m，相对起伏为 100～200 m，气候温和潮湿，年降水量为 1 300～1 500 mm，平均气温为 14 ℃（肖唐付 等，2004）。滥木厂汞铊矿与低温热液成矿作用有关，主要的矿物有红铊矿（$TlAsS_2$）、斜硫汞铊矿（$TlHgAsS_3$）、硫砷铜铊矿（$Tl_6CuAs_{16}S_{40}$），铊也富含在硫化物矿中，如黄铁矿（FeS_2）、雌黄（As_2S_3）、雄黄（AsS）、朱砂（HgS）等（Xiao et al.，2004c）。贵州滥木厂汞铊矿区是世界首例报道的独立铊矿床，也是目前世界上诱发天然铊中毒的典型区域（张忠 等，1999）。滥木厂汞铊矿开采历史悠久，长达 350 多年，目前已停止开采利用。由于含铊矿露出山丘，加上矿山开发、矿渣的随意露天堆放，当地比较温湿的气候条件适宜矿物的风化淋溶，导致周边土壤铊污染严重（林景奋，2020）。

在滥木厂汞铊矿污染土壤区选取两种典型的铊污染土壤剖面，如图 6.2 所示。剖面 A（主要含铊矿渣污染土壤剖面）和剖面 B（主要含铊矿渣淋滤雨水污染土壤剖面）。剖面 B 在 0～99 cm 处每隔 3 cm 取一个样，在 99～159 cm 处每隔 5 cm 取一个样，共 45 个土壤样品。剖面 A 在 0～220 cm 每隔 10 cm 取一个样品，共 22 个。将土壤样品分开放入袋子中，总计 67 个土壤样品。样品编号和采集深度见表 6.3。将土壤样品分开在室温下风干至恒重，然后将其压碎，在玛瑙研钵中研磨成粉末，接着过 200 目筛，储存在干净、干燥、密封的样品罐（避免阳光暴晒），供后续分析使用。

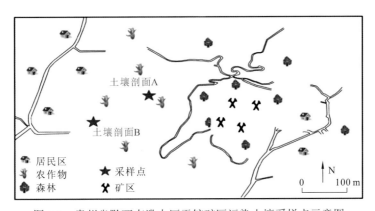

图 6.2 贵州省黔西南滥木厂汞铊矿区污染土壤采样点示意图

根据改进的铊 BCR 法提取剖面 A 和剖面 B 中不同化学形态的 Tl，其质量分数和占比结果如表 6.4～表 6.5（林景奋，2020）和图 6.3～图 6.6 所示。根据图表可知两种土壤剖面中的 Tl 主要集中在可还原态（F2）和残余态（F4）中，酸可交换态（F1）和可氧化态（F3）的 Tl 较少。从图 6.3～图 6.6 可明显看出两种不同土壤剖面，Tl 的化学形态分布有明显的区别，这与 Tl 的来源及土壤矿物、土壤 pH、总有机碳（total organic carbon，TOC）等理化性质等有关。

表 6.3 贵州省黔西南滥木厂汞铊矿区污染土壤采样点编号及深度

样品编号	A1	A2	A3	A4	A5	A6	A7	A8	A9	A10	A11	A12
深度/cm	0~10	10~20	20~30	30~40	40~50	50~60	60~70	70~80	80~90	90~100	100~110	110~120
样品编号	A13	A14	A15	A16	A17	A18	A19	A20	A21	A22	B1	B2
深度/cm	120~130	130~140	140~150	150~160	160~170	170~180	180~190	190~200	200~210	210~220	0~3	3~6
样品编号	B3	B4	B5	B6	B7	B8	B9	B10	B11	B12	B13	B14
深度/cm	6~9	9~12	12~15	15~18	18~21	21~24	24~27	27~30	30~33	33~36	36~39	39~42
样品编号	B15	B16	B17	B18	B19	B20	B21	B22	B23	B24	B25	B26
深度/cm	42~45	45~48	48~51	51~54	54~57	57~60	60~63	63~66	66~69	69~72	72~75	75~78
样品编号	B27	B28	B29	B30	B31	B32	B33	B34	B35	B36	B37	B38
深度/cm	78~81	81~84	84~87	87~90	90~93	93~96	96~99	99~104	104~109	109~114	114~119	119~124
样品编号	B39	B40	B41	B42	B43	B44	B45					
深度/cm	124~129	129~134	134~139	139~144	144~149	149~154	154~159					

表 6.4　污染土壤剖面 A 中 Tl 化学形态分布

样品	深度 /cm	F1 质量分数 /(mg/kg)	F1 占比 /%	F2 质量分数 /(mg/kg)	F2 占比 /%	F3 质量分数 /(mg/kg)	F3 占比 /%	F4 质量分数 /(mg/kg)	F4 占比 /%	Tl$_{Labile}$ 质量分数 /(mg/kg)	Tl$_{Labile}$ 占比 /%	F_{Sum} /(mg/kg)	F_{Total} /(mg/kg)	回收率/%
A1	0～10	0.64	0.90	27.0	37.8	6.32	8.85	37.5	52.5	34.0	47.6	71.5	77.1	92.7
A2	10～20	0.69	0.78	34.8	39.0	7.93	8.90	45.7	51.3	43.4	48.7	89.1	98.6	90.4
A3	20～30	0.66	0.74	37.0	41.1	7.41	8.22	45.0	50.0	45.1	50.1	90.1	95.1	94.7
A4	30～40	0.78	0.45	81.4	46.7	14.6	8.37	77.7	44.5	96.8	55.5	174.5	180.6	96.6
A5	40～50	1.49	0.69	104.0	48.4	15.6	7.26	93.7	43.6	121.1	56.4	214.8	236.7	90.7
A6	50～60	2.03	0.58	189.0	53.9	22.3	6.36	137.0	39.1	213.3	60.8	350.3	375.2	93.4
A7	60～70	1.59	0.59	151.0	55.7	16.7	6.15	102.0	37.6	169.3	62.4	271.3	298.5	90.8
A8	70～80	0.48	0.27	83.2	47.6	12.0	6.84	79.1	45.3	95.7	54.7	174.8	191.9	91.1
A9	80～90	0.89	1.62	18.6	33.7	2.63	4.76	33.0	59.9	22.1	40.1	55.1	59.4	92.8
A10	90～100	2.01	1.20	105.0	62.9	9.57	5.72	50.4	30.2	116.6	69.8	167.0	182.7	91.4
A11	100～110	1.94	1.21	100.0	62.3	8.71	5.42	49.8	31.0	110.7	69.0	160.5	173.9	92.3
A12	110～120	1.65	2.58	17.9	28.0	1.18	1.85	43.2	67.6	20.7	32.4	63.9	67.2	95.1
A13	120～130	1.87	3.61	9.97	19.3	1.52	2.94	38.4	74.2	13.4	25.9	51.8	56.7	91.3
A14	130～140	1.84	3.50	7.03	13.4	0.60	1.14	43.1	82.0	9.5	18.0	52.6	51.3	102.5
A15	140～150	1.78	3.27	7.73	14.2	1.36	2.51	43.5	80.0	10.9	20.0	54.4	52.0	104.6
A16	150～160	1.68	3.33	8.51	16.9	1.48	2.94	38.8	76.9	11.7	23.2	50.5	55.4	91.1
A17	160～170	1.99	4.02	7.56	15.2	1.79	3.60	38.3	77.2	11.3	22.8	49.6	54.4	91.3
A18	170～180	2.11	3.93	8.24	15.3	2.24	4.18	41.1	76.6	12.6	23.4	53.7	59.5	90.2
A19	180～190	2.25	4.06	13.33	24.0	2.56	4.62	37.4	67.3	18.1	32.7	55.5	58.4	95.1
A20	190～200	1.57	3.46	7.13	15.7	2.31	5.09	34.4	75.8	11.0	24.3	45.4	48.7	93.2
A21	200～210	1.71	3.22	7.79	14.7	2.15	4.04	41.5	78.1	11.7	22.0	53.1	51.9	102.4
A22	210～220	1.60	2.99	9.12	17.0	1.39	2.58	41.6	77.5	12.1	22.6	53.7	53.0	101.3

注：F1 为酸可交换态，F2 为可还原态，F3 为可氧化态，F4 为残余态，Tl$_{Labile}$ 为活动态，F_{Sum} 为 F1、F2、F3、F4 之和，F_{Total} 为总 Tl 含量，回收率＝（F_{Sum}/F_{Total}）×100%，后同

表 6.5　污染土壤剖面 B 中 Tl 化学形态分布

样品	深度 /cm	F1 质量分数 /(mg/kg)	F1 占比 /%	F2 质量分数 /(mg/kg)	F2 占比 /%	F3 质量分数 /(mg/kg)	F3 占比 /%	F4 质量分数 /(mg/kg)	F4 占比 /%	Tl$_{Labile}$ 质量分数 /(mg/kg)	Tl$_{Labile}$ 占比 /%	F_{Sum} /(mg/kg)	F_{Total} /(mg/kg)	回收率/%
B1	0～3	3.37	7.7	18.6	42.5	2.33	5.3	19.5	44.5	24.3	55.5	43.7	39.3	111.5

样品	深度/cm	F1 质量分数/(mg/kg)	F1 占比/%	F2 质量分数/(mg/kg)	F2 占比/%	F3 质量分数/(mg/kg)	F3 占比/%	F4 质量分数/(mg/kg)	F4 占比/%	Tl_{Labile} 质量分数/(mg/kg)	Tl_{Labile} 占比/%	F_{Sum}/(mg/kg)	F_{Total}/(mg/kg)	回收率/%
B2	3～6	3.56	7.7	20.7	44.7	2.68	5.8	19.4	41.9	26.9	58.1	46.3	44.1	105.1
B3	6～9	4.13	7.7	21.7	40.3	2.51	4.7	25.5	47.4	28.3	52.6	53.9	45.4	118.6
B4	9～12	4.53	7.8	21.4	36.7	2.44	4.2	29.9	51.3	28.4	48.7	58.3	49.1	118.7
B5	12～15	4.47	8.4	19.2	36.0	2.49	4.7	27.2	51.0	26.2	49.0	53.3	44.8	119.1
B6	15～18	4.12	8.2	18.0	36.0	2.33	4.7	25.6	51.1	24.5	48.9	50.0	49.9	100.3
B7	18～21	4.08	7.0	19.2	32.8	2.62	4.5	32.7	55.8	25.9	44.2	58.6	54.1	108.3
B8	21～24	4.29	7.3	18.7	31.7	4.09	6.9	31.9	54.1	27.1	45.9	58.9	52.3	112.8
B9	24～27	5.28	8.7	18.6	30.8	4.53	7.5	32.0	53.0	28.4	47.0	60.3	51.6	117.1
B10	27～30	6.37	10.6	17.6	29.4	4.60	7.7	31.3	52.3	28.6	47.7	59.8	56.2	106.5
B11	30～33	6.66	11.5	16.3	28.3	5.41	9.4	29.3	50.8	28.4	49.2	57.7	50.5	114.2
B12	33～36	3.25	6.9	17.9	37.8	1.66	3.5	24.5	51.8	22.8	48.2	47.3	41.5	114.0
B13	36～39	2.49	5.8	16.5	38.5	1.81	4.2	22.1	51.5	20.8	48.5	42.8	46.5	92.3
B14	39～42	2.67	5.6	18.4	38.3	1.71	3.6	25.2	52.5	22.8	47.5	48.0	45.9	104.5
B15	42～45	2.57	5.5	20.1	42.7	0.64	1.4	23.8	50.5	23.3	49.5	47.1	47.4	99.4
B16	45～48	3.00	6.4	19.4	41.1	0.48	1.0	24.3	51.5	22.9	48.5	47.2	51.4	91.8
B17	48～51	3.21	6.9	18.8	40.6	0.53	1.1	23.8	51.4	22.5	48.6	46.3	49.4	93.8
B18	51～54	3.18	7.0	18.4	40.4	1.01	2.2	23.0	50.4	22.6	49.6	45.5	50.1	91.0
B19	54～57	4.55	9.8	19.2	41.5	1.26	2.7	21.3	46.0	25.0	54.0	46.3	51.2	90.4
B20	57～60	4.18	9.1	19.4	42.0	1.47	3.2	21.1	45.7	25.1	54.3	46.2	49.4	93.4
B21	60～63	5.04	9.5	21.9	41.4	2.40	4.5	23.5	44.5	29.3	55.5	52.8	52.5	100.6
B22	63～66	6.51	12.0	23.4	43.3	2.62	4.8	21.5	39.8	32.5	60.2	54.1	56.7	95.3
B23	66～69	6.03	11.2	22.4	41.5	2.41	4.5	23.1	42.8	30.8	57.2	53.9	54.2	99.5
B24	69～72	6.27	12.4	23.3	45.9	0.79	1.6	20.4	40.2	30.4	59.8	50.8	50.8	99.9
B25	72～75	6.99	13.9	22.2	44.1	0.49	1.0	20.7	41.1	29.7	58.9	50.4	49.4	102.0
B26	75～78	7.53	14.0	23.5	43.8	0.65	1.2	22.0	41.0	31.7	59.0	53.6	50.8	105.7
B27	78～81	9.42	13.8	21.0	30.8	5.64	8.3	32.1	47.1	36.1	52.9	68.1	60.4	112.8
B28	81～84	9.79	14.2	23.8	34.4	6.41	9.3	29.1	42.1	40.0	57.9	69.1	58.7	117.7
B29	84～87	10.5	15.0	24.4	34.8	6.52	9.3	28.7	40.9	41.4	59.1	70.0	63.2	110.9
B30	87～90	10.5	15.0	24.5	35.1	6.73	9.6	28.1	40.2	41.7	59.8	69.8	65.4	106.8

样品	深度 /cm	F1 质量分数 /（mg/kg）	F1 占比 /%	F2 质量分数 /（mg/kg）	F2 占比 /%	F3 质量分数 /（mg/kg）	F3 占比 /%	F4 质量分数 /（mg/kg）	F4 占比 /%	Tl$_{Labile}$ 质量分数 /（mg/kg）	Tl$_{Labile}$ 占比 /%	F_{Sum} /（mg/kg）	F_{Total} /（mg/kg）	回收率/%
B31	90～93	11.6	14.9	23.1	29.7	6.39	8.2	36.8	47.2	41.1	52.8	77.8	66.9	116.4
B32	93～96	11.1	14.4	24.8	32.2	6.47	8.4	34.6	45.0	42.4	55.0	76.9	66.4	115.9
B33	96～99	11.4	15.2	24.5	32.7	6.17	8.2	32.9	43.9	42.1	56.1	74.9	66.8	112.2
B34	99～104	10.9	15.6	22.4	32.1	6.21	8.9	30.2	43.3	39.5	56.7	69.7	60.6	115.0
B35	104-109	12.0	18.7	19.0	29.6	5.66	8.8	27.6	43.0	36.7	57.0	64.2	65.2	98.6
B36	109～114	9.57	17.8	14.8	27.5	5.23	9.7	24.2	45.0	29.6	55.0	53.8	54.6	98.5
B37	114～119	9.83	19.4	13.3	26.2	4.99	9.8	22.6	44.6	28.1	55.4	50.7	48.1	105.4
B38	119～124	10.8	26.2	12.1	29.3	4.84	11.7	13.5	32.7	27.7	67.3	41.2	42.3	97.5
B39	124～129	11.6	26.4	14.5	32.9	5.11	11.6	12.8	29.1	31.2	70.9	44.0	48.5	90.7
B40	129～134	12.7	29.6	14.3	33.4	5.24	12.2	10.6	24.7	32.2	75.3	42.8	44.4	96.5
B41	134～139	12.5	29.1	12.9	30.0	5.29	12.3	12.3	28.6	30.7	71.4	42.9	38.2	112.5
B42	139～144	7.72	14.9	14.9	28.7	2.22	4.3	27.1	52.2	24.8	47.8	51.9	48.2	107.8
B43	144～149	6.93	14.3	14.3	29.6	2.04	4.2	25.1	51.9	23.3	48.1	48.4	45.1	107.3
B44	149～154	6.75	14.2	14.8	31.1	1.78	3.7	24.3	51.0	23.3	49.0	47.6	44.6	106.8
B45	154～159	8.02	14.9	12.9	24.0	8.56	15.9	24.3	45.2	29.5	54.8	53.8	47.5	113.2

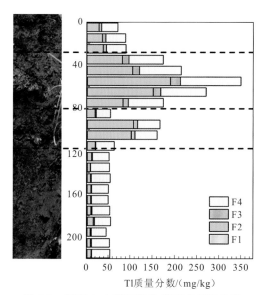

图 6.3　剖面 A 中铊污染化学形态质量分数

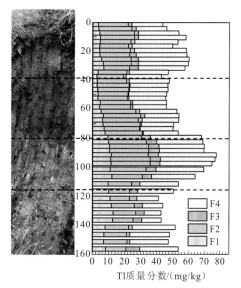

图 6.4　剖面 B 中铊污染化学形态质量分数

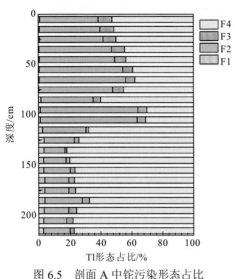

图6.5 剖面A中铊污染形态占比　　　　　图6.6 剖面B中铊污染形态占比

1. 酸可交换态

在土壤剖面A中，F1质量分数为0.48～2.25 mg/kg（0.3%～4.1%），平均值为1.51 mg/kg（2.14%）。在土壤剖面B中，F1质量分数为2.49～12.7 mg/kg（5.5%～29.6%），平均值为6.93 mg/kg（12.7%）。F1主要是以碳酸盐共沉淀、表面静电吸附等方式存在于土壤中，以Tl(I)形式存在，并可被生物吸收（Yang et al.，2005）。F1受土壤pH的影响较大，在酸性土壤中容易释放，然后易被土壤中的铁锰氧化物吸附共沉淀或进入硅酸盐等黏土矿物的晶格夹层中被固定下来，从而发生迁移转化，F1是最活动态，这也是导致剖面A和剖面B中F1占比都较低的直接原因。剖面B中F1的含量整体高于剖面A，说明受含Tl矿渣淋滤雨水污染的土壤中的Tl比含Tl矿渣污染土壤具有更强的活动性，剖面A中相当量的Tl赋存于矿渣中，迁移性较弱。

由图6.3和图6.5可知，在剖面A中，F1含量在土壤表层较低，之后随着深度增加，含量和占比都有所升高，在剖面底部220 cm处Tl质量分数高达1.6 mg/kg（3.0%），说明整个剖面F1呈现出上升的趋势。这种变化趋势可能与在40～70 cm和90～110 cm处观察到的含Tl硫化物有关，硫化物中的Tl在酸性土壤中会被释放并往下迁移，且剖面A下层土壤pH降低，导致F1含量有所升高。通过SPSS软件计算分析相关性，F1含量与土壤pH呈负相关（相关系数$R=-0.55$），说明酸性越强，F1的比例越大。在酸性条件下，一方面Tl与碳酸盐共沉淀易发生分解，重新释放Tl^+，另一方面黏土矿物和氧化物等土壤矿物羟基化表面可被大量的H^+或其他金属离子饱和，引起Tl的吸附能力减弱，导致F1含量降低（金昭贵和周明忠，2013）。由图6.4和图6.6可知，在土壤剖面B中，F1含量在土壤上层和下层较低，在80～140 cm处最高，质量分数为9.57～12.7 mg/kg，呈现出两端较低，中间高变化趋势。与剖面A相比，剖面B中的F1含量也与土壤pH呈较显著的负相关（$R=-0.71$），说明土壤pH对剖面B中F1的影响更大，这可能是由于剖面B中的Tl主要是含Tl矿渣经雨水淋滤作用，以Tl^+的形式迁移转化。此外，80～140 cm处F1明显增加，F3也明显增加，说明这部分有机质对Tl的转化起着重要作用。

但 F2 却明显减少，很可能 Tl 的迁移过程中，除了以 Tl^+ 迁移，Tl^{3+} 以有机态迁移，并在土壤中固定。尤其 B35 后样品有机质含量明显降低了，但是 F3 值却稳定升高。这较合理地解释了这部分 F1 和 F3 明显升高，F2 明显降低，特别是 F1 向下明显升高的趋势，这是对 Tl 的化学形态迁移转化的全新认识。

2. 可还原态

在土壤剖面 A 中，F2 质量分数为 7.03～189 mg/kg（13.4%～62.9%），平均值为 47.1 mg/kg（32.9%）。在土壤剖面 B 中，F2 质量分数为 12.1～24.8 mg/kg（24.0%～45.9%），平均值为 19.1 mg/kg（35.5%）。可见，两种土壤剖面中铁锰氧化物吸附了大量的 Tl，导致 F2 含量较高，与扫描电镜能谱（scanning electron microscope-energy dispersive spectrometer, SEM-EDS）分析观察到 Tl 在含 Fe/Mn 颗粒物上富集的结果相符。文献报道认为 Tl 污染土壤中可还原态通常被认为是保留 Tl 的主要宿主/固定在土壤中（Gomez-gonzalez et al., 2015；Grösslová et al., 2015），与研究的结果有相同的规律。根据 XRD 分析结果可知，两种土壤剖面 Mn 含量都较少，可推测这两种土壤剖面中，Tl 转化进入可还原态中起到更重要作用的是铁氧化物（氢氧化物）（林景奋，2020）。

由图 6.3 和图 6.5 可知，在土壤剖面 A 中，F2 含量和占比都呈现出先升高后降低的趋势，这与随着土壤深度，Tl 污染程度降低有关。值得注意的是在 A7 和 A10 两处，F2 的占比出现峰值，分别为 55.7% 和 62.9%，超过了 F4，说明滥木厂汞铊矿区硫化物矿中的 Tl 主要富集在 F2。有研究表明富含 Tl 的硫化物矿物的风化过程可能会导致 Fe 和 Mn 氧化物含量升高（Xiao et al., 2004b），XRD 的结果也显示了剖面 A 存在赤铁矿（Fe_2O_3），故在酸性土壤剖面 A 中，含 Tl 硫化物中释放 Tl(I)，然后被 Fe 氧化物（氢氧化物）吸附，从而发生转化并进入 F2 中。由图 6.4 和图 6.6 可观察到 F2 含量在剖面 B 中呈先下降再上升最后下降的趋势，这与剖面 B 中 Fe 氧化物（氢氧化物）的含量分布有关。通过 XRD 结果可知在 B19、B23 和 B25 这几个样品中有较高含量的赤铁矿，同时 F2 在 B19～B25 的占比较高且出现峰值，为 41.4%～45.9%，表明土壤中赤铁矿可能在剖面 B 中对 F2 起到关键作用。相关研究也已证实铁氧化物（氢氧化物）对 Tl 的保留或吸附具有重要作用，如针铁矿和水铁矿（Liu et al., 2019b；Liu et al., 2011；Li et al., 2005）。淡水系统中依赖光的铁循环和/或微生物过程可能会促进 Tl(I) 转化为 Tl(III) 的表面氧化，并随后吸附/沉淀到颗粒/胶态铁（氢）氧化物上。也有人提出，依赖光的铁循环和微生物过程可以促进 Tl(I) 氧化和吸附/沉淀到胶体或颗粒状铁（氢）氧化物上，从而发生迁移转化，提高可还原态的 Tl 含量（Liu et al., 2019b；Voegelin et al., 2015）。另外，F2 除向残余态转化外，如前所述还有可能以有机态迁移并向 F3 转化，整体上 F2 含量有向下降低趋势。

3. 可氧化态

在土壤剖面 A 中，F3 质量分数为 0.6～22.3 mg/kg（1.1%～8.9%），平均值为 6.47 mg/kg（5.10%）。在土壤剖面 B 中，F3 质量分数为 0.48～8.56 mg/kg（1.0%～15.9%），平均值为 3.50 mg/kg（6.23%）。可见两种剖面中 F3 都较低，与文献报道的类似，如西里西亚-克拉科夫锌铅矿床区的东南部土壤 F3 占比为 12%（Jakubowska et al., 2007）；墨西哥矿区土壤中 F3 占比为 0.50%～8.07%（Cruz-Hernández et al., 2018）；广东韶关市铅锌

冶炼历史受影响地区沉积物中的 F3 占比为 10.4%～20.3%（Liu et al.，2018）。这部分的 Tl 主要与土壤有机质或残留硫化物含量有关。

由图 6.3 和图 6.5 可知，F3 在剖面 A 中有下降的趋势，这种趋势与剖面 A 中 SO_3 和 TOC 含量的分布相似，由相关性计算分析，发现 F3 与 SO_3 和 TOC 呈正相关，相关系数分别为 0.60 和 0.49，表明 SO_3 和 TOC 可能是影响 F3 在剖面 A 分布的主要因素。因为土壤有机质中的极性基团如羟基、羧基等使土壤表面带有大量的负电荷，以对 Tl^+ 的静电吸附增强；也可以与 Tl^+ 络合形成稳定的化合物（李祥平 等，2012）。此外，剖面 A 土壤中金属硫化物如 ZnS、PbS、FeS、CuS 和 Fe/As 硫化物等，具有结合 Tl 的吸附位点（Liu et al.，2019b；Karbowska，2016；Karbowska et al.，2014）。由图 6.4 和图 6.6 观察到 F3 在剖面 B 中没有明显的变化趋势，但是在 80～140 cm 处 F3 明显地增加，前面已有论述，说明这部分有机质对 Tl 的转化起着重要作用。土壤中已转化的可还原态 Tl^{3+} 可能以有机态迁移，并在土壤中固定。尤其 B35 后样品有机质含量明显降低了，但是 F3 值却稳定升高。

4. 残余态

在土壤剖面 A 中，F4 质量分数为 33.0～137.0 mg/kg（30.2%～82.0%），平均值为 54.2 mg/kg（60.0%）。在土壤剖面 B 中，F4 质量分数为 10.6～36.8 mg/kg（24.7%～55.8%），平均值为 24.9 mg/kg（45.6%）。可见，土壤剖面 A 和剖面 B 中 F4 较多，这部分的 Tl 在自然环境下是稳定存在的，很难被释放出来且不易被吸收转化。剖面 A 中 F4 含量明显高于剖面 B，这可能是两种剖面中 Tl 的来源不同导致的，剖面 B 中的铊主要是含 Tl 矿经雨水淋滤作用产生的 Tl^+，容易迁移转化，具有更高的活动性。

由图 6.5 和图 6.6 可知，土壤剖面 A 和剖面 B 中 F4 的分布表明活动态 Tl 向稳定态 Tl 的转化是"快速"达到平衡的。土壤中残余态 Tl 的分布主要与硅酸盐含量有关，Liu 等（2020a）研究发现了土壤中 Tl 与 Al_2O_3、SiO_2 结合的可能性，并表明硅铝酸盐含量可能会影响 Tl 向残余态转化。通过 XRD 结果可知，两种土壤剖面的硅酸盐矿物主要有蒙脱石、高岭石、伊利石。有研究表明重金属离子可通过络合作用被吸附在这些硅酸盐矿物中，或者重金属离子通过离子交换、晶格置换方式进入矿物晶格夹层中被固定下来（Aguilar-carrillo et al.，2018）。尤其是伊利石，由于 Tl^+ 与 K^+ 具有类似的离子半径，且 Tl^+ 具有更大的电负性，可以较容易地取代伊利石中的 K^+，从而导致 F4 的增加（Vaněk et al.，2011）。此外，黄钾铁矾对土壤中重金属离子可通过置换和吸附的方式固定重金属，也可导致土壤中 Tl 从 F1 向 F4 转化，剖面 A 的 2 个 Tl 分布峰就是黄钾铁矾形成的结果。Voegelin 等（2015）证明了 Tl^+ 可进入黄钾铁矾和伊利石结构中，从而转化为残余态稳定下来。也有研究表明 F1 被铁锰氧化物表面吸附或被氧化成 Tl_2O_3 后，Tl 可能会从 F2 向 F4 转化，这也影响土壤中 F4 的分布，从而降低 Tl 在土壤中的迁移性（Liu et al.，2020a）。

5. 铊的活动态

根据改进 BCR 法，酸可交换态、可还原态和可氧化态总和为活动态（Tl_{Labile}）（Grösslová et al.，2015；Yang et al.，2005），这部分的 Tl 容易受环境的影响被重新释放、迁移转化、具有较高的迁移性和生物利用性，最终通过食物链在人体富集（Liu et al.，2018）。土壤剖面 A 中 Tl_{Labile} 的质量分数为 9.5～213.3 mg/kg（18.0%～69.8%），平均值为 55.1 mg/kg（40.1%）。剖面 B 中，Tl_{Labile} 的质量分数为 20.8～42.4 mg/kg（44.2%～75.3%），平均值为 29.6 mg/kg（54.4%），均远远高于中国农业土壤标准值（1 mg/kg）；Tl_{Labile} 占比为 75.3% 的样品（B40）有较高含量的赤铁矿，且 pH 较低，说明在较低 pH 的土壤中，铁氧化物对 Tl 的吸附提高了 Tl_{Labile} 含量分布。一般来说，未受污染的自然土壤，残余态的 Tl 在 95% 以上，说明这两种土壤剖面中 Tl 具有很高的迁移活动性，在土壤剖面底部继续往下还可以迁移转化，容易造成地下水污染。相对于剖面 A，剖面 B 中 Tl_{Labile} 的平均占比较高，而平均质量分数低，说明土壤中 Tl_{Labile} 主要与土壤中 Tl 的来源和污染程度影响有关。结合上面的讨论分析，这部分的 Tl 在土壤中的迁移转化受土壤 pH、TOC、铁锰氧化物、铝硅酸盐等矿物影响较大。提高土壤 pH 可减弱土壤中 Tl 的活动性。土壤中大量的伊利石、蒙脱石和黄钾铁矾等矿物可将 Tl_{Labile} 向残余态转化，降低 Tl 的迁移活动性，促进 Tl 的固化（林景奋，2020）。

6.3 污染土壤中铊化学形态的迁移和转化

铊是易淋滤元素，含铊岩石和硫化物矿床在次生氧化作用下向环境中释放大量铊。含铊黄铁矿的苹果酸淋滤实验证明铊的迁移速度较快（Zhang and Zhang，1996）。铊在流体中可能呈氯、硫、砷配合物迁移，$TlCl_4^-$ 是铊在水溶液中迁移富集的主要形式之一（龙江平，1995）。水流经土壤铊便在土壤中迁移和转化。铊在土壤中的迁移主要是由铊的赋存形态和土壤的理化性质决定的。土壤中主要有水溶态、有机质结合态、硫化物结合态和硅酸盐结合态的铊存在（Lehn and Schoer，1987）。水溶态的铊在土壤溶液中以 Tl^+、Tl^{3+} 和 $[TlCl_4]^-$ 等卤素配合物及 SO_4^{2-}、AsO_2^- 的配合物形式存在（张兴茂，1998；张宝贵 等，1997），并且水溶态的铊可直接被植物吸收，容易淋溶进入土壤深层或随淋溶液迁移；硫化物结合态的铊易氧化分解，释放出可交换性的铊，并发生迁移；而硅酸盐结合态的铊被嵌入 SiO_4 四面体晶格中，在土壤中迁移能力最小。但在特定条件（酸度、温度、氧化还原条件适宜）下，非水溶态存在的铊也可向深层土壤或地下水活化迁移（龙江平 等，1994）。土壤中可交换铊的比例随土壤粒径的减小而明显上升（张兴茂，1998），而铊从水体或灰尘进入土壤后，其活动性会大大降低（Cataldo and Wildung，1978）。杨春霞等（2004）对土壤铊迁移的影响因素进行了研究，结果表明土壤 pH 是影响铊迁移的主要控制因素。在碱性土壤中，土壤表面的可交换位点、碳酸钙、铁锰氧化物对铊有较强的吸附能力，且吸附能力随土壤 pH 的升高而增强；在酸性土壤中，铁氧化物和有机质对铊有较强的吸附能力，土壤表面可交换位点、碳酸盐、锰氧化物对铊的吸附能力随土壤酸性的增强而迅速减弱。可见，改变土壤酸碱性可在一定程度上控制土壤中铊的迁移活性，从而在一定程度上起到治理土壤铊污染的效果。

Tl 在土壤中的化学形态分布及其形态转化是研究 Tl 污染土壤修复治理的关键，也是国内外学者近年来的研究热点。Vaněk 等（2010）研究表明 Tl 可从活动态向残余态转化，土壤中的锰氧化物、伊利石和碳酸盐是影响 Tl 迁移转化的重要影响因素。Vaněk 等（2011）在受污染的土壤中施用水钠锰矿（-MnO_2），结果发现可以有效地将 Tl 从酸可交换态转化为可还原态，并通过植物实验表明添加水钠锰矿降低 Tl 在植物体内的富集程度是因为 MnO_2 对 Tl 具有很强的亲和力，可以将 Tl(I)氧化成 Tl(III)并生成 Tl_2O_3，吸附或沉淀在其表面上。另外，天然有机质中的腐殖质是土壤中重要的络合剂，与 Tl(I)络合形成稳定的化合物，从而增强其吸附固持能力（Voegelin et al.，2015；李祥平 等，2012）。使用基于同步加速器的微聚焦 X 射线荧光光谱（micro-X-ray fluorescence，μ-XRF）和 X 射线吸收光谱（micro-X-ray absorption spectroscopy，μ-XAS）分析土壤中 Tl 的形态，证明了 Tl(I)可进入黄钾铁矾和伊利石结构中，从而转化为残余态稳定下来。Vaněk 等（2015）研究了富含 Tl 闪锌矿在两种农业土壤的稳定性，发现 Tl 从硫化物释放出来后，可能会迅速进入硅酸盐结构中或者被铁锰氧化物吸附，从而导致 Tl 主要集中在残余态和可还原态。Aguilar-Carrillo 等（2018）分析了富含 Tl 硫化物矿区土壤中 Tl 的化学形态特征，表明 Tl 主要集中在酸可交换态和可还原态，分别与可溶性和非晶性铁锰氧化物有关。

污染土壤中 Tl 的化学形态分布及形态间的转化主要受土壤 pH、有机质、铁锰氧化物、碳酸盐、伊利石等硅酸盐的影响，还与土壤中 Tl 污染程度相关，与土壤氧化还原电位（soil redox potential，Eh）、氯化物、硫酸盐、溶解无机碳（dissolved inorganic carbon，DIC）呈正相关，与溶解有机碳（dissolved organic carbon，DOC）、Fe、Mn 呈负相关（Jacobson et al.，2005；Yang et al.，2005；Wang et al.，2004；Xiao et al.，2004a；Martin and Kaplan，1998；颜文 等，1998）。Tl 具有亲石和亲硫的双重地球化学特征，在土壤矿物相固定 Tl 的过程中首先是伊利石黏土和锰氧化物的吸附作用（Jacobson et al.，2005）。同时，土壤铁氧化物胶体及有机质也是土壤对 Tl 产生吸附的主要载体（刘敬勇 等，2009）。腐殖酸具有的络（螯）合能力和胶体特性可使土壤中酸可溶态 Tl 含量下降，铁锰氧化物结合态和有机态 Tl 含量上升（邓红梅和陈永亨，2010）。同样，高的铝铁氧化物、风化的黏土矿物和有机质含量，与低的阳离子交换量的土壤表现出对 Tl 的高吸附能力，也可使土壤中 Tl 的生物有效性（水溶态和可交换态 Tl）降低（Martin and Kaplan，1998）。人为源和自然源 Tl 在土壤中有着不同的赋存形态，广东云浮背景区土壤中98%的 Tl 以残渣态形式存在。而在人为源 Tl 污染区，Tl 显著地结合进入环境不稳定相态（铁锰氧化物、硫化物和有机质结合态存在的 Tl 同水溶态和可交换态 Tl 一起被称为"环境不稳定相态"Tl）（Yang et al.，2005）。不同的土壤类型其形态分级也不同，火山灰土中铁锰氧化物结合态 Tl 包含了结合在无定形黏土中的 Tl，使得其形态分级不同于富含碳酸盐的碱性土壤和石灰土（Wang et al.，2004）。除上述因素外，土壤 pH 是影响土壤表面可交换位点及土壤铁锰氧化物、有机质、黏土矿物、硫化物固定 Tl 能力的重要因素。土壤铁锰氧化物、有机质、黏土矿物、硫化物固定 Tl 的能力可随土壤 pH 的变化显著改变（Yang et al.，2005）。Liu 等（2011）通过实验验证了随着 pH 升高，Tl(I)在针铁矿、软锰矿和沉积物上的吸附量升高。垂向上，各土层中的含铊量存在差异，通常表土的含铊量较高，深层土壤与土壤下伏的基岩中含铊量低（陈永亨 等，2001；颜文 等，1998）。

铊是一个变价元素，不同化学形态具有不同的性质，对环境和人体的影响也不同，因此定性和定量测定铊在环境中的化学形态是铊环境影响评价及分析其在环境中迁移转化规律的重要依据（图 6.7）。铊在自然界中存在两种价态，Tl^+ 和 Tl^{3+}。根据自由离子理论，Tl^{3+} 的毒性要比 Tl^+ 强 50 000 倍，但在环境 pH 范围内 Tl^{3+} 主要以低溶解度 $Tl(OH)_3$ 存在，生物有效性要比 Tl^+ 低（Ralph and Twiss，2002）。Tl^{3+}/Tl^+ 电对的标准氧化还原电位为 1.28 V，Tl⁺只有在较强的氧化剂（如溴水和 MnO_2 等）作用下才能氧化成 Tl^{3+}。根据铊的 Eh-pH 图（Vink，1998），在自然界中，铊多以 Tl^+ 形式存在，只有在少数的情况下以 Tl^{3+} 形式存在。Tl 的形态分析有利于人们了解 Tl 对生物体起毒害作用的主要部分，由此更明确地控制 Tl 的主要地球化学形态，以更加有效、快速、低成本地降低 Tl 在环境中的毒性。

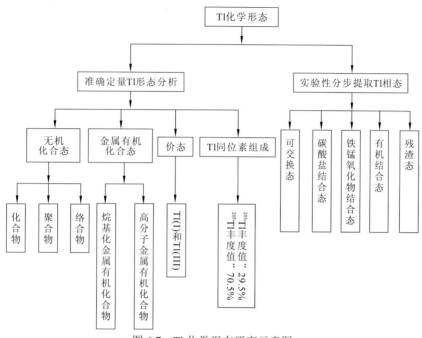

图 6.7　Tl 化学形态研究示意图

　　土壤中重金属的相态分析主要的方法有 Tessier 提出的五步法，Kersten 提出的分级提取法和原欧盟共同体参考物质局制定的标准三步分级提取法（BCR 法）。BCR 法较 Tessier 法和 Kersten 法简单易操作，可重现性强，但标准 BCR 法存在重分配现象和提取剂的选择问题等争议，且对铊的形态分析实例很少。杨春霞等（2005）在 BCR 法的基础上对提取体系的 pH、温度、提取剂浓度做出了改进，建立了一个较为完善的土壤 Tl 化学形态分级提取法，改进的 BCR 法更适用于 Tl 的化学形态分析。任加敏（2019）用改进的 BCR 分级提取法研究了贵州滥木厂铊矿区污染土壤中 Tl 的地球化学形态特征，进一步验证了该方法的可行性。此外，样品的粒度对捕捉颗粒物中 Tl 赋存信息有重要的影响，选择自然粒度样品筛分后提取 Tl 的相态能较好地反映样品中 Tl 赋存原貌。

　　利用有效态来评价土壤重金属污染更能凸显出对植物的危害，直观地了解土壤的污染情况，对生态系统及农业生产具有重要意义（冯素萍 等，2009；陈飞霞和魏世强，2006）。化学提取法是目前最广泛应用于评价重金属有效性的方法（陈德，2016）。化学提取法的原理是根据重金属在土壤中的不同对应形态及相应的生物有效性，通过化学试剂或者试剂组合进行分离测试；但是通过化学提取法所提取的量并非等于生物有效性，而是需要对生物有效性进行统计分析后来衡量（关天霞 等，2011）。如高春柏（2020）在对 Tl 污染的小白菜土壤样品研究中，采用 BCR 法提取 Tl，对生物有效态 Tl 进行分析。陈玉福和陈谦（2021）在对铅锌尾矿库周边土壤迁移转化的研究中，以 DTPA 为浸提剂，利用形态分布数据的统计学回归分析对土壤 Tl 进行有效性分析。

6.3.1 污染土壤中铊化学形态的转化

通过对不同污染土壤中铊化学形态分析（表 6.6），非铊污染土壤中，背景土壤铊主要以残余态存在，其占比为 95% 以上（表 6.2）；在含铊风化矿渣污染土壤中，铊质量分数为 104～334 mg/kg，可交换态和可氧化态铊占比低于 10%，主要以可还原态（24.1%～55.2%）和残余态赋存（35.6%～66.5%）。没有风化矿渣污染，由含铊矿渣淋滤雨水污染土壤中，铊含量明显低于其他污染土壤，58.4～89.8 mg/kg（采样点二、采样点七），酸可交换态占比为 2.6%～6.7%，可还原态占比为 24.1%～32.3%，可氧化态占比为 3.4%～9.1%，残余态占比为 56.0%～65.8%。说明铊污染土壤中，铊的化学形态转化是较快的，这类样品中铊来源完全是活动态的，在土壤迁移转化过程中，有 60% 以上转化为残余态，20% 以上转化为可还原态，酸可交换态和可氧化态分别仅占 6.7% 和 3.4%，土壤模拟铊污染实验证实 6 个月老化时间铊可交换态为 20%～40%。由此可见，铊在土壤污染迁移过程中，离子态铊快速转化为其他形态并且达到平衡，可还原态和残余态成为土壤中铊的主要形态，土壤酸度和有机质含量直接影响土壤中铊酸可交换态和可氧化态的含量分布（陈永亨 等，2018）。

6.3.2 污染土壤剖面中铊价态转化的矿物学证据

为研究土壤剖面 A 和剖面 B 中 Tl 的迁移转化引起 Tl 的价态变化规律，林景奋（2020）选取了 Tl 含量较高的土壤样品进行 X 射线光电子能谱（X-ray photoecectron spectroscopy, XPS）分析，在 118.2 eV 和 119.1 eV 处分别拟合出 Tl(III) 和 Tl(I) 的峰（Wang et al.，2018），如图 6.8 和图 6.9 所示。观察可知，两种土壤剖面中 Tl 主要都是以 Tl(I) 的形式存在，这是因为在自然环境下，Tl(I) 比较稳定，而 Tl(III) 在强氧化剂（如 MnO_4^-）存在下才可能稳定存在（Martin et al.，2018）。

土壤剖面 A 中，与几个样品相比，A2 含有较多的 Tl(III)。由 XRD 结果发现 A2 中含有较多的赤铁矿，可能是因为土壤中铁锰氧化物或微生物将 Tl(I) 氧化成 Tl(III) 并吸附在赤铁矿表面上，这与 Liu 等（2020b）发现赤铁矿富集 Tl 的研究结果相符，同时也支持了在 A2 样品中可还原态 Tl 的占比高达 39.0%。A6 和 A11 样品含有较多的 Tl(I)，这与样品本身含有较多黄钾铁矾有关，元素含量分析结果也说明这两个样品有高含量的 S（林景奋，2020）。在 A6 和 A11 中 Tl 的 F2 分别高达 53.9% 和 62.3%，这两个样品中的 Tl(I) 大部分被铁锰氧化物吸附，并进一步氧化为 Tl(III)，即由酸可交换态向可还原态转化，使体系中可还原态 Tl 大大增加。相反，A19 样品中，由于含铁氧化物如赤铁矿较低（XRD 分析结果），Tl(I) 不能有效地被铁锰氧化物吸附，导致该样品中可还原态 Tl 的占比相对较低（24.0%）。

表6.6 贵州黔西南滥木厂铊污染区不同采样点土壤铊化学形态分析数据

样品	Tl$_{Ace}$		Tl$_{Fe/MnO_x}$		Tl$_{O_x}$		Tl$_{Rem}$		$\sum$ (F1+F2+F3+F4)		全消解 /(mg/kg)	回收率 /%	有机质 /(g/kg)	pH
	质量分数 /(mg/kg)	占比 /%	质量分数 /(mg/kg)	占比 /%	质量分数 /(mg/kg)	占比 /%	质量分数 /(mg/kg)	占比 /%	质量分数 /(mg/kg)	SD				
采样点一	3.2	3.1	42.6	40.7	4.1	3.9	54.8	52.3	104.7	21.8	104	101	18.6	4.22
采样点二黑土	2.4	2.6	29.5	32.3	8.3	9.1	51.0	56.0	91.2	21.2	89.8	101	62.6	4.98
采样点三	27.6	8.6	161	50.5	11.2	3.5	119	37.3	318.8	24.8	334	95.8	14.4	3.45
采样点四灰土	3.8	1.8	116	55.2	15.4	7.3	74.9	35.6	210.1	17.6	242	86.8	20.1	3.91
采样点四红土	7.8	4.0	48.9	24.8	9.3	4.7	131.2	66.5	197.2	29.3	203	97.0	0.07	4.20
采样点七	4.1	6.7	14.7	24.1	2.1	3.4	40.2	65.8	61.1	14.7	58.4	105	6.90	4.14
背景土壤	0.55	2.09	1.27	4.83	1.07	4.07	23.4	89.0	26.3					
Jia等 (2013)	0.30	1.43	1.2	5.74	0.69	3.30	18.7	89.5	20.9					
	0.06	3.07	0.2	10.26	0.09	4.62	1.6	82.1	1.95					
	1.43	4.75	3.34	11.25	1.11	3.74	23.8	80.1	29.7					

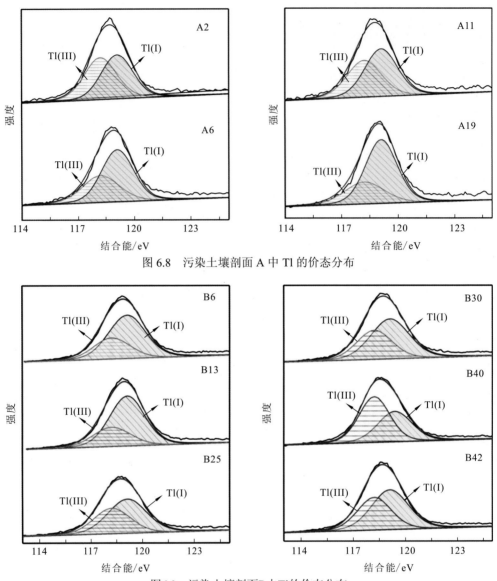

图 6.8 污染土壤剖面 A 中 Tl 的价态分布

图6.9 污染土壤剖面B中Tl的价态分布

土壤剖面 B 中，B6、B13、B25、B30 土壤样品都有较高含量的 Tl(I)，而 B40 土壤样品中 Tl(III)较多，高于 Tl(I)，主要与样品的矿物组成有关。由 XRD 结果可知，B6、B13、B25 和 B30 样品中含有较多的伊利石和黄钾铁矾，Tl^+可以取代 K^+ 进入伊利石和黄钾铁矾晶格，使 Tl(I)增加，同时也体现了 Tl 的化学形态的转化，如这 4 个土壤样品中残余态 Tl 总平均占比为 46.0%，高于 B40 的 24.7%，导致 Tl^+优先被置换进入矿物晶格被固定下来，从而使土壤中 Tl(I)偏多。相对其他样品，在 XRD 结果中发现 B40 含有较多的赤铁矿，说明 B40 样品可能受铁锰氧化物的氧化作用使 Tl(I)减少、Tl(III)增加。B42样品中 Tl(III)减少了，这可能也是因为 B42 样品中伊利石矿物含量升高，同时也支持了B42 中残余态 Tl 质量分数升至 52.2%。

6.3.3　污染土壤剖面中铊化学形态转化的同位素证据

为进一步了解污染土壤剖面中 Tl 的化学形态转化过程是否存在同位素分馏，对剖面 A 和剖面 B 所有样品进行 ε^{205}Tl 值的测定。由表 6.7（林景奋，2020）可知，土壤剖面 A 和剖面 B 中 ε^{205}Tl 范围为 -0.56～2.41（平均值 0.54）和 -0.23～3.79（平均值 1.28），明显比该矿区红铊矿（ε^{205}Tl=-1.65）和围岩的 ε^{205}Tl（ε^{205}Tl=0.84）偏大，说明了滥木厂汞铊矿区受 Tl 污染土壤剖面在自然条件下（如土壤矿物溶解风化等），整个剖面中 Tl 同位素产生明显的分馏。但整体而言，Tl 同位素主要仍保留着含 Tl 矿物和原始母岩中原有的 Tl 同位素组成特征。该发现与大多数文献报道的类似（图 6.10），如 Vaněk 等（2018）研究的铅锌冶炼废物 ε^{205}Tl 为 -4.8～-3.3，而受其污染的土壤剖面中 ε^{205}Tl 为 -3.9～0.41；Grösslová 等（2018）研究的在沙漠土壤剖面 ε^{205}Tl 为 -4.0～3.8，与污染源浮选废物飞尘相近（ε^{205}Tl 为 3.6）；Vaněk 等（2016）也表明人为来源（高温）轻 Tl 同位素沉积在研究的土壤上（ε^{205}Tl 为 -5.54），之后会产生较重的 Tl（ε^{205}Tl 为 -2.08～-0.16），相似的结果也出现在 Kersten 等（2014）研究的受水泥厂粉尘污染的土壤剖面中。Vaněk 等（2020）和 Howarth 等（2018）研究表明土壤剖面的岩石强烈风化和土壤形成过程可能导致 ^{205}Tl 的富集，这可能是氧化还原/吸附过程和矿物学变化的结果。这些研究揭示了受 Tl 污染土壤剖面在特定的氧化还原环境、土壤矿物溶解、转化和岩石的强烈风化等会导致 Tl(I)/Tl(III) 互相转化，产生 Tl 同位素分馏，特别是锰氧化物吸附 Tl$^+$ 后氧化成 Tl$_2$O$_3$，导致重 ^{205}Tl 增加。Mn 氧化物对 Tl 的"吸附-氧化-分馏"的机制也曾被 Peacock 和 Moon（2012）通过吸附模型实验所证实。

表 6.7　土壤剖面 A 和剖面 B 中 ε^{205}Tl 值

	剖面 A		剖面 B		
样品	ε^{205}Tl	样品	ε^{205}Tl	样品	ε^{205}Tl
A1	0.15 ± 0.22	B1	-0.22 ± 0.34	B26	0.27 ± 0.08
A2	1.34 ± 0.38	B2	0.03 ± 0.35	B27	0.38 ± 0.09
A3	0.36 ± 0.22	B3	-0.12 ± 0.11	B28	0.44 ± 0.21
A4	0.17 ± 0.16	B4	-0.01 ± 0.07	B29	3.36 ± 0.20
A5	1.53 ± 0.35	B5	-0.05 ± 0.46	B30	3.42 ± 0.18
A6	1.14 ± 0.10	B6	-0.02 ± 0.36	B31	3.35 ± 0.34
A7	1.39 ± 0.40	B7	0.18 ± 0.32	B32	3.79 ± 0.59
A8	0.31 ± 0.10	B8	-0.23 ± 0.30	B33	2.41 ± 0.49
A9	1.44 ± 0.58	B9	0.01 ± 0.17	B34	2.22 ± 0.34
A10	-0.34 ± 0.13	B10	-0.03 ± 0.14	B35	2.18 ± 0.18
A11	1.47 ± 0.19	B11	0.01 ± 0.20	B36	2.44 ± 0.38
A12	-0.53 ± 0.22	B12	-0.07 ± 0.13	B37	2.46 ± 0.25

| 剖面 A | | 剖面 B | | | |
样品	$\varepsilon^{205}Tl$	样品	$\varepsilon^{205}Tl$	样品	$\varepsilon^{205}Tl$
A13	0.26 ± 0.21	B13	-0.09 ± 0.36	B38	2.96 ± 0.23
A14	0.37 ± 0.38	B14	0.28 ± 0.32	B39	2.82 ± 0.36
A15	-0.56 ± 0.24	B15	0.15 ± 0.26	B40	3.04 ± 0.44
A16	-0.35 ± 0.10	B16	0.41 ± 1.69	B41	2.48 ± 0.31
A17	-0.33 ± 0.04	B17	2.23 ± 0.50	B42	2.58 ± 0.23
A18	-0.03 ± 0.23	B18	1.88 ± 0.67	B43	3.03 ± 0.12
A19	1.61 ± 0.40	B19	0.91 ± 0.21	B44	3.18 ± 0.25
A20	-0.05 ± 0.13	B20	0.33 ± 0.32	B45	2.94 ± 0.32
A21	0.18 ± 0.19	B21	0.18 ± 0.29	最小值	-0.23 ± 0.30
A22	2.41 ± 0.35	B22	0.37 ± 0.14	最大值	3.79 ± 0.59
最小值	-0.56 ± 0.24	B23	0.36 ± 0.36	平均值	1.28
最大值	2.41 ± 0.35	B24	0.59 ± 0.28		
平均值	0.54	B25	0.82 ± 0.23		

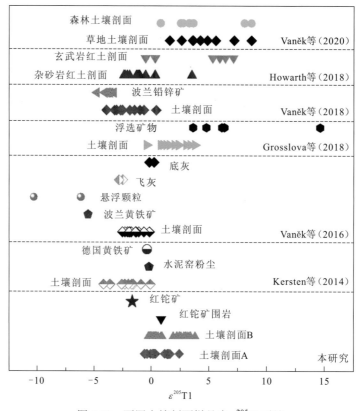

图 6.10 不同土壤剖面样品中 $\varepsilon^{205}Tl$ 对比

与红铊矿和围岩相比，土壤剖面 A 和剖面 B $\varepsilon^{205}Tl$ 偏重，说明 Tl 污染土壤后，Tl(I)/Tl(III)发生氧化还原过程中确实伴随着铊同位素分馏。研究表明滥木厂矿区生长的高富集 Tl 植物（甘蓝、玉米和卷心菜等）优先吸收土壤中的 Tl^+（Kersten et al.，2014），Tl^+ 在植物体内代替 K^+ 进行新陈代谢，所有植物体内选择富集 Tl^+，导致保留在土壤的 Tl^{3+} 比例增加（Zhang et al.，2020；Vaněk et al.，2019）。Xiao 等（2010）研究 Tl 在土壤-植物界面迁移富集的过程也证明了甘蓝从土壤中吸收 Tl^+，Tl^{3+} 则被土壤中铁锰氧化物吸附，导致土壤 Tl 同位素组成偏重。另外，Tl^+ 较 Tl^{3+} 在自然风化淋滤作用中更易迁移流失，XRD 和扫描透射电子显微镜-能谱（scanning transmission electron microscope-energy dispersive spectrometer，STEM-EDS）分析数据已证明富含铁锰氧化物（赤铁矿、磁铁矿、水钠锰矿）更容易固定吸附 Tl^{3+}。此外，矿区污染土壤许多微生物，如 Fe/S 氧化细菌（铁质体、钩端螺旋体、铁卵形菌属、金属杆菌、酸性硫杆菌和硫脲菌）能够忍受沉积物中的高 Tl 污染并维持其代谢活性和抗性，它们可能会将 Tl(I)游离离子在细胞线粒体内氧化成 Tl_2O_3，从而增加土壤中 Tl^{3+}，导致 Tl 同位素组成变重（Liu et al.，2019c；Rasool and Xiao，2018；Sun et al.，2015）。

6.3.4 污染土壤剖面中铊同位素变化规律

土壤剖面 A 和剖面 B 中 $\varepsilon^{205}Tl$ 的分布如图 6.11 所示。剖面 A 中，$\varepsilon^{205}Tl$ 的变化规律不明显，呈现非线性动荡的变化趋势，主要是由于土壤剖面不同深度层位上含有原始矿渣，在雨水淋滤过程中不断有高含量 Tl 释放的结果，导致 Tl 同位素组成变化不规律。从 50～70 cm 和 90～110 cm 这两处含有矿渣的情况来看，$\varepsilon^{205}Tl$ 整体上偏大，说明含 Tl 硫化物矿渣富集重 Tl 同位素。在氧化条件下，土壤中含 Tl 硫化物逐渐被氧化，大量释放 SO_4^{2-}，同时硫化物所吸附的 Tl（可氧化态）被活化而释放，并被土壤的硅酸盐矿物（主要是伊利石）吸附，或者在土壤中被铁锰氧化物氧化而吸附在铁锰氧化物表面；在土壤

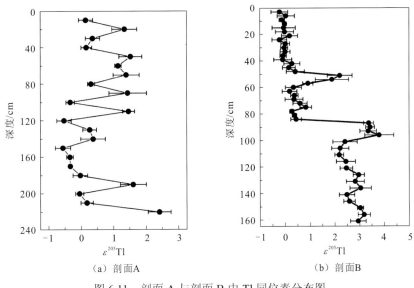

（a）剖面A　　　（b）剖面B

图 6.11　剖面 A 与剖面 B 中 Tl 同位素分布图

还原条件下，铁锰氧化物还原溶解释放 Tl（可还原态），会使 Tl(III)向 Tl(I)转化（Antic-Mladenovic et al.，2017；Vaněk et al.，2015；Karbowska et al.，2014）。因此，土壤的氧化还原条件的变化引起矿渣中 Tl 的活化、迁移和重新固定，在这个迁移转化过程中发生 Tl 同位素分馏效应，导致了剖面 A 这种变化趋势。

与剖面 A 相比，剖面 B 中 ε^{205}Tl 呈较有规律性的变化趋势。ε^{205}Tl 分布在土壤深度 0～80 cm 整体上偏轻，但在 50 cm 左右出现明显的 ε^{205}Tl 峰，这可能与此处铁锰氧化物含量较高相关，尤其是水钠锰矿，Peacock 和 Moon（2012）证实了水钠锰矿将 Tl(I)氧化为 Tl(III)，^{205}Tl 比例明显升高，使 Tl 同位素变重；之后在 80～159 cm 整体上偏重，呈现先轻后重的分布趋势，与剖面 B 中价态分布趋势相符，上层土壤 Tl(I)偏多，而往下 Tl(III)增加。进一步说明了 Tl 同位素的分馏与 Tl(I)和 Tl(III)相互转化密切相关。通过相关性分析，剖面 B 中 ε^{205}Tl 与 F3 占比呈正相关（R=0.40），说明剖面 B 下层土壤富集重同位素 Tl 与 F3 的迁移转化有关。根据前面论述，剖面 B 中 80～140 cm 内 F1 明显增加，说明土壤中 Tl 向下迁移除 Tl$^+$外，还有富集重 Tl 同位素的组分；同时在这个范围内 F3 也明显地增加，而 F2 却明显降低，很可能溶解性有机质吸附了部分 F2 中的 Tl 并往下迁移，这部分 Tl 正是转化的铁锰氧化态，富集重同位素 Tl 继续往下迁移过程中，溶解性有机质由于不稳定，其自身还原性被 Tl^{3+}氧化而释放 Tl$^+$，导致 F1 增加，且部分溶解性有机质被不溶性有机质吸附而固定，导致 F3 增加。如前所述部分 F2 的 Tl 可能以有机态迁移并向 F3 转化，导致 F2 减少。这样比较合理地解释了剖面 B 中 F1、F3 和 ^{205}Tl 向下具有升高的趋势，对应部分 F2 明显减少。从整体上看，上层土壤 Tl 同位素偏轻，而下层土壤偏重。剖面 B 中 Tl 主要来源于雨水对矿渣的淋滤作用，大部分是活动性强的水溶态 Tl，更容易迁移转化，使 Tl 同位素产生较明显的规律性分馏。一方面剖面 B 主要是受含 Tl 矿渣雨水淋滤作用产生的 Tl$^+$污染，Tl$^+$优先在上层土壤被吸附富集；另一方面，污染土壤的植物体中有较多的 ^{203}Tl，这部分转为残体中 Tl 的输入可能在某种程度上造成了上层 ε^{205}Tl 的降低（Vaněk et al.，2016），同时符合相关性分析发现的 ε^{205}Tl 与 TOC 呈弱负相关（R=−0.40），说明土壤中植物腐殖质 TOC 高时，ε^{205}Tl 降低。此外，铁锰氧化物的氧化作用或微生物新陈代谢过程使 Tl(I)转化为 Tl(III)，随后可能吸附沉淀在铁锰氧化物等颗粒胶体上，促进在土壤剖面中向下迁移，导致了下层土壤中 Tl(III)增加、ε^{205}Tl 升高（Liu et al.，2019b；Vaněk et al.，2016）。

污染土壤中 Tl 化学形态分布一般以可还原态和残余态为主，而酸可交换态和可氧化态低。酸可交换态与可氧化态有相似的扩散趋势；可还原态与残余态具有互补的扩散趋势。污染土壤中 Tl 化学形态转化可由酸可交换态向可还原态，进而向残余态转化，也可通过置换向残余态转化；可还原态可向残余态、可氧化态转化。污染土壤中 Tl 化学形态转化已经获得 Tl 同位素研究和矿物学证据的支持。同时，污染土壤 Tl 化学形态转化与土壤 pH、K_2O、Fe_2O_3、Mn、有机质、全 S、SiO_2、Al_2O_3 等含量相关，这些因素分别与 Tl 不同化学形态分布呈正相关。

Tl 的化学形态分布与转化研究为土壤 Tl 污染修复提供了新思路，改变和促进化学形态转化将是土壤修复的新观点和新理念。

6.4　铊污染土壤的钝化修复技术

重金属通过自然和人为途径释放到土壤中形成土壤重金属污染，是当前最严重的环境问题之一，严重影响着环境质量和人类健康。随着经济社会的快速发展，特别是近 40 年来工业化、城市化、农业现代化过程中，我国土壤环境质量破坏较重，部分地区土壤污染较重，工业废弃地土壤环境问题也较为突出。一方面重金属不能被土壤微生物降解，在土壤中不断累积，被植物吸收后，可通过食物链在人体内富集，危害人体健康；另一方面重金属进入土壤难以被彻底地清除，因此修复重金属污染土壤势在必行。

6.4.1　铊污染土壤修复技术研究进展

重金属污染土壤的修复工作备受国内外学者关注，对土壤修复的研究也亟须深入和完善。重金属的生物毒性不但与其总量有关，而且受其形态分布的影响。因此，土壤中重金属的形态转化对重金属污染的治理修复具有重大意义。目前，国内外针对重金属污染土壤的修复的主要分为两种思路：一是降低土壤中的重金属含量，即采用客土/换土法、土壤淋洗和植物修复技术；二是通过改变其在土壤中的存在形态降低其生物可利用性，如化学钝化修复技术。化学钝化修复技术是向重金属污染土壤中加入合适的钝化剂，这些钝化剂与重金属发生吸附、沉淀/共沉淀、络合、离子交换、氧化还原等物理化学作用（曹心德 等，2011），进而改变重金属在土壤中的赋存形态，降低生物有效性，以达到改良重金属污染土壤的目的（Porter et al.，2004）。总体来说，降低土壤重金属含量的修复方法可分为物理、生物及化学修复方法。

物理修复以客土法为主，即在被污染的土壤上覆盖非污染土壤。客土法要注意 pH 要尽量接近，避免土壤 pH 降低引起污染土壤中重金属的活性增大。针对贵州滥木厂 Tl 污染比较严重的土壤进行的客土治理的效果并不理想，土壤中的 Tl 仍能通过食物链转移进入动、植物体内，进而危及附近居民身体健康（王春梅，2007）。同时，客土法需解决地下水污染问题，需修建隔水层等隔水设施，因此需要投入大量的财力、物力，不适用于大面积污染严重土壤的治理。

生物修复包括微生物修复和植物修复。微生物修复是指利用土壤中的微生物对重金属溶解、吸附、络合和氧化还原等作用来降低重金属的毒性或活性，以减轻重金属污染。现有的研究已鉴定出多种微生物可参与 Tl 的地球化学行为。Urik 等（2010）在铊污染土壤中分离的费希新萨托菌在培养 30 d 后对铊的累积量可达 439 mg/kg。Sun 等（2015）研究了贵州某矿区铊污染土壤中微生物的分布，分离出 9 株耐铊真菌，其中一些真菌能在高铊（1 500 mg/kg）污染土壤中生长，具有较高的 Tl 吸附和生物积累能力，有望用于 Tl 污染土壤的修复。Zhang 等（2017）从处理酸性矿井水的污泥床中分离的硫酸盐还原菌在适宜的 pH、温度条件下可用于去除废污水中的 Tl。值得注意的是，现阶段微生物修复还处于实验阶段，实际应用推广还有一定的距离。

植物修复（phytoremediation）是利用高积累植物从土壤中提取重金属的方法，是一种经济高效且可持续的修复技术。植物修复是利用绿色植物来转移、容纳或转化污染物使其对环境无害的修复方法（Scheckel et al.，2004）。其修复对象包括重金属、有机物或放射性元素污染的土壤及水体。研究表明，通过植物的吸收、挥发、根滤、降解、稳定等作用，可以净化土壤或水体中的污染物，达到净化环境的目的，因而植物修复被认为是一种具有经济性、生物协调性的最具发展前景的清除环境污染的绿色技术。

吴启航研究组通过盆栽试验发现，披针叶屈曲花（*Iberis intermedia*）、龙葵（*Solanum nigrum* L.）、籽粒苋（*Amaranthus hypochondriacus* L.）能够富集土壤中的铊，降低其毒害和扩散，具有无可比拟的优势，给广东云浮、韶关等地铊污染土壤的乡土植物原位修复提供理论基础，从而在源头控制西江和北江流域水体铊污染。

在温室条件下，龙葵对铊的富集与土壤铊浓度呈正相关。根部比其他组织累积更高浓度的铊，而果实部位的累积最低。当土壤中的铊质量分数为 20 mg/kg，根部铊质量分数可以超过 100 mg/kg，果实只有 4 mg/kg，叶部和茎部居于上述二者之间。4 个月的盆栽试验后发现，龙葵的生物量随着土壤铊含量升高而减少，与其他几个组织相比，叶部更容易受到毒害作用。与对照组相比，在铊质量分数为 5 mg/kg 的土培试验中，最大光化学效率（F_v/F_m）从 0.7 降低到 0.6。当铊质量分数从 10 mg/kg 升高到 15 mg/kg 时，F_v/F_m 从 0.5 大幅下降至 0.3，因此认为 15 mg/kg 是龙葵对铊的承受极限。研究表明，F_v/F_m 和叶生物量之间呈显著正相关。

披针叶屈曲花是 Tl 的超富集植物（Scheckel et al.，2004），产于地中海沿岸法国一带，在我国西南地区有栽培，对铊有超富集能力，对铊的吸收是普通植物的 1 000 倍，最高可达 4 000 mg/kg。在亚热带的广州进行室内土培试验发现，在夏天湿热天气状况下，植物生长一个月后明显受到抑制，因此室内培养时需要严格控制温度和湿度，选择合适的季节试验为佳。披针叶屈曲花对 Tl 同位素吸收特征及其解毒机制值得深入研究。

籽粒苋对 Tl（和 Cd）同位素吸收特征及解毒机制值得深入研究。黑龙葵（Wu et al.，2015）和籽粒苋（吴启航 等，2016）对土壤 Tl 富集效应明显，Tl 的富集系数高达 28.4（Wei et al.，2019）。

Ning 等（2015）通过 Tl 污染土壤的盆栽试验，发现绿色卷心菜在修复 Tl 污染土壤方面显示出良好的应用潜力。此外，研究者在欧洲最大的铅锌矿区附近土壤中发现的孪果荠（*B. laevigata*）植株中 Tl 含量远高于其他重金属含量，显示出明显的蓄积性。Escarré 等（2011） 在法国朗格多克地区尾矿发现了多种超富集铊植物，其中矿区 Tl 污染土壤中的叉枝蝇子草（*Silene latifolia*）对铊累积量接近 1 500 mg/kg。值得注意的是，在利用植物修复农田铊污染土壤时，不仅需要考虑修复效果，还需兼顾修复成本。植物修复虽然具有投资少、环境友好等优点，但也存在周期长、作用范围小等缺点。

化学修复是向污染土壤中添加化学物质，以降低土壤重金属毒性和生物有效性的技术。相比于前两种方法，化学修复具有操作简单、成本低、修复周期短等优点，是现阶段 Tl 污染土壤的主流修复技术。无机钝化剂是土壤化学修复的重要添加剂，在钝化修复重金属污染土壤中应用广泛，包括碳酸盐类、黏土矿物类及工业副产品等。如周代兴和李汕生（1982）研究发现，加入一定量石灰改良土壤可降低土壤酸度，从而使蔬菜中 Tl 含量下降。胡月芳（2016）向铊污染土壤中施用石灰、海泡石、腐殖酸和钙镁磷肥，使油菜可食部位的 Tl 含量在连续播种的三个季节内持续下降。通过对西班牙瓜迪亚马尔山谷矿区铊污染土壤添加沸石进行钝化修复，铊迁移性和生物可利用度显著降低，Querol 等（2006）认为土壤黏土矿物（伊利石）对 Tl 的吸附起到了主要作用。Vaněk 等（2011）采用水钠锰矿钝化修复污染土壤中的 Tl，可有效将土壤中易迁移的 Tl 转化为可还原态，从而降低 Tl 在土壤中的生物有效性，减少白芥对 Tl 的积累，土壤中 Tl 含量降幅可达 50%。有机钝化剂通过其表面的官能团与重金属形成难溶的有机络合物或增加土壤阳离子交换量等来降低土壤中重金属的生物有效性和迁移活性，达到钝化修复的效果（Ahmad et al.，2017）。研究表明，利用腐殖酸的络合能力和胶体特性可以有效促进土壤中有效态的 Tl 转化为稳定态 Tl，抑制 Tl 进入油菜等农作物体内，提高油菜生物量（邓红梅和陈永亨，2010）。然而，现有的研究表明，随着时间的推移，部分有机物质可能会被矿化分解，使被固定的重金属离子重新释放回土壤中，造成新的环境风险（王永昕 等，2016）。

现有研究表明，硅酸盐类矿物钝化剂具有来源广、不改变土壤理化性质和结构、不引入二次污染等优点而被广泛应用（Gu et al.，2013；Bhattacharyya and Gupta，2008）。硅酸盐类矿物钝化剂主要包括黏土矿物和硅肥等。黏土矿物主要包括伊利石、蒙脱石、海泡石、沸石等，该类钝化剂的结构稳定、吸附性能好、比表面积大、成本低（韩君 等，2014），对重金属有较强的吸附选择性。硅肥是一种新型多功能肥料，其有效硅（SiO_2）质量分数高于 20%，对稳定污染土壤中的重金属形态、抑制作物对重金属的吸收具有较好的效果（Ning et al.，2014）。目前，该类钝化剂已被广泛用于修复土壤中 Pb、Cd、Zn 等重金属污染，且效果显著。但应用该种材料进行 Tl 污染土壤的修复还鲜有报道。生物炭是由动物、植物及其废弃物在限氧的条件下经过高温热解（<700 ℃）生成的多孔固体碳物质产物（Lyu et al.，2016），是一种高效低廉的吸附剂，被广泛用于土壤修复。由于其巨大的比表面积和特殊的理化性质，生物炭可通过吸附和物理化学作用降低土壤中重金属的生物可利用度和浸出能力（Wang et al.，2018）。林茂等（2019）通过磁性水热炭和次氯酸根协同施用可去除水体中 99% 的 Tl。基于矿物质钝化剂、硅肥和生物炭这三种钝化剂的若干优点，选用这三种材料进行比较系统的相关研究。

6.4.2 矿物质钝化剂对铊污染土壤的修复效应

1. 试验材料

供试矿物质钝化剂由华南理工大学石林课题组制备，其原料为伊利石、硅酸盐矿物、石灰石和白云石。具体制备方法见陈功宁（2017）。矿物质钝化剂呈碱性特征(pH 为 11.6)，主要化学成分为 CaO（37.7%）、SiO_2（30.8%）、Al_2O_3（7.71%）、K_2O（3.12%）和 MgO（4.78%），主要矿物成分为钙铝黄长石（$Ca_2Al(AlSiO_7)$）、钙铝榴石（$Ca_3Al_2(SiO_4)_3$）和硅酸二钙（Ca_2SiO_4）（图 6.12）。

2. 试验设计与处理

（1）钝化试验。试验设置 4 种钝化剂含量水平，分别为 0 g/kg、4 g/kg、10 g/kg、20 g/kg，每个水平处理重复 2 次。称取过 200 目筛的供试土壤 100 g，充分混匀后，装

元素	质量分数/%
O	56.21
Ca	17.64
Si	11.95
Al	5.03
Mg	4.94
Na	2.25
S	1.66
K	0.21
C	0.11
总量	100.00

图 6.12　供试矿物质钝化剂的扫描电镜-电子能谱特征

入 250 mL 烧杯中，调节土壤的水分使其持水量为 40%，置于室内进行培养、钝化，分别在实验 0 天、30 天、60 天、120 天和 180 天后取适量土样测定土壤 pH、Tl 的各赋存形态含量及土壤矿物组成。

（2）分级提取。采用改进的 IRMM（欧盟标准物质研究所，Institute for Reference Materials and Measurements，也称 BCR）形态分析法。

（3）试验检测与表征。土壤 pH 的测定、土壤全量分析及重金属 Tl 含量的测定。X 射线衍射（XRD）采用 PW3040（帕纳科公司，荷兰）进行分析。形貌特征和元素分析采用 AJSM-7001F 的扫描电子显微镜和能量色散谱仪进行。XPS 光谱通过具有单色 AlK$_\alpha$ 辐射（$h\nu$=1 486.6 eV；岛津，日本）获得，用于考察钝化剂处理前后土壤的元素价态和组分半定量并探究钝化机理。以 C1s 峰结合能 284.6 eV 校正 XPS 光谱中所有元素的结合能（Li et al.，2014）。

3. 试验结果与分析

土壤中重金属的赋存形态多样，并随着土壤中环境因子的变化而变化（Tessier et al.，1979）。添加钝化剂能够调节土壤的理化性质，在土壤的内部发生吸附、沉淀、络合、螯合等反应，从而使土壤中重金属的赋存形态发生改变，降低其活性和生物可利用性。因此，考察添加矿物质钝化剂对土壤中 Tl 赋存形态的影响。

从表 6.8 可以看出，在钝化 60 天内，矿物质钝化剂处理后的土壤中酸可交换态、可还原态 Tl 质量分数逐渐降低，可氧化态 Tl 质量分数变化无明显规律，残余态 Tl 质量分数则显著升高，且 Tl 不同形态之间的转化与土壤性质有关。这一特征与 Vaněk 等（2011）将伊利石添加至土壤后 Tl 的形态转化特征一致。矿物质钝化剂处理 60 天后活动态减少比例（y）与原始土壤活动态 Tl 比例（x）之间的关系可以用线性方程来近似表示：y=1.04x–14.8（R=0.853），表明原始土壤中活动态 Tl 比例越高，其形态转化越明显。因此，对于 Tl 污染严重的土壤，尤其是活动态 Tl 含量较高的土壤，在矿物质钝化剂的作用下容易向残余态 Tl 转化。

表 6.8　施加 4 g/kg 矿物钝化剂对 5 种土壤中 Tl 形态分布的影响

样品	时间/天	F1 质量分数 /（mg/kg）	F2 质量分数 /（mg/kg）	F3 质量分数 /（mg/kg）	F4 质量分数 /（mg/kg）
S1	0	3.17 ± 0.05	42.8 ± 0.47	4.58 ± 0.14	39.4 ± 4.14
	30	1.97 ± 0.41	33.6 ± 0.49	2.34 ± 0.26	54.5 ± 0.70
	60	1.34 ± 0.02	27.0 ± 2.74	1.01 ± 0.04	59.1 ± 2.85
	120	2.23 ± 0.43	35.1 ± 0.48	5.75 ± 0.21	53.1 ± 1.44
	180	1.29 ± 0.07	41.7 ± 0.53	2.22 ± 0.03	52.1 ± 1.21
S2	0	2.52 ± 0.10	32.0 ± 0.75	8.89 ± 0.16	36.2 ± 1.36
	30	0.97 ± 0.15	16.9 ± 1.66	5.60 ± 0.18	50.7 ± 0.07
	60	1.45 ± 0.04	11.8 ± 0.87	5.70 ± 1.13	64.6 ± 0.86
	120	2.26 ± 0.11	21.2 ± 0.15	8.81 ± 0.09	51.2 ± 1.50
	180	1.32 ± 0.16	28.0 ± 0.12	5.16 ± 0.08	47.4 ± 3.04
S3	0	29.2 ± 0.28	165 ± 2.62	10.7 ± 1.55	103 ± 4.40
	30	5.07 ± 0.63	106 ± 1.05	7.31 ± 0.66	185 ± 7.10
	60	4.04 ± 0.12	87.6 ± 1.88	10.8 ± 0.57	205 ± 6.06
	120	5.75 ± 0.25	131 ± 1.53	14.3 ± 0.61	162 ± 3.54
	180	1.86 ± 0.14	157 ± 0.98	10.5 ± 0.06	156 ± 22.3
S4	0	8.96 ± 0.02	47.8 ± 0.08	9.55 ± 0.44	111 ± 7.28
	30	4.21 ± 0.18	34.0 ± 1.57	10.9 ± 0.13	114 ± 5.36
	60	5.82 ± 0.08	32.3 ± 0.11	10.8 ± 0.02	132 ± 2.60
	120	4.89 ± 0.12	39.4 ± 0.61	10.4 ± 0.33	125 ± 0.21
	180	5.21 ± 0.58	48.7 ± 0.04	10.8 ± 0.16	117 ± 9.08
S7	0	4.63 ± 0.15	14.3 ± 0.36	2.51 ± 0.11	29.9 ± 1.61
	30	1.72 ± 0.24	10.5 ± 1.29	1.02 ± 0.01	30.7 ± 2.80
	60	2.96 ± 0.24	10.9 ± 0.36	2.86 ± 0.07	37.0 ± 2.76
	120	3.20 ± 0.25	16.8 ± 0.70	3.99 ± 0.15	30.1 ± 1.58
	180	0.73 ± 0.18	13.6 ± 0.13	1.01 ± 0.05	32.6 ± 3.12

　　矿物质钝化剂施加量对污染土壤中 Tl 形态分布的影响如表 6.9 和图 6.13（任加敏，2019）所示。在空白处理中，S3 中的 Tl 主要以活动态形式存在，活动态 Tl 比例高达 66.5%，其中酸可交换态 Tl 作为迁移能力最强、生物活性最大的部分，占总量的 9.47%。随着时间的延长，S3 对照组土壤中 Tl 的形态分布发生变化，表现为酸可交换态、可还原态、可氧化态 Tl 比例先降低后略微升高，残余态 Tl 比例先上升后下降。除酸可交换态外，其他形态均在 60 天后呈相反变化趋势。60 天时活动态 Tl 比例达到最低，与原始土壤相比下降了 8.41%，与之相对应的是残余态 Tl 含量达到最高。陈化 180 天时的 S3 对照土

的活动态比例接近原始土壤，仅比原始土壤活动态比例低 1.11%。S3 陈化过程中 Tl 形态分布的变化与 Vaněk 等（2010）研究的砂性土陈化半年内 Tl 形态变化情况类似。空白处理 S7 中的 Tl 主要以残余态形式存在，活动态 Tl 的比例为 41.7%。随着时间的延长，S7 对照组的活动态 Tl 比例缓慢降低，各态的变化存在波动，而残余态 Tl 比例大体上先缓慢升高后迅速降低。可见，土壤中 Tl 形态处于动态平衡的状态，在土壤陈化过程中，活动态 Tl 会向残余态转化，表明 Tl 逐渐进入稳定相（如伊利石或者无定形硅酸盐）。

表 6.9 矿物质钝化剂投加量对两种土壤（S3 和 S7）Tl 形态分布的影响

样品	投加量 /（g/kg）	时间/天	F1 质量分数 /（mg/kg）	F2 质量分数 /（mg/kg）	F3 质量分数 /（mg/kg）	F4 质量分数 /（mg/kg）
S3	0	0	29.2 ± 0.28	165 ± 2.62	10.7 ± 1.55	103 ± 4.40
		30	22.9 ± 3.22	172 ± 1.19	15.6 ± 0.32	113 ± 4.13
		60	12.4 ± 0.73	168 ± 1.85	9.56 ± 0.40	137 ± 0.14
		120	8.13 ± 0.07	175 ± 2.20	10.3 ± 0.65	110 ± 7.78
		180	11.2 ± 0.24	191 ± 7.54	9.24 ± 2.57	112 ± 0.46
	10	30	3.59 ± 0.05	153 ± 1.04	15.0 ± 1.05	143 ± 2.78
		60	3.35 ± 0.14	146 ± 2.91	9.44 ± 0.36	178 ± 4.83
		120	1.77 ± 0.05	140 ± 3.11	8.32 ± 0.26	175 ± 11.7
		180	1.03 ± 0.06	169 ± 5.84	9.68 ± 0.29	159 ± 23.2
	20	30	2.03 ± 0.14	146 ± 3.73	14.6 ± 1.00	148 ± 0.63
		60	3.90 ± 0.66	136 ± 3.19	10.5 ± 0.37	182 ± 3.28
		120	2.39 ± 0.61	140 ± 3.10	10.2 ± 0.18	171 ± 1.82
		180	1.01 ± 0.27	145 ± 18.0	13.7 ± 0.08	162 ± 1.12
S7	0	0	4.63 ± 0.15	14.3 ± 0.36	2.51 ± 0.11	29.9 ± 1.61
		30	2.83 ± 0.11	19.0 ± 1.00	1.09 ± 0.08	30.1 ± 3.02
		60	3.77 ± 0.12	16.1 ± 0.00	1.45 ± 0.03	36.8 ± 0.03
		120	2.09 ± 0.11	16.1 ± 0.11	3.20 ± 0.08	31.7 ± 5.34
		180	4.86 ± 0.15	17.5 ± 0.27	1.06 ± 0.21	26.1 ± 5.39
	10	30	0.91 ± 0.11	12.2 ± 0.28	2.31 ± 1.05	41.8 ± 0.76
		60	0.51 ± 0.02	8.59 ± 0.17	1.18 ± 0.01	43.7 ± 0.04
		120	1.80 ± 0.26	7.78 ± 0.47	2.37 ± 0.25	34.1 ± 2.41
		180	0.69 ± 0.01	10.7 ± 0.04	0.51 ± 0.14	39.3 ± 0.51
	20	30	2.16 ± 0.35	12.0 ± 0.35	2.35 ± 0.02	44.1 ± 0.97
		60	1.07 ± 0.14	8.94 ± 0.23	1.36 ± 0.01	43.8 ± 1.68
		120	2.26 ± 0.11	9.19 ± 0.07	2.73 ± 0.07	31.9 ± 0.05
		180	1.41 ± 0.37	10.9 ± 0.17	0.74 ± 0.23	37.5 ± 0.58

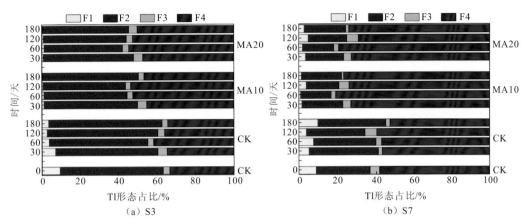

图 6.13　矿物质钝化剂投加量对两种土壤中 Tl 形态分布的影响

施加 10 g/kg 和 20 g/kg 的矿物质钝化剂到 S3 土壤后 Tl 的形态变化趋势与 4 g/kg 相似，酸可交换态、可还原态 Tl 含量下降，残余态 Tl 含量升高。同时，随着钝化时间的延长，S3 土壤中 Tl 形态分布发生变化。其中，10 g/kg 的矿物质钝化剂使酸可交换态、可还原态和可氧化态 Tl 比例在 120 天时达到最低，残余态 Tl 比例则达到最高，与原始土壤相比增加了 20.3%。20 g/kg 的矿物质钝化剂使活动态 Tl 比例在 60 天时达到最低，与原始土壤相比减少了 21.2%。值得注意的是，两种投加量的钝化剂均能有效降低 S3 土壤的酸可交换态，作为最容易被植物吸收并富集于植物体内的部分，在 180 天时已经降低至 0.30% 和 0.32%，可见该矿物质钝化剂在 10 g/kg 投加量下已经能有效地将酸可交换态 Tl 转化为其他较为稳定的部分。类似地，施加 10 g/kg 和 20 g/kg 的矿物质钝化剂到 S7 土壤后均促进活动态 Tl 向残余态 Tl 转化，且转化效果比施加 4 g/kg 时更明显。随着钝化时间的延长，S7 活动态 Tl 的比例经历了先降低后升高随后又降低的过程，残余态的变化则相反。钝化剂处理 60 天时，活动态 Tl 比例达到最低，相比于原始土壤分别降低了 7.87%（10 g/kg）和 6.59%（10 g/kg），说明 10 g/kg 投加量已经能有效降低 S7 土壤中活动态 Tl 含量（任加敏，2019）。

土壤矿物组分和结构影响土壤的物理化学性质。通过 X 射线衍射图谱（XRD）分析可得，在经过 60 天处理后，矿物质钝化剂处理后土壤的石英对应的峰的强度增强，说明钝化剂施加后土壤中 SiO$_2$ 含量升高，如图 6.14（任加敏，2019）所示。相反，高岭石对应的峰减弱或消失，这可能是由于矿物质钝化剂含有大量活性 K$_2$O 和 SiO$_2$，再加上土壤中本身含有这些氧化物，导致高岭石向其他成分转化，这一推测与陈功宁（2017）的结论一致。陈功宁认为，矿物质钝化剂施加后水化形成蒙脱石类矿物，或者是钝化剂富含的活性 K、Ca、Mg 和 Si 促进土壤中 1∶1 型黏土矿物（高岭石）转化成 2∶1 型黏土矿物（伊利石和蒙脱石）。基于 2∶1 型黏土矿物的诸多性能，金属阳离子可能通过络合和专性吸附作用被吸附到矿物表面，或者通过离子交换、晶格置换等将重金属离子固定于层间或晶格中。由于 Tl$^+$ 与 K$^+$ 具有相似的离子半径和水合离子半径，导致 Tl$^+$ 容易通过伊利石等 2∶1 型黏土矿物破损部分的边缘进入层间与 K$^+$ 置换（Wick et al.，2018），因此推测活动态 Tl 中的 Tl$^+$ 可能通过这种方式转化为残余态 Tl。因此，土壤中 Tl 的形态转化过程可能如图 6.15 所示。虽然酸可交换态 Tl 可能在铁锰氧化物表面吸附或者氧化成

Tl_2O_3，但是随着时间的延长，酸可交换态和可还原态 Tl 含量均降低，可能是可还原态 Tl 进一步转化为残余态铊的结果。

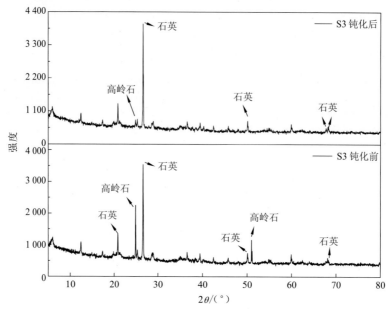

图 6.14　矿物质钝化剂处理前后 S3 土壤的 XRD 图

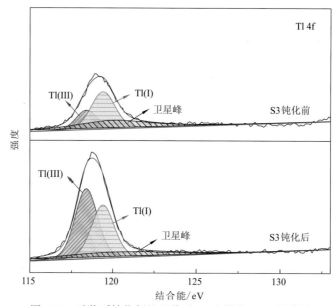

图 6.15　矿物质钝化剂处理前后 S3 土壤的 XPS 能谱图

为探究矿物质钝化剂处理前后土壤表面的 Tl 价态的变化情况，对钝化前后的土壤进行 XPS 分析（图 6.15）。由 XPS 谱图可见，在钝化剂处理前后土壤存在 Tl 的 4f 特征峰，可拟合得出钝化剂处理前 Tl(III)（118.4 eV）和 Tl(I)（119.4 eV）峰面积比分别为 19.3% 和 42.1%，钝化剂处理后 Tl(III)（118.4 eV）和 Tl(I)（119.4 eV）峰面积比分别为 47.0% 和 29.7%（Crist，2000）。这表明施加矿物质钝化剂后，土壤中的 Tl 元素发生了明显的价态、成分的变化。Tl(I)相对易溶解、易迁移并被生物利用，而 XPS 谱图显示矿物质钝化剂处理后的土壤中 Tl(I)面积比明显降低，Tl(III)面积比明显升高，表明该矿物质钝化剂能够减少土壤表面易于迁移和被生物利用部分的 Tl，将其转化为较稳定的 Tl(III)。

4. 小结

应用矿物质钝化剂对 Tl 污染土壤进行修复，其理论机理在于改变土壤中 Tl 的存在形态，促进土壤中活动态 Tl 向残余态 Tl 转化。矿物质钝化剂的作用有效地降低土壤中酸可交换态、可还原态 Tl 的含量，增加残余态 Tl 的含量。但是这种转换是可逆的，60天时残余态 Tl 有向其他形态转化的趋势。提高投加量使活动态含量降低，60 天时 20 g/kg 投加量导致活动态 Tl 比例较同期对照组降低了 12.8%。20 g/kg 投加量使酸可交换态 Tl 含量在 180 天时较同期对照组降低了 90.9%。XPS 结果表明，矿物质钝化剂对污染土壤的修复关键在于降低土壤表面 Tl 的活性。活动态 Tl(I)可能进入黏土矿物层间或晶格，而土壤 pH 的升高可能导致铁锰氧化物结合的 Tl 释放后，以其他某种形式与硅铝酸盐结合（任加敏，2019）。

6.4.3 硅肥对铊污染土壤的修复效应

1. 试验材料

供试土壤见 6.4.2 小节"试验材料"部分。

供试钝化剂是由凡口铅锌尾矿浸出渣制备的硅肥，其化学成分主要为 SiO_2（87.2%，其中活性 Si 达到 22.1%）、CaO（5.82%）、Na（2.52%）、Fe（2.61%）、Al_2O_3（1.01%）、K（0.37%）等，定性分析见图 6.16。

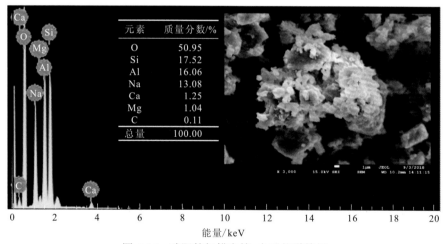

图 6.16 硅肥的扫描电镜-电子能谱特征

2. 试验设计与处理

试验处理方法见 6.4.2 小节"试验设计与处理"部分。

3. 试验结果与分析

从图 6.17 可以看出，施加硅肥总体上能够降低 5 种土壤中酸可交换态、可还原态和可氧化态 Tl 比例，提高残余态 Tl 比例，不同土壤中 Tl 形态的变化程度不同。随着时间的延长，5 种土壤的酸可交换态 Tl 总体上呈下降趋势，180 天时各土壤酸可交换态 Tl 含量降低 40.1%～100%；可还原态 Tl 总体上先减少后增加或趋于平衡，除了 S7，其他土壤可还原态 Tl 均在 30 天时达到最低，相对于原始土壤，可还原态 Tl 含量降低了 15.7%～34.4%。可氧化态 Tl 含量大体上呈现下降趋势，部分土壤的可氧化态变化无明显规律。残余态 Tl 则与可还原态变化趋势相反，呈现先增加后减少的趋势，在 30 天或 60 天时达到最大值，增加了 5.62%～72.6%。可见，硅肥的施加可促使土壤中活动态 Tl 向残余态 Tl 转化，且不同土壤的形态转化程度不同。硅肥处理 60 天时活动态减少比例（y）与原始土壤活动态 Tl 比例（x）之间的关系可以用线性方程来近似表示：$y=0.44x-11.8$（$R=0.702$），表明原始土壤中 Tl 的形态分布情况影响硅肥处理后形态转化程度，活动态 Tl 比例越高，形态转化得越明显。因此，对于 Tl 污染严重的土壤，尤其是活动态 Tl 含量越高的土壤，其活动态 Tl 在硅肥的作用下可能越容易向残余态 Tl 转化。

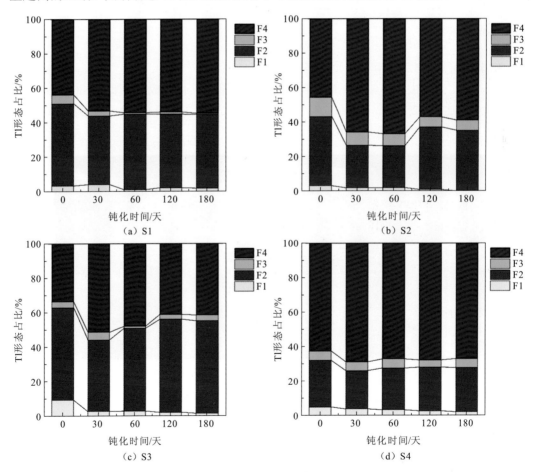

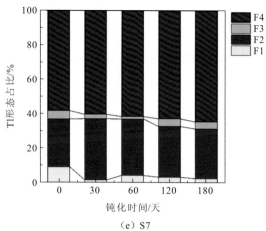

（e）S7

图 6.17　施加硅肥对 5 种土壤中 Tl 形态分布的影响

与矿物质钝化剂相似，施加硅肥后不同土壤中 Tl 的酸可交换态含量与 pH 均呈负相关，相关系数为 0.393～0.965，S3 和 S7 土壤达到显著性水平，表明土壤 pH 的升高能降低酸可交换态 Tl 含量。不同土壤中可还原态 Tl 含量与土壤 pH 同样呈负相关（相关系数为 -0.888～-0.576），与残余态呈正相关（相关系数为 0.566～0.966），其中 S1、S2、S3、S4 达到显著性水平，说明硅肥施加后导致的土壤 pH 升高可降低 Tl 的可还原态含量，显著提高残余态含量。这主要是由于 pH 升高可增加土壤胶体表面的负电荷，从而增强对重金属的吸附作用，降低重金属的活性；同时，土壤 pH 升高也会导致金属阳离子羟基态的形成，相对于自由态金属离子，增强金属离子与土壤吸附位点亲和力（邓晓霞 等，2018；王汉卫 等，2009；Cotter-Howells and Caporn，1996）。吴文成等（2015）通过室内钝化实验研究发现，添加硅肥后土壤的 pH 上升，土壤中重金属可交换态含量显著降低，土壤中 Cu、Cd、Pb 和 Zn 的可交换态含量与 pH 呈极显著负相关（$p<0.01$）。他认为土壤 pH 的升高促进可交换态的重金属离子与土壤中的硅酸根、氢氧根发生沉淀反应。酸可交换态 Tl 是指可溶解态的盐或离子或与碳酸盐结合的部分，多为 Tl(I)，与氢氧根发生沉淀的可能性小。因此认为硅肥的施加升高了土壤的 pH，减少了 H^+ 与硅酸根离子的结合，进而促进可交换态 Tl(I) 与硅酸根离子形成新的结构、性质稳定的铊-硅酸盐沉淀（Tl_2SiO_3 或者 $TlSiO_4$），从而降低土壤中 Tl 的酸可交换态含量，提高残余态 Tl 比例。杨超光等（2005）向镉污染土壤中加硅酸钠处理后发现，土壤中 Cd 的交换态和铁锰交换态含量显著降低，碳酸盐结合态和残余态 Cd 的含量显著提高，与本实验结果接近。可还原态是指重金属以很强的结合能力吸附在铁锰氧化物或氢氧化物的部分。随着培养时间的延长，Tl 的可还原态含量降低，残余态 Tl 含量升高，这一点与矿物质钝化剂一致，可能也是受土壤 pH 变化的影响。因此，向土壤中加入硅肥后引起的土壤 pH 升高，以及硅酸根离子与 Tl 离子反应生成沉淀可能是减少土壤酸可交换态和可还原态、增加残余态的作用机理之一。此外，硅肥颗粒表面及内部也存在大量孔洞（图 6.16），可能也增加新的吸附位点，进而通过专性吸附过程固定土壤中的重金属。

由图 6.18 可以看出，投加 10 g/kg 和 20 g/kg 的硅肥到 S3 土壤后 Tl 的形态变化趋势与施加 4 g/kg 硅肥相似，酸可交换态、可还原态 Tl 含量下降，残余态 Tl 含量升高，且硅肥投加量越大，土壤中 Tl 各形态变化越明显。同时，随着钝化时间的延长，土壤中

Tl 形态分布发生动态变化。投加 10 g/kg 的矿物质钝化剂使酸可交换态、可还原态和可氧化态 Tl 比例在 60 天时达到最低，残余态 Tl 比例则达到最高，与原始土壤相比增加了 16.8%，比同期 CK 组高 8.4%；随后可还原态 Tl 含量逐渐升高，残余态 Tl 的变化与之相反，可见土壤中 Tl 形态呈现出动态的变化过程，且主要是可还原态与残余态 Tl 之间的动态转化。投加 20 g/kg 的矿物质钝化剂使活动态 Tl 比例在 60 天时达到最低，与原始土壤相比降低了 19.4%。60 天后，与前者相似，可还原态 Tl 逐渐增加，与之对应的是残余态 Tl 逐渐减少。投加量越大，对酸可交换态、可还原态和可氧化态 Tl 这三种相对不稳定态的降低幅度越大。因此，认为硅肥在 60 天时能有效促进 S3 土壤中的活动态向残余态 Tl 转化，且硅肥的投加量越大，效果越明显。类似地，投加 10 g/kg 和 20 g/kg 的硅肥到 S7 土壤后均促进活动态 Tl 向残余态 Tl 转化，且转化效果比投加 4 g/kg 时更明显。随着钝化时间的延长，投加 10 g/kg 的硅肥在 30 天时明显降低 S7 土壤中活动态 Tl 的比例（13.4%），随后活动态 Tl 比例又逐渐上升。投加 20 g/kg 的硅肥则使 S7 土壤中活动态 Tl 逐渐降低，在 180 天时仍在持续降低。与同期 CK 组相比，活动态 Tl 比例在 180 天时降低了 19.9%。有研究表明，硅肥施用到镉污染土壤中可以降低弱酸提取态 Cd 的含量，提高残渣态 Cd 的含量，随着投加量增加，效果越明显，且以基肥与追肥两次投加更有利于使弱酸提取态 Cd 向残渣态 Cd 转化，这可能是由于 Cd 与部分硅酸盐结合形成硅酸盐化合物沉淀（郑煜基 等，2014）。

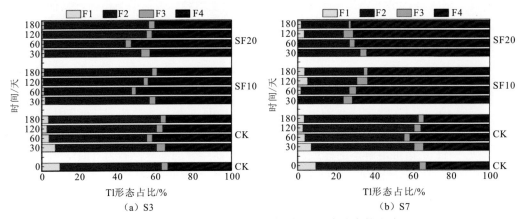

图 6.18　硅肥投加量对两种土壤中 Tl 形态分布的影响

由硅肥处理前后 S3 土壤的 XRD 分析可以看出，硅肥处理后的土壤 XRD 的变化与矿物质钝化剂处理后类似。与原始土壤相比，硅肥处理后的土壤中石英对应的峰变强，说明钝化剂投加后 S3 土壤中 SiO_2 含量升高，因为硅肥中也含有大量的 SiO_2（87.2%）。同样地，高岭石对应的峰减弱或消失，说明硅肥处理后，土壤中的高岭石含量降低，因为硅肥中也含有大量活性 SiO_2（22.1%），同时还有少量的 K、Na、Ca 等元素，可促进土壤中高岭石向其他成分转化（图 6.19）。

由 XPS 分析进一步可知，在硅肥处理前后 S3 土壤存在 Tl 的 4f 特征峰，硅肥处理前土壤中 Tl(III) 和 Tl(I) 的峰面积比分别为 19.3% 和 42.1%；拟合得出硅肥处理后 Tl(III)（118.4 eV）和 Tl(I)（119.4 eV）峰面积比分别为 45.3% 和 34.8%，表明硅肥施加后，S3 土壤中的 Tl 元素的价态和成分发生了明显的变化。Tl(I) 面积比明显减少，Tl(III) 面积比

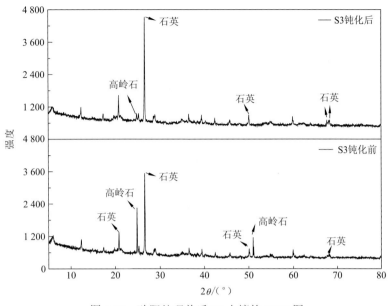

图 6.19　硅肥处理前后 S3 土壤的 XRD 图

明显增加，可见硅肥能够降低 S3 土壤中易于迁移和被生物利用部分的 Tl(I)，使之向相对稳定的、难于被生物直接利用部分的 Tl(III)转变（图 6.20）。

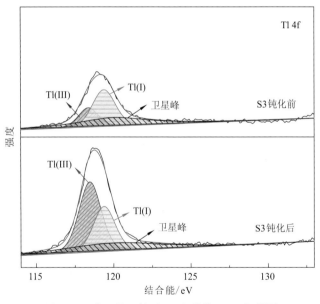

图 6.20　硅肥处理前后 S3 土壤的 XPS 能谱图

4. 小结

施用硅肥修复 Tl 污染土壤的理论机理在于硅肥可提高酸性土壤的 pH，随着投加量的加大，土壤 pH 升高得更明显，存在剂量-效应关系。钝化修复实验表明经钝化剂处理后，土壤中高岭石减少或消失，说明硅肥中大量的活性 SiO_2 或其他氧化物促进了土壤中高岭石转化为 2∶1 型黏土矿物，而 Tl⁺以类质同象形式进入层间或晶格。同时，硅肥对污染土壤的修复作用表现在促进土壤中活动态 Tl 向残余态 Tl 转化，有效降低土壤中酸可交换态、可还原态 Tl 含量，增加残余态 Tl。当投加量为 4 g/kg 时，30 天时活动态 Tl 减少的效果最明显，减少了 15.7%~34.4%。增加投加量使活动态 Tl 含量降低，尤其是对 S3 土壤效果更明显，60 天时活动态 Tl 比例较同期对照组降低了 11.0%。XPS 结果表明，硅肥处理后，土壤表面的 Tl(III)增加、Tl(I)减少，说明施加硅肥能够降低土壤中 Tl 的活性，将易于迁移的 Tl(I)转化为相对难迁移的 Tl(III)，结合形态分析结果（任加敏，2019），其机理可能是土壤 pH 升高导致可还原态 Tl 释放，并以类质同象形式转化为硅酸盐结合态。

6.4.4　生物炭对铊污染土壤的修复效应

1. 试验材料

供试土壤采自贵州滥木厂附近受污染的农田和菜地，其 pH 为 4.05，有机质质量分数为 19.48 g/kg，基本性质见表 6.10。

表 6.10　供试土壤基本性质

pH	有机质（OM）质量分数/（g/kg）	全氮（TN）质量分数/（g/kg）	全磷（TP）质量分数/（g/kg）	全钾（TK）质量分数/（g/kg）	全 Tl 质量分数/（mg/kg）
4.05	19.48	0.93	1.01	11.75	58.89

试验所用秸秆生物炭和锰基生物炭来自河南省绿之原活性炭有限公司，粒径为 0.15 mm，铁基生物炭来自广东省生态环境技术研究所，粒径为 0.15 mm。

2. 试验设计与处理

试验中秸秆生物炭、锰基生物炭和铁基生物炭均设置 5 个投加量水平，分别为 0 g/kg、5 g/kg、10 g/kg、15 g/kg、20 g/kg 共 15 个处理，每个处理重复 3 次。称取过 10 目筛的风干土样 120 g，再加入不同种类和用量的生物炭材料，置于 250 mL 烧杯中充分混匀，随后按照田间持水量的 60%添加去离子水（谢霏，2016），用封口膜封口，并在封口膜中间留数个小孔。将烧杯置于（25±2）℃的恒温培养箱中培养，培养过程中采用称重法补充去离子水。生物炭材料钝化培养 7 天、14 天、30 天和 60 天后，取适量土壤样品，自然风干过 200 目筛，用于测定土壤理化性质、Tl 全量、Tl 各赋存形态含量和相关表征。

3. 试验结果与分析

如图 6.21 所示，在添加生物炭材料后，Tl 污染农田土壤中有效 Tl 含量在不同培养时期与对照相比均显著下降，且污染土壤生物有效 Tl 含量均随生物炭材料施加量的增加而逐渐降低。在培养 7 天、14 天、30 天和 60 天时土壤生物有效态 Tl 含量降低幅度分别为 4.39%~31.87%、5.6%~33.34%、10.11%~37.08%、12.64%~37.93%。随着钝化试验的进行，空白对照处理中生物有效态 Tl 含量基本不变，生物炭材料处理下污染土壤中生物有效态铊含量在 30 天时快速下降，60 天时生物有效态 Tl 含量基本稳定，表明生物炭材料对污染土壤中 Tl 的钝化效果在培养 30 天后基本稳定。在不同的培养时期，铁基生物炭对污染土壤有效 Tl 含量的降低效果均优于其他两种生物炭。生物炭材料投加量为 20 g/kg 时，不同培养时期秸秆生物炭、锰基生物炭、铁基生物炭最大降低幅度分别为 29.89%、35.63% 和 37.93%。不同培养时期，铁基生物炭投加量为 15 g/kg 时，农田污染土壤中的生物有效态 Tl 含量均显著低于其他两种生物炭材料。因此，从生物有效态 Tl 含量的降低幅度来看，铁基生物炭的钝化效果最好。土壤钝化试验结果显示，三种生物炭材料均能钝化污染土壤中的 Tl。施用生物炭材料大幅降低了 Tl 污染土壤中生物有效态 Tl 和可氧化态 Tl 含量，残余态 Tl 大幅增加，可还原态 Tl 略有增加，可见施用生物炭材料促使污染土壤中生物有效态 Tl 和可氧化态 Tl 向可还原态和残余态 Tl 转化。生物炭对污染土壤中铊的形态分布有显著影响，且随生物炭施用量的增加而增强。钝化材料需要一定的时间来钝化土壤中的重金属，钝化效果相对稳定后，再种植植物，可更好地发挥钝化材料的修复效果。施用芒草生物炭钝化培养 56 天后，土壤中 CaCl$_2$ 提取态的 Cd 含量基本不变（Houben et al.，2013）；谢霏（2016）发现，秸秆生物炭和建材生物炭添加到中性和酸性 Cd 土壤后，土壤 Cd 有效态含量在 7 天降低得最多，14 天之后基本不变。本小节三种生

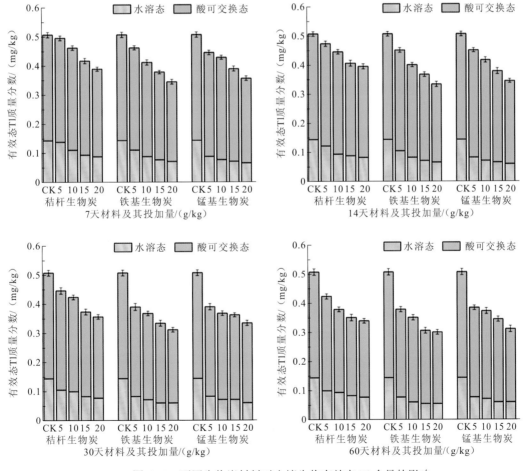

图 6.21　不同生物炭材料对土壤生物有效态 Tl 含量的影响

物炭材料施用30天时，土壤生物有效态Tl含量大幅下降，60天时土壤中生物有效态Tl含量基本不变。三种生物炭材料及其不同投加量达到钝化稳定的时间较为一致。因此，在生物炭施用到Tl污染土壤30天后再种植植物较好。

由图6.22分析可知，农田Tl污染土壤中总Tl质量分数为55.89 mg/kg，主要以残余态（69%）存在，其次为可氧化态（25.4%）、可还原态（4.6%）、弱酸提取态（0.3%）和水溶态（0.7%）。施用生物炭钝化处理后，污染土壤中水溶态Tl、弱酸提取态Tl和可氧化态Tl含量较对照组均不同程度地降低，残余态Tl含量有所升高，可还原态Tl含量因钝化材料的不同而有所差异。铁基生物炭和锰基生物炭处理后，土壤中可还原态Tl含量随生物炭投加量的增加略有升高。秸秆生物炭虽与此相反，但可还原态Tl含量仍较对照组有所升高。Tl污染土壤中投加的生物炭越多，土壤中Tl各形态变化得越明显。

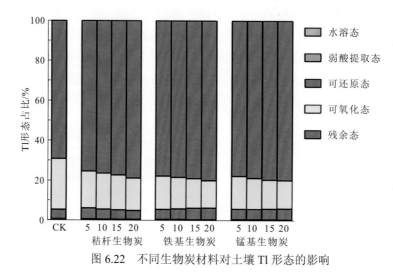

图6.22　不同生物炭材料对土壤Tl形态的影响

Tl污染土壤投加不同量的三种生物炭材料后，水溶态Tl、弱酸提取态Tl和可氧化态Tl含量均随投加量的增加而逐渐降低，显著低于对照组，生物炭投加量与这三种形态铊的含量成反比。当生物炭投加量为20 g/kg，铁基生物炭、锰基生物炭和秸秆生物炭对水溶态Tl减少比例最大，分别为56.52%、52.17%和39.13%；弱酸提取态Tl含量较对照组分别降低了29.03%、27.42%和24.19%；可氧化态Tl含量较对照组显著下降，分别下降了46.26%、44.33%和36.32%。可还原态Tl含量随着秸秆生物炭投加量的增加而略有降低，但其含量仍略微高于对照组。施用铁基生物炭和锰基生物炭时可还原态Tl含量变化趋势与秸秆生物炭相反，随着生物炭投加量的增加而升高，且显著高于对照组。铁基生物炭、锰基生物炭和秸秆生物炭投加量为20 g/kg时，残余态Tl含量显著升高，分别升高5.83 mg/kg、5.75 mg/kg和5.18 mg/kg，增幅为15.03%、14.82%和13.36%。可还原态Tl和残余态Tl与铁基生物炭、锰基生物炭投加量呈正相关关系，这说明生物炭材料施入土壤后，可将水溶态、弱酸提取态和可氧化态Tl转化为可还原态和残余态Tl，从而降低铊在土壤中的生物可利用性和迁移性。因此，三种生物炭材料均能影响土壤Tl赋存形态，进而钝化污染土壤中的Tl。生物炭材料对土壤中Tl各形态的影响以生物有效态、可氧化态和残余态的变化为主，且随材料投加量的增加而变化增大，其中铁基生物炭材料对土壤Tl各形态含量的影响最大，其次为锰基生物炭和秸秆生物炭。生物炭由高度扭曲的芳香环构成，具有发达的比表面积和丰富孔隙（Shen et al.，2016），其表面含有大量富含电子的活性官能团（羧基、羰基、内酯基、酮基、羟基和磺酸基等）可与Tl结合生成络合物或螯合物，进而与土壤中的矿物结合，从而降低土壤溶液中生物有效态的Tl含量，降低Tl的生态环境风险。生物炭材料富含大量有机质，生物炭施用到土壤后，土壤溶液中的有机质含量升高，土壤中铁锰氧化物的活性随之增强，铁锰氧化物与重金属的结合能力也随之增强，可还原态金属含量随之升高（陈建斌和高山，2000）。邓红梅等（2009）证实了这一观点，使用腐殖酸修复冲积区铊污染土壤，生物有效态Tl含量明显降低，可还原态铊含量升高。本小节研究中，随着生物炭投加量的增加，土壤中可还原态（铁锰氧化物与铊结合态）的含量随之升高也证实了这一观点。

为探究生物炭钝化处理前后污染土壤表面Tl元素价态的变化情况，选取钝化效果最好的铁基生物炭钝化土壤进行XPS分析。铁基生物炭钝化处理前后污染土壤Tl元素价态变化情况见图6.23。铁基生物炭钝化处理前后，污染土壤存在Tl的4f特征峰，铁基生物炭钝化处理前Tl(III)(118.2 eV)和Tl(I)(119.1 eV)峰面积比分别为54.27%和45.73%，铁基生物炭钝化处理后 Tl(III)（118.2 eV）和 Tl(I)（119.1 eV)峰面积比分别为34.81%和65.19%，表明铁基生物炭钝化处理后，污染土壤中Tl元素的价态和分布发生了明显的变化，即钝化处理后土壤中Tl(I)峰面积比升高，Tl(III)峰面积比降低。Tl(III)化合物可被亚硫酸还原成Tl(I)化合物（Lee et al.，1971），而铁基生物炭含有亚铁和零价铁，因此可以将部分Tl(III)还原成Tl(I)，提高土壤表面的Tl(I)含量。由于生物炭的负表面电荷、堆积密度和表面积较大，含有大量的吸附室，从而具有足够的孔隙，将铊从生物炭的外表面迁移到内核形成三价铊有机化合物（Ferronato et al.，2016），降低土壤表面的Tl(III)含量。XPS分析显示土壤表面Tl(III)减少、Tl(I)增加，而Tl^+与K^+的性质相似，Tl^+可以类质同象进入层间结构或晶格并固定，进而形成更稳定的化合物。结合形态分析的结果（施用生物炭后水溶态、弱酸提取态和可氧化态Tl含量大幅降低，残余态的含量显著升高），推测施用铁基生物炭后土壤中Tl(III)向Tl(I)转化，土壤中Tl(I)以类质同象方式变成残余态Tl，促进了Tl的形态转化。

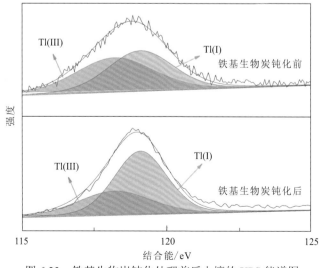

图6.23 铁基生物炭钝化处理前后土壤的XPS能谱图

4. 小结

钝化修复试验表明，3 种生物炭材料均能有效降低农田 Tl 污染土壤生物有效态 Tl 含量，且随生物炭材料投加量的增加其降低幅度逐渐增大，其中铁基生物炭对 Tl 污染土壤有效 Tl 含量的降低效果最好，锰基生物炭和秸秆生物炭效果次之。随着钝化修复试验的进行，3 种生物炭材料处理下土壤生物有效态 Tl 含量呈现出先降低后稳定的趋势，3 种生物炭对土壤中 Tl 的钝化效果在 30 天后基本稳定，此时种植植物更有利于发挥生物炭的钝化修复效果。施用 3 种生物炭后，污染土壤中 Tl 形态发生明显变化，培养 60 天时，主要表现为生物有效态 Tl 和可氧化态 Tl 减少、残余态 Tl 增加，且随着生物炭投加量的增加其变化幅度均增大。3 种生物炭中，铁基生物炭对土壤 Tl 形态的影响最为明显，其次是锰基生物炭和秸秆生物炭。XPS 结果进一步表明，铁基生物炭钝化处理后，污染土壤表面 Tl(III)减少、Tl(I)增加。结合形态分析结果，增加的 Tl(I)赋存于残余态 Tl 中。

参 考 文 献

曹心德, 魏晓欣, 代革联, 等, 2011. 土壤重金属复合污染及其化学钝化修复技术研究进展. 环境工程学报, 5(7): 1441-1453.

陈代演, 邹振西, 2000. 贵州西南部滥木厂式铊（汞）矿床研究. 贵州地质, 17: 236-242.

陈德, 2016. 生物质炭对土壤重金属有效性和作物吸收影响的整合分析及田间试验. 南京: 南京农业大学.

陈飞霞, 魏世强, 2006. 土壤中有效态重金属的化学试剂提取法研究进展. 干旱环境监测, 20(3): 153-158.

陈功宁, 2017. 矿物质钝化剂对重金属污染红壤的修复效应及机理研究. 广州: 华南理工大学.

陈建斌, 高山, 2000. 有机物料对土壤中外源铜形态及土壤化学性质的影响. 农业环境保护, 19(1): 38-40.

陈永亨, 谢文彪, 吴颖娟, 等, 2001. 中国含铊资源开发与铊环境污染. 深圳大学学报(理工版), 18(1): 57-63.

陈永亨, 王春霖, 刘娟, 等, 2013. 含铊黄铁矿工业利用中铊的环境暴露通量. 中国科学: 地球科学, 43(9): 1474-1480.

陈永亨, 黄颖, 殷美玲, 等, 2018. 污染土壤中铊的化学形态分布与转化. 矿山环境会议论文报告, 广州.

陈玉福, 陈谦, 2021. 铅锌尾矿库铊迁移转化及污染控制. 有色金属工程, 11(8): 134-140.

邓红梅, 陈永亨, 2010. 腐殖酸对污染土壤中铊赋存形态的影响. 环境化学, 29(1): 35-38.

邓红梅, 陈永亨, 常向阳, 2009. 腐殖酸对铊污染土壤中铊形态和分布的影响. 生态环境学报, 18(3): 891-894.

邓红梅, 陈永亨, 刘涛, 等, 2013. 铊在土壤-植物系统中的迁移积累. 环境化学, 32(9): 1749-1757.

邓晓霞, 黎其万, 李茂萱, 等, 2018. 土壤调控剂与硅肥配施对镉污染土壤的改良效果及水稻吸收镉的影响. 西南农业学报, 31(6): 1221-1226.

冯素萍, 刘慎坦, 杜伟, 等, 2009. 利用 BCR 改进法和 Tessier 修正法提取不同类型土壤中 Cu, Zn, Fe, Mn 的对比研究. 分析测试学报, 28(3): 297-300.

高春柏, 2020. 废弃蜜柚制备生物炭及对铊污染土壤中小白菜品质的影响. 厦门: 集美大学.

关天霞, 何红波, 张旭东, 等, 2011. 土壤中重金属元素形态分析方法及形态分布的影响因素. 土壤通报, 42(2): 503-512.

韩君, 梁学峰, 徐应明, 等, 2014. 黏土矿物原位修复镉污染稻田及其对土壤氮磷和酶活性的影响. 环境科学学报, 34(11): 2853-2860.

何立斌, 2008. 甘蓝(Brassica oleracea L. var. capitata L.) 富集铊的环境地球化学研究. 贵阳: 中国科学院地球化学研究所.

侯琳琳, 2002. 贵州省兴仁县滥木厂地区铊汞砷环境污染和铊的土壤存在形态的研究. 成都: 成都理工大学.

胡月芳, 2016. 4种改良剂对油菜生物量及吸收镉、铊浓度的影响. 江苏农业科学, 44(10): 154-157.

金昭贵, 周明忠, 2013. 遵义松林Ni-Mo矿区耕地土壤铊污染及潜在生态风险初步评价. 地球与环境, 41(3): 274-280.

李强, 乔捷娟, 赵烨, 等, 2009. 污灌区土壤-棉花系统中铊的分布特征. 生态环境学报, 18(2): 502-506.

李祥平, 张飞, 齐剑英, 等, 2012. 土壤有机质对铊在土壤中吸附-解吸行为的影响. 环境工程学报, 6(11): 4245-4250.

林景奋, 2020. 污染土壤剖面中铊的迁移转化研究. 广州: 广州大学.

林茂, 李伙生, 张高生, 等, 2019. 铁酸镍基水热炭协同次氯酸根氧化去除废水中铊. 化工学报, 70(4): 1591-1604.

刘敬勇, 常向阳, 涂湘林, 等, 2008. 广东某含铊硫酸冶炼堆渣场土壤中重金属的污染特征. 中国环境监测, 24(2): 74-81.

刘敬勇, 孙水裕, 许燕滨, 等, 2009. 广州城市污泥中重金属的存在特征及其农用生态风险评价. 环境科学学报, 29(12): 2545-2556.

龙江平, 1995. 黔滇地区富(含)铊矿床的低温地球化学及其环境效应研究(摘要). 地质地球化学(6): 89-90.

龙江平, 张宝贵, 张忠, 等, 1994. 铊的地球化学异常与金矿找矿. 地质与勘探, 30(5): 56-61.

卢荫麻, 白金峰, 1999. 土壤中铊的相态分析. 地质实验室, 15(4): 217-220.

潘家永, 张乾, 张宝贵, 1994. 粤西大降坪硫铁矿床地球化学特征及成因探讨. 矿床地质, 13(3): 231-241.

彭景权, 肖唐付, 李航, 等, 2007. 黔西南滥木厂铊矿化区河流沉积物中重金属污染及其潜在生态危害. 地球与环境, 35(3): 247-254.

齐文启, 曹杰山, 陈亚蕾, 1992. 铟(In)和铊(Tl)的土壤环境背景值研究. 土壤通报, 23(1): 31-33.

任加敏, 2019. 不同钝化剂对高铊污染土壤中铊化学形态分布的影响. 广州: 广州大学.

孙嘉龙, 2009. 微生物-铊相互作用的生物地球化学研究: 以真菌(Fungus)为例. 贵阳: 中国科学院地球化学研究所.

王春梅, 2007. 贵州兴仁铊矿化区土壤中铊的环境地球化学. 贵阳: 贵州大学.

王汉卫, 王玉军, 陈杰华, 等, 2009. 改性纳米碳黑用于重金属污染土壤改良的研究. 中国环境科学, 29(4): 431-436.

王永昕, 孙约兵, 徐应明, 等, 2016. 施用鸡粪对海泡石钝化修复镉污染菜地土壤的强化效应及土壤酶活性影响. 环境化学, 35(1): 159-169.

温汉捷, 朱传威, 杜胜江, 等, 2020. 中国镓锗铊镉资源. 科学通报, 65(33): 3688-3699.

吴启航, 李伙生, 黄雪夏, 等, 2016. 利用植物籽粒苋修复铊污染土壤研究. 广州大学学报(自然科学版), 15(6): 17-24.

吴文成, 陈显斌, 刘晓文, 等, 2015. 有机及无机肥料修复重金属污染水稻土效果差异研究. 农业环境科学学报, 34(10): 1928-1935.

肖青相, 2019. 云南金顶铅锌矿区铊的环境地球化学研究. 贵阳: 中国科学院地球化学研究所.

肖唐付, 何立斌, 陈敬安, 2004. 黔西南铊污染区铊的水环境地球化学研究. 地球与环境, 32(1): 35-41.

谢霏, 2016. Cd污染土壤钝化材料的筛选及钝化效应研究. 雅安: 四川农业大学.

颜文, 成杭新, 刘孝义, 1998. 辽宁省土壤中铊的时空分布、存在形态及其环境意义. 土壤学报, 35(4): 526-535.

杨超光, 豆虎, 梁永超, 等, 2005. 硅对土壤外源镉活性和玉米吸收镉的影响. 中国农业科学, 38(1): 116-121.

杨春霞, 2004. 含铊黄铁矿利用过程中毒害重金属铊的迁移释放行为研究. 广州: 中国科学院广州地球化学研究所.

杨春霞, 陈永亨, 彭平安, 等, 2004. H⁺反应对重金属分级提取形态分析法实用性的影响. 分析试验室, 23(10): 74-80.

杨春霞, 陈永亨, 彭平安, 等, 2005. 土壤中重金属铊的分级提取形态分析法研究. 分析测试学报, 24(2): 1-6.

张宝贵, 张忠, 张兴茂, 等, 1997. 贵州兴仁滥木厂铊矿床环境地球化学研究. 贵州地质, 14(1): 71-77.

张兴茂, 1998. 云南南华砷铊矿床的矿床和环境地球化学. 矿物岩石地球化学通报, 17(1): 44-45.

张忠, 陈国丽, 张宝贵, 等, 1999. 滥木厂铊矿床及其环境地球化学研究. 中国科学(D辑: 地球科学), 25(9): 432-440.

张忠, 张宝贵, 龙江平, 等, 1997. 中国铊矿床开发过程中铊环境污染研究. 中国科学(D辑: 地球科学), 27(4): 331-336.

郑煜基, 陈能场, 张雪霞, 等, 2014. 硅肥施用对重金属污染土壤甘蔗镉吸收的影响研究初探. 生态环境学报, 23(12): 2010-2012.

周代兴, 李汕生, 1982. 防治铊污染土壤的初步试验. 土壤学报, 19(4): 409-411.

Agency for Toxic Substances and Disease Registry (ATSDR). 1992. Toxicological profile for Thallium. Atlanta: U.S. Department of Health and Human Services.

Aguilar-carrillo J, Herrera L, Gutierrez E J, et al., 2018. Solid-phase distribution and mobility of thallium in mining-metallurgical residues: Environmental hazard implications. Environmental Pollution, 243: 1833-1845.

Ahmad M, Lee S S, Lee S E, et al., 2017. Biochar-induced changes in soil properties affected immobilization/mobilization of metals/metalloids in contaminated soils. Journal of Soils and Sediments, 17: 717-730.

Álvarez-Ayuso E, Otones V, Murciego A, et al., 2013. Zinc, cadmium and thallium distribution in soils and plants of an area impacted by sphalerite-bearing mine wastes. Geoderma, 207: 25-34.

Antić-Mladenović S, Frohne T, Kresović M, et al., 2017. Redox-controlled release dynamics of thallium in periodically flooded arable soil. Chemosphere, 178: 268-276.

Asami S, Hirano T, Yamaguchi R, et al., 1996. Increase of a type of oxidative DNA damage,

8-hydroxyguanine, and its repair activity in human leukocytes by cigarette smoking. Cancer Research, 56(11): 2546-2549.

Bačeva K, Stafilov T, Šajn R, et al., 2014. Distribution of chemical elements in soils and stream sediments in the area of abandoned Sb-As-Tl Allchar mine, Republic of Macedonia. Environmental Research, 133: 77-89.

Bhattacharyya K G, Gupta S S, 2008. Adsorption of a few heavy metals on natural and modified kaolinite and montmorillonite: A review. Advances in Colloid Interface Science, 140(2): 114-131.

Cabral A R, Lefebvre G, 1996. Use of sequential extraction in the study of heavy metal retention by silty soils. Water, Air & Soil Pollution, 102(3-4): 330-344.

Cabala J, Teper L, 2007. Metalliferous constituents of rhizosphere soils contaminated by Zn-Pb mining in Southern Poland. Water, Air & Soil Pollution, 178: 351-362.

Cabala J, Krupa P, Misz-Kennan M, 2009. Heavy metals in mycorrhizal rhizospheres contaminated by Zn-Pb mining and smelting around Olkusz in Southern Poland. Water, Air & Soil Pollution, 199: 139-149.

Cataldo D A, Wildung R E, 1978. Soil and plant factors influencing the accumulation of heavy metals by plants. Environmental Health Perspectives, 27: 149-159.

Cotter-Howells J, Caporn S, 1996. Remediation of contaminated land by formation of heavy metal phosphates. Applied Geochemistry, 11(1-2): 335-342.

Crist B V, 2000. Handbook of monochromatic XPS spectra. New York: Wiley.

Cruz-Hernández Y, Ruiz-García M, Villalobos M, et al., 2018. Fractionation and mobility of thallium in areas impacted by mining-metallurgical activities: Identification of a water-soluble Tl(I) fraction. Environmental Pollution, 237: 154-165.

Davis-Carter J G, Shuman L M, 1993. Influence of texture and pH of kaolinitic soils on zinc fractions and zinc uptake by peanuts. Soil Science, 155(6): 376-384.

De Albuquerque C A R, Muysson J R, Shaw D M, 1972. Thallium in basalts and related rocks. Chemical Geology, 10(1): 41-58.

Escarré J, Lefèbvre C, Raboyeau S, et al., 2011. Heavy metal concentration survey in soils and plants of the Les Malines mining district (Southern France): Implications for soil restoration. Water, Air & Soil Pollution, 216: 485-504.

Fellet G, Pošćić F, Casolo V, et al., 2012. Metallophytes and thallium hyperaccumulation at the former Raibl lead/zinc mining site (Julian Alps, Italy). Plant Biosystems, 146(4): 1023-1036.

Fergusson J E, 1990. The heavy elements: Chemistry, environmental impact and health effects. Oxford: Pergamon Press.

Ferronato C, Carbone S, Vianello G, et al., 2016. Thallium toxicity in mediterranean horticultural crops (*Fragaria vesca* L., *Mentha pulegium* L., *Ocimum basilicum* L.). Water, Air & Soil Pollution, 227(375): 1-10.

Gomez-gonzalez M A, Garcia-guinea J, Laborda F, et al., 2015. Thallium occurrence and partitioning in soils and sediments affected by mining activities in Madrid province (Spain). Science of the Total Environment, 536: 268-278.

Grösslová Z, Vaněk A, Mihaljevič M, et al., 2015. Bioaccumulation of thallium in a neutral soil as affected by solid-phase association. Journal of Geochemical Exploration, 159: 208-212.

Grösslová Z, Vaněk A, Oboorná V, et al., 2018. Thallium contamination of desert soil in Namibia: Chemical, mineralogical and isotopic insights. Environmental Pollution, 239: 272-280.

Gu H H, Li F P, Guan X, et al., 2013. Remediation of steel slag on acidic soil contaminated by heavy metal. Asian Agricultural Research, 5(5): 100-104.

Heim M, Wappelhorst O, Markert B, 2002. Thallium in terrestrial environments: Occurrence and effects. Ecotoxicology, 11: 369-377.

Heinrichs H, Mayer R, 1977. Distribution and cycling of major and trace elements in two central European forest ecosystems. Journal of Environmental Quality, 6(4): 402-407.

Heinrichs H, Schulz-Dobrick B, Wedepohl K H, 1980. Terrestrial geochemistry of Cd, Bi, Tl, Pb, Zn and Rb. Geochimica et Cosmochimica Acta, 44(10): 1519-1533.

Hinck J E, Linder G, Otton J K, et al., 2013. Derivation of soil-screening thresholds to protect the chisel-toothed kangaroo rat from uranium mine waste in Northern Arizona. Archives of Environmental Contamination and Toxicology, 65: 332-344.

Houben D, Evrard L, Sonnet P, 2013. Mobility, bioavailability and pH-dependent leaching of cadmium, zinc and lead in a contaminated soil amended with biochar. Chemosphere, 92(11): 1450-1457.

Howarth S, Prytulak J, Little S H, et al., 2018. Thallium concentration and thallium isotope composition of lateritic terrains. Geochimica et Cosmochimica Acta, 239: 446-462.

Huang X X, Li N, Wu Q H, et al., 2016. Risk assessment and vertical distribution of thallium in paddy soils and uptake in rice plants irrigated with acid mine drainage. Environmental Science and Pollution Research, 23: 24912-24921.

Huang X X, Li N, Wu Q H, et al., 2018. Fractional distribution of thallium in paddy soil and its bioavailability to rice. Ecotoxicology and Environmental Safety, 148: 311-317.

Il'In V B, Konarbaeva G A, 2000. Thallium in soils of the south of Western Siberia. Pochvovedenie(6): 701-705.

Jia Y L, Xiao T F, Zhou G Z, et al., 2013. Thallium at the interface of soil and green cabbage (*Brassica oleracea* L. *var. capitata* L.): Soil-plant transfer and influencing factors. Science of the Total Environment, 450-451: 140-147.

Jacobson A R, McBride M B, Baveye P, et al., 2005. Environmental factors determining the trace-level sorption of silver and thallium to soils. Science of the Total Environment, 345(1-3): 191-205.

Jakubowska M, Pasieczna A, Zembrzuski W, et al., 2007. Thallium in fractions of soil formed on floodplain terraces. Chemosphere, 66(4): 611-618.

Karbowska B, 2016. Presence of thallium in the environment: Sources of contaminations, distribution and monitoring methods. Environmental Monitoring and Assessment, 188: 1-19.

Karbowska B, Zembrzuski W, Jakubowska M, et al., 2014. Translocation and mobility of thallium from zinc-lead ores. Journal of Geochemical Exploration, 143: 127-135.

Karatepe A, Soylak M, Elçi L, 2011. Selective preconcentration of thallium species as chloro and iodo complexes on Chromosorb 105 resin prior to electrothermal atomic absorption spectrometry. Talanta, 85(4): 1974-1979.

Kersten M, Förstner U, 1986. Chemical fraction of heavy metals in anoxic estuarine and coastal sediments. Water Science and Technology, 18(4-5): 121-130.

Kersten M, Xiao T F, Kreissig K, et al., 2014. Tracing anthropogenic thallium in soil using stable isotope compositions. Environmental Science & Technology, 48(16): 9030-9036.

LaCoste C, Robinson B, Brooks R, et al., 1999. The phytoremediation potential of thallium-contaminated soils using *Iberis and Biscutella* species. International Journal of Phytoremediation, 1(4): 327-338.

Lee A G, 1971. The chemistry of thallium. Amsterdam: Elsevier.

Lehn H, Schoer J, 1987. Thallium-transfer from soils to plants: Correlation between chemical form and plant uptake. Plant and Soil, 97: 253-265.

Li D X, Gao Z M, Zhu Y X, et al., 2005. Photochemical reaction of Tl in aqueous solution and its environmental significance. Geochemical Journal, 39(2): 113-119.

Li X J, Tang D L, Tang F, et al., 2014. Preparation, characterization and photocatalytic activity of visible-light-driven plasmonic $Ag/AgBr/ZnFe_2O_4$ nanocomposites. Materials Research Bulletin, 56: 125-133.

Li Z B, Shuman L M, 1996. Heavy metal movement in metal-contaminated soil profiles. Soil Science, 161(10): 656-666.

Lin J F, Yin M L, Wang J, et al., 2020. Geochemical fractionation of thallium in contaminated soils near a large-scale Hg-Tl mineralised area. Chemosphere, 239: 124775.

Lis J, Pasieczna A, Karbowska B, et al., 2003. Thallium in soils and stream sediments of a Zn-Pb mining and smelting area. Environmental Science & Technology, 37(20): 4569-4572.

Liu J, Lippold H, Wang J, et al., 2011. Sorption of thallium(I) onto geological materials: Influence of pH and humic matter. Chemosphere, 82(6): 866-871.

Liu J, Luo X W, Wang J, et al., 2017. Thallium contamination in arable soils and vegetables around a steel plant: A newly-found significant source of Tl pollution in South China. Environmental Pollution, 224: 445-453.

Liu J, Wang J, Xiao T F, et al., 2018. Geochemical dispersal of thallium and accompanying metals in sediment profiles from a smelter-impacted area in South China. Applied Geochemistry, 88: 239-246.

Liu J, Li N, Zhang W L, et al., 2019a. Thallium contamination in farmlands and common vegetables in a pyrite mining city and potential health risks. Environmental Pollution, 248: 906-915.

Liu J, Yin M L, Luo X W, et al., 2019b. The mobility of thallium in sediments and source apportionment by lead isotopes. Chemosphere, 219: 864-874.

Liu J, Yin M L, Zhang W L, et al., 2019c. Response of microbial communities and interactions to thallium in contaminated sediments near a pyrite mining area. Environmental Pollution, 248: 916-928.

Liu J, Ren J M, Zhou Y C, et al., 2020a. Effects and mechanisms of mineral amendment on thallium mobility in highly contaminated soils. Journal of Environmental Management, 262: 110251.

Liu J, Yin M L, Xiao T F, et al., 2020b. Thallium isotopic fractionation in industrial process of pyrite smelting and environmental implications. Journal of Hazardous Materials, 384(15): 121378.

Łukaszewski M, Czerwiński A, 2003. Electrochemical behavior of palladium: Gold alloys. Electrochimica Acta, 48(17): 2435-2445.

Lukaszewski Z, Jakubowska M, Zembrzuski W, et al., 2010. Flow-injection differential-pulse anodic stripping voltammetry as a tool for thallium monitoring in the environment. Electroanalysis, 22: 1963-1966.

Lyu H H, He Y H, Tang J C, et al., 2016. Effect of pyrolysis temperature on potential toxicity of biochar if applied to the environment. Environmental Pollution, 218: 1-7.

Martin F, Garcia I, Dorronsoro C, et al., 2004. Thallium behavior in soils polluted by pyrite tailings (Aznalcollar, Spain). Soil and Sediment Contamination, 13(1): 25-36.

Martin H W, Kaplan D I, 1998. Temporal changes in cadmium, thallium, and vanadium mobility in soil and phytoavailability under field conditions. Water, Air & Soil Pollution, 101: 399-410.

Martin L A, Wissocq A, Benedetti M F, et al., 2018. Thallium(Tl) sorption onto illite and smectite: Implications for Tl mobility in the environment. Geochimica et Cosmochimica Acta, 230: 1-16.

Ning D F, Song A L, Fan F L, et al., 2014. Effects of slag-based silicon fertilizer on rice growth and brown-spot resistance. Plos One, 9(7): e102681.

Ning Z P, He L B, Xiao T F, et al., 2015. High accumulation and subcellular distribution of thallium in green cabbage (*Brassica oleracea* L. var. *capitata* L.). International Journal of Phytoremediation, 17(11): 1097-1104.

Pandey G P, Singh A K, Prasad S, et al., 2015. Development of surfactant assisted kinetic method for trace determination of thallium in environmental samples. Microchemical Journal, 118: 150-157.

Pavoni E, Petranich E, Adami G, et al., 2017. Bioaccumulation of thallium and other trace metals in *Biscutella laevigata* nearby a decommissioned zinc-lead mine (Northeastern Italian Alps). Journal of Environmental Management, 186: 214-224.

Peacock C L, Moon E M, 2012. Oxidative scavenging of thallium by birnessite: Explanation for thallium enrichment and stable isotope fractionation in marine ferromanganese precipitates. Geochimica et Cosmochimica Acta, 84: 297-313.

Peña-Fernández A, González-Muñoz M J, Lobo-Bedmar M C, 2014. Establishing the importance of human health risk assessment for metals and metalloids in urban environments. Environment International, 72: 176-185.

Porter S K, Scheckel K G, Impellitteri C A, et al., 2004. Toxic metals in the environment: Thermodynamic considerations for possible immobilization strategies for Pb, Cd, As, and Hg. Critical Reviews in Environmental Science and Technology, 34(6): 495-604.

Querol X, Alastuey A, Moreno N, et al., 2006. Immobilization of heavy metals in polluted soils by the addition of zeolitic material synthesized from coal fly ash. Chemosphere, 62(2): 171-180.

Ralph L, Twiss M R, 2002. Comparative toxicity of thallium(I), thallium(III), and cadmium(II) to the unicellular alga *Chlorella* isolated from Lake Erie. Bulletin of Environmental Contamination and Toxicology, 68(2): 261-268.

Rao C R M, Ruiz-Chancho M J, Sahuquillo A, et al., 2008. Assessment of extractants for the determination of thallium in an accidentally polluted soil. Bulletin of Environmental Contamination and Toxicology, 81(4): 334-338.

Rasool A, Xiao T, 2018. Response of microbial communities to elevated thallium contamination in river sediments. Geomicrobiology Journal, 35(10): 854-868.

Rauret G, López-Sánchez J F, Sahuquillo A, et al., 2000. Application of a modified BCR sequential extraction (three-step) procedure for the determination of extractable trace metal contents in a sewage sludge amended soil reference material (CRM 483), complemented by a three-year stability study of acetic acid and EDTA extractable metal content. Journal of Environmental Monitoring, 2(3): 228-233.

Sager J K, Griffeth R W, Hom P W, 1998. A comparison of structural models representing turnover cognitions. Journal of Vocational Behavior, 53(2): 254-273.

Sasmaz A, Sen O, Kaya G, et al., 2007. Distribution of thallium in soil and plants growing in the Keban mining district of Turkey and determined by ICP-MS. Atomic Spectroscopy, 28(5): 157-163.

Scheckel K G, Lombi E, Rock S A, et al., 2004. In vivo synchrotron study of thallium speciation and compartmentation in *Iberis intermedia*. Environmental Science & Technology, 38(19): 5095-5100.

Sierra J, Montserrat G, Martí E, et al., 2003. Contamination levels remaining in Aznalcóllar spill-affected soils (Spain) following pyritic sludge removal. Soil and Sediment Contamination, 12(4): 523-539.

Shen X, Huang D Y, Ren X F, et al., 2016. Phytoavailability of Cd and Pb in crop straw biochar-amended soil is related to the heavy metal content of both biochar and soil. Journal of Environmental Management, 168: 245-251.

Smith I C, Carson B L, 1977. Trace metals in the environment: I. Thallium. Ann Arbor, Michigan: Ann Arbor Science Publishers.

Stefanowicz A M, Woch M W, Kapusta P, 2014. Inconspicuous waste heaps left by historical Zn-Pb mining are hot spots of soil contamination. Geoderma. 235-236: 1-8.

Sterckeman T, Douay F, Proix N, et al., 2002. Assessment of the contamination of cultivated soils by eighteen trace elements around smelters in the North of France. Water, Air & Soil Pollution, 135: 173-194.

Sun J L, Zou X, Xiao T F, et al., 2015. Biosorption and bioaccumulation of thallium by thallium-tolerant fungal isolates. Environmental Science and Pollution Research, 22(21): 16742-16748.

Sun J L, Zou X, Ning Z P, et al., 2012. Culturable microbial groups and thallium-tolerant fungi in soils with high thallium contamination. Science of the Total Environment, 441: 258-264.

Tessier A, Campbell P G C, Bisson M, 1979. Sequential extraction procedure for the speciation of particular trace metals. Analytical Chemistry, 51(7): 844-851.

Tremel A, Masson P, Garraud H, et al., 1997. Thallium in French agrosystems: II. Concentration of thallium in field-grown rape and some other plant species. Environmental Pollution, 97(1-2): 161-168.

Urík M, Kramarová Z, Ševc J, et al., 2010. Biosorption and bioaccumulation of thallium(I) and its effect on growth of *Neosartorya fischeri* strain. Polish Journal of Environmental Studies, 19(2): 457-460.

Vaněk A, Chrastný V, Komárek M, et al., 2010. Thallium dynamics in contrasting light sandy soils-soil vulnerability assessment to anthropogenic contamination. Journal of Hazardous Materials, 173(1-3): 717-723.

Vaněk A, Komárek M, Vokurková P, et al., 2011. Effect of illite and birnessite on thallium retention and bioavailability in contaminated soils. Journal of Hazardous Materials, 191(1-3): 170-176.

Vaněk A, Chrastný V, Komárek M, et al., 2013. Geochemical position of thallium in soils from a smelter-impacted area. Journal of Geochemical Exploration, 124: 176-182.

Vaněk A, Grösslová Z, Mihaljevič M, et al., 2015. Thallium contamination of soils/vegetation as affected by sphalerite weathering: A model rhizospheric experiment. Journal of Hazardous Materials, 283: 148-156.

Vaněk A, Grösslová Z, Mihaljevič M, et al., 2016. Isotopic tracing of thallium contamination in soils affected by emissions from coal-fired power plants. Environmental Science & Technology, 50(18): 9864-9871.

Vaněk A, Grösslová Z, Mihaljevič M, et al., 2018. Thallium isotopes in metallurgical wastes/contaminated soils: A novel tool to trace metal source and behavior. Journal of Hazardous Materials, 343: 78-85.

Vaněk A, Holubík O, Oborná V, et al., 2019. Thallium stable isotope fractionation in white mustard: Implications for metal transfers and incorporation in plants. Journal of Hazardous Materials, 369: 521-527.

Vaněk A, Voegelin A, Mihaljevič M, et al., 2020. Thallium stable isotope ratios in naturally Tl-rich soils. Geoderma, 364: 114183.

Vink B W, 1998. Thallium in the (sub)surface environment: Its mobility in terms of Eh and pH//Niragu J O. Thallium in the environment. New York: Wiley-Interscience.

Voegelin A, Pfenninger N, Petrikis J, et al., 2015. Thallium speciation and extractability in a thallium-and arsenic-rich soil developed from mineralized carbonate rock. Environmental Science & Technology, 49(9): 5390-5398.

Wang B, Gao B, Fang J, 2018. Recent advances in engineered biochar productions and applications. Critical Reviews in Environmental Science and Technology, 47(22): 2158-2207.

Wang T L, Diaz Jr L A, Romans K, et al., 2004. Digital karyotyping identifies thymidylate synthase amplification as a mechanism of resistance to 5-fluorouracil in metastatic colorectal cancer patients. Proceedings of the National Academy of Science, 101(9): 3089-3094.

Wang Z L, Zhang B G, Jiang Y F, et al., 2018. Spontaneous thallium (I) oxidation with electricity generation in single-chamber microbial fuel cells. Applied Energy, 209: 33-42.

Wei X D, Zhou Y T, Tsang D C W, et al., 2019. Hyperaccumulation and transport mechanism of thallium and arsenic in brake ferns (*Pteris vittata* L.): A case study from mining area. Journal of Hazardous Materials, 388: 121756.

Wick S, Baeyens B, Fernandes M M, et al., 2018. Thallium adsorption onto illite. Environmental Science & Technology, 52(2): 571-580.

Wierzbicka M, Szarek-tukaszewska G, Grodzińska K, 2004. Highly toxic thallium in plants from the vicinity of Olkusz (Poland). Ecotoxicology and Environmental Safety, 59(1): 84-88.

Wu Q H, Leung J Y S, Huang X X, et al., 2015. Evaluation of the ability of black nightshade *Solanum nigrum* L. for phytoremediation of thallium-contaminated soil. Environmental Science and Pollution Research, 22(15): 11478-11487.

Xiao T F, Boyle D, Guha J, et al., 2003. Groundwater-related thallium transfer processes and their impacts on the ecosystem: Southwest Guizhou Province, China. Applied Geochemistry, 18(5): 675-691.

Xiao T F, Guha J, Boyle D, et al., 2004a. Environmental concerns related to high thallium levels in soils and thallium uptake by plants in southwest Guizhou, China. Science of the Total Environment, 318(1-3): 223-244.

Xiao T F, Guha J, Boyle D, et al., 2004b. Naturally occurring thallium: A hidden geoenvironmental health hazard? Environment International, 30(4): 501-507.

Xiao T F, Guha J, Boyle D, 2004c. High thallium content in rocks associated with Au-As-Hg-Tl and coal mineralization and its adverse environmental potential in SW Guizhou, China. Geochemistry: Exploration, Environment, Analysis, 4(3): 243-252.

Xiao T F, Guha J, Liu C Q, et al., 2007. Potential health risk in areas of high natural concentrations of thallium and importance of urine screening. Applied Geochemistry, 22(5): 919-929.

Xiao T F, Rehkämper M, Yang Z, 2010. Thallium isotope fractionation in the soil-plant interface. Geochimica et Cosmochimica Acta, 72(12): 1155.

Xiao T F, Yang F, Li S H, et al., 2012. Thallium pollution in China: A geo-environmental perspective. Science of the Total Environment, 421-422: 51-58.

Xiao X M, Zhang Q Y, Braswell B, et al., 2004. Modeling gross primary production of temperate deciduous broadleaf forest using satellite images and climate data. Remote Sensing of Environment, 91(2): 256-270.

Yang C X, Chen Y H, Peng P A, et al., 2005. Distribution of natural and anthropogenic thallium in the soils in an industrial pyrite slag disposingarea. Science of the Total Environment, 341(1-3): 159-172.

Wei X D, Zhou Y T, Tsang D C W, et al., 2020. Hyperaccumulation and transport mechanism of thallium and arsenic in brake ferns (*Pteris vittata* L.): A case study from mining area. Journal of Hazardous Materials, 388: 121756.

Zhang C, Yin M, Liu J, et al., 2020. Hyperaccumulation and transport mechanism of thallium and arsenic in brake ferns (*Pteris vittata* L.):A case study from mining area.Journal of Hazardous Materials, 388:121756.

Zhang H G, Li M, Pang B, et al., 2017. Bioremoval of Tl(I) by PVA-immobilized sulfate-reducing bacteria. Polish Journal of Environmental Studies, 26(4): 1865-1873.

Zhang Z, Zhang B, 1996. Thallium in low temperature ore deposits, China. Chinese Journal of Geochemistry, 15(1): 87-96.

第7章 工业环境废水中铊的污染与治理技术

7.1 铊的工业环境水污染问题

铊在自然环境中的含量较低，在大陆地壳中的平均丰度为 0.75 mg/kg，在地下水中为 $0.001 \sim 0.250$ μg/L，在海水中为 $0.012 \sim 0.016$ μg/L（Xiao et al.，2012）。铊由于具有亲铜和亲石性质，通常与硫化物矿物如方铅矿（PbS）、黄铜矿（$CuFeS_2$）、闪锌矿（ZnS）和黄铁矿（FeS_2）共生（Tatsi and Turner，2014）。另外，由于铊离子与钾离子半径相当接近，铊离子容易取代其接触物中的钾离子，因此，涉铊地区的钾矿物如碱长石和云母等均有一定量的铊元素。铊排放到环境中的途径通常包括涉铊矿山开采、煤炭燃烧、水泥厂与火电厂烟尘、有色金属冶炼（主要是铅和锌）等（Vaněk et al.，2010）。环境水体的铊污染有天然矿物污染和人为源污染，其主要污染源是含铊硫化矿开采、选矿和冶炼过程中产生的废水；其他来源包括无组织排放或处置不妥善的涉铊矿堆渣渗滤液、工厂涉铊烟尘、飘尘扩散等。由于 Tl(I)在水中的高溶解性和流动性（Lupa et al.，2015），铊很容易在水环境中迁移扩散，以上这些途径均可能会造成较严重的水环境铊污染，并可能通过饮用水或食物链对人类健康造成不利影响（López Antón et al.，2013）。

国内外媒体和文献均报道过水体铊污染事件及大量关于铊污染的风险研究。在涉铊矿区，容易发现其天然水体含有较高背景的铊，含铊矿物的开采会加剧周边环境水体的铊污染。我国的贵州省和云南省有较大规模浅成低温热液成矿区，大部分发现了极高的铊含量。贵州省兴仁汞铊矿坑水、地下水和地表水的 Tl 质量浓度分别为 $26.6 \sim 26.9$ μg/L、$13 \sim 1\,966$ μg/L 和 $1.9 \sim 8.1$ μg/L（Xiao et al.，2012）。如此高的铊背景含量主要归因于滥木厂地区的铊矿背景释放。云南省南华县砷铊矿区由于毒砂矿物中铊质量分数极高（>4 000 mg/kg），其地表水和矿井水中 Tl 质量浓度分别为 2.91 μg/L 和 16.5 μg/L（Zhang，1998），泉水中铊的质量浓度为 $0.078 \sim 0.437$ μg/L（Zhang，1998）。云浮黄铁矿中 Tl 质量分数较高（平均 50 mg/kg），起源于浅成低温热液成矿作用，主要由层状黄铁矿组成，其次为磁黄铁矿（$Fe_{1-x}S$）、闪锌矿（ZnS）和黄铜矿（$CuFe_2S$）。20 世纪 60 年代末以来，每年大约有 300 万 t 以上的黄铁矿被开采出来，排放了大量的 Tl（Liu et al.，2017）。据估计，有 $15 \sim 20$ t 铊被排放到环境中（Chen et al.，2013）。当地硫酸厂的除尘废水中 Tl 质量浓度达 $15.4 \sim 400$ μg/L。采矿地点的地表水铊质量浓度为 $101.1 \sim 194.4$ μg/L。位于矿区下游的高峰河采样的地表水中发现了高浓度的铊（旱季为 $1.00 \sim 9.15$ μg/L，雨季为 $0.54 \sim 1.92$ μg/L）。近年来，安徽省香泉地区发现了一个浅成低温热液成矿作用形成的铊矿床。其硫铁矿中观察到的铊质量分数高达 5 000 mg/kg（Zhou et al.，2008）。香泉铊矿井水、池水和温泉水的 Tl 质量浓度分别为 $0.05 \sim 0.089$ μg/L、$0.05 \sim 0.15$ μg/L 和 $0.62 \sim 0.65$ μg/L（Zhou et al.，2008）。

工业企业排污不当也会引起显著的环境水体铊污染。我国处于领先地位的有色金属优势产业包括铅锌业、稀土业和有色金属合金制造业都是涉铊工业（Xu et al.，2019）。然而，这些行业整体上在废水污染控制工艺技术方面仍有较大提升空间，导致铊污染成为一大环境问题。近年来，我国接连报道关于铊的水体污染事件（Xu et al.，2019）。2010 年 10 月某冶炼厂排污导致北江发生重大铊污染，其排污口铊质量浓度达 600～1 067 μg/L。欧美等国家也常有涉铊水质超标和铊污染风险的报道（D'Orazio et al.，2020；Belzile and Chen，2017），危及周边环境水体与生态环境安全。意大利 Perotti 等（2017a，2017b）报道了酸性矿井排水引起的 Tl 污染（＞2 μg/L）。我国南方饮用水源头珠江地区也有 Tl 污染发生（0.18～1 000 μg/L）（Liu et al.，2017）。这些频繁的铊污染事件表明含铊废水治理的紧迫性。

另外，铅锌冶炼灰渣、钢厂瓦斯灰等含铅锌二次资源铊浓度也较高（程秦豫 等，2018；熊果和沈毅，2015；刘娟 等，2015）。铅锌冶炼产生的含铊废水主要是烟尘净化废水，是由含铊铅锌矿在高温烧结或熔炼过程中挥发并富集于烟尘中，在烟尘酸洗工艺过程中产生的废水，铊浓度一般相对较高，这类废水约占铅锌冶炼企业废水总量的 20%～30%。我国经济的高速发展对涉铊矿产资源的开发利用需求不断增大，随着含铊矿石的开采和冶炼，以及消费和需求的不断升高，若污染管控不当，Tl 将可能成为未来水环境中常见污染物，其污染可能会持续较长时间。

7.2 铊的铅锌冶炼工业废水处理要求

我国是国际上最大的铅锌生产国和消费国，《中国有色金属工业年鉴（2018）》显示 2017 年全国铅锌年产量为 1 087 万 t。对铅锌冶炼企业而言，生产过程中将产生大量的含铊废水，如果废水中的金属铊含量超标，将直接对饮用水源的安全性造成严重影响（亓玉军，2021）。根据《第二次全国污染源普查工业污染源产排污量核算手册》中铅锌冶炼工业废水量产生系数估算，我国铅锌冶炼废水年产生量为 5 925 万 t，其中含铊废水量约为 1 400 万 t（卢然 等，2021）。鉴于铊污染事件的频频暴发，世界各地陆续制订了关于铊的水体环保标准（卢然 等，2021）。我国湖南省于 2014 年颁布《工业废水铊污染物排放标准》（DB 43/968—2014，并进一步修订为 DB 43/968—2021），广东省于 2017 年颁布《工业废水铊污染物排放标准》（DB 44/1989—2017），江苏省于 2018 年出台了《钢铁工业废水中铊污染物排放标准》（DB 32/3431—2018），2015 年环境保护部颁布了《无机化学工业污染物排放标准》（GB 31573—2015），这些严格的铊废水排放标准中多数要求排放前 Tl 的总质量浓度低于 5 μg/L，在某些生态敏感地区要求铊排放质量浓度低于 2 μg/L。另外，《地表水环境质量标准》（GB 3838—2002）中的 II 类和 III 类水体，以及《生活饮用水卫生标准》（GB 5749—2022）中对铊的质量浓度限值规定均为 0.1 μg/L。而在国外：美国国家环境保护署的《最佳论证可用技术》规定工业废水铊的排放标准为 140 μg/L，其饮用水水质标准规定最高铊容许质量浓度为 0.5 μg/L；加拿大的水质标准规定淡水铊质量浓度阈值为 0.8 μg/L（Xu et al.，2019）。可见我国的涉铊环保标准比国外更为严格，意味着对含铊废水的达标处理技术提出了更为严峻的挑战。

2014 年以来，湖南、广东、江西 3 个省陆续出台工业废水铊污染物地方排放标准，要求铅锌冶炼企业执行的废水中总铊浓度排放限值为 2 μg/L 或 5 μg/L，各省排放限值严格程度由高至低依次是广东、江西、湖南。2020 年，生态环境部修改了《铅、锌工业污染物排放标准》（GB 25466—2010），确定铅锌工业废水总铊排放限值为 5 μg/L，针对铅锌采选企业，采矿或选矿生产单元废水单独排放时总铊排放限值为 5 μg/L。

7.3 铊的硫酸工业废水处理要求

硫酸是我国十大重要工业化学品之一，广泛应用于纺织、化工、冶金、医药等各个工业部门，其产量常被用作衡量国家工业发展水平的标志，素有"工业酵母"的美誉。铊的亲石及亲硫特性，决定了硫铁矿制酸、冶炼烟气制酸等以硫铁矿、重金属矿为原料生产硫酸的工艺成为重金属铊排放的重要来源。加强硫酸行业废水中总铊的排放控制，对降低硫酸行业废水铊污染排放、防范环境风险、保障水环境安全具有重要意义。

7.3.1 硫酸行业现状及废水中铊的来源

2019 年我国硫酸产量占全球总产量的 36% 左右，行业产值约为 200 亿元，出口量为 217 万 t，进口量为 53.1 万 t（范真真 等，2022）。统计表明 2019 年我国硫磺制酸、硫铁矿制酸及冶炼制酸企业数量分别为 81 家、107 家、99 家，硫铁矿制酸占比从 2013 年的 24.9% 不断下降，2019 年硫铁矿制酸占比 19.1%。冶炼制酸产量为 3 496 万 t，近 20 年保持连续增长态势。

硫铁矿是对天然硫铁矿和有色金属矿选矿副产物硫精砂的统称。目前硫铁矿制酸企业硫精砂中含硫率均在 40% 以上，而铊具有亲硫特性，是硫铁矿的伴生元素之一。广东云浮硫铁矿中铊质量分数为 1.0～55.7 mg/kg，我国内蒙古、安徽等硫铁矿制酸企业原料硫精砂均检测到重金属铊。在广东省疑似排铊的涉重金属行业筛查中，涉铊的无机酸制造企业有 20 家，占到企业总数的 19.4%。江苏省重点钢铁企业调研数据表明，未处理废水中铊质量浓度达到 0.1～948 μg/L。矿石经采选后伴生铊随各矿种作为原料，通过相应冶炼或其他生产工艺进入环境中。

我国硫铁矿产量居前的主要有广东、江西、安徽、内蒙古、陕西、辽宁、云南、福建、湖南、江苏，2018 年硫铁矿总产量达 1 278 万 t，占比 94%。目前我国硫铁矿制酸企业原料主要来自广东云浮硫铁矿、江西铜业、安徽新桥矿、内蒙古东升庙矿、陕西金堆城钼矿、红透山矿、个旧锡矿、湖南水口山等矿种（范真真 等，2022）。

7.3.2 硫酸行业废水中铊的排放

硫酸生产流程相对简单，主要工艺流程包括：含硫原料焚烧产生二氧化硫工艺气、工艺气净化洗涤、二氧化硫转化为三氧化硫、三氧化硫被浓硫酸吸收产出硫酸产品、硫酸尾气洗涤达标排放。废气主要是从尾气洗涤塔产生，主要含有二氧化硫和少量的硫酸雾。废水主要来自工艺气净化洗涤流程，产生的废酸中含有铅、铊等重金属和砷、氟离子。此外，沸腾炉焙烧过程中还会产生大量焙烧废渣。但在生产过程中不需要外加辅料，因此硫酸废水中铊、砷等主要来自硫铁矿。基于制酸的工艺流程，硫铁矿在沸腾炉内燃烧，一部分砷、铊等会附着于颗粒物表面，随着烟气进入净化系统，大部分砷、铊等通过净化过程带至净化废酸中，另外一部分则在烧渣中富集。

我国发布的《重金属污染综合防治"十二五"规划》中明确要求严控铅（Pb）、汞（Hg）、镉（Cd）、铬（Cr）、砷（As）、钴（Co）、铊（Tl）、锑（Sb）等元素。规划要求对涉重金属排放源制定和修订更加严格的排放标准和监管措施，将铊纳入了常规重金属污染防控范畴。环境司法解释中将铊与铅、汞、镉、铬、砷、锑一并纳入超标三倍认定违法。从我国生态环境标准体系来看，国内涉铊的环境质量标准或排放标准体系已基本建成，特别是 2020 年 12 月生态环境部发布了铅锌、锡锑汞、硫酸、磷肥、钢铁 5 项行业排放标准修改单中增加总铊控制要求，见表 7.1（范真真 等，2022）。

表 7.1 涉及铊的相关标准一览表

类别	标准名称及编号	总铊控制限值/(μg/L)	备注
质量标准	地表水环境质量标准（GB 3838—2002）	0.1（集中式生活饮用水地表水源地）	国家级
	生活饮用水卫生标准（GB 5749—2022）	0.1	国家级
	地下水质量标准（GB 14848—2017）	I 类、II 类、III 类、IV 类水 ≤0.1	国家级
	生活饮用水水质标准（DB 31/T 1091—2018）	0.1	地方级（上海）
国家涉铊水污染物排放标准	无机化学工业污染物排放标准（GB 31573—2015）	5	车间或生产设施废水排放口
	铅、锌工业污染物排放标准（GB 25466—2010）修改单	5（采矿或选矿生产单元废水单独排放）	车间或生产设施废水排放口
	《锡、锑、汞工业污染物排放标准》（GB 30770—2014）修改单	15.5（采矿或选矿生产单元废水单独排放）	车间或生产装置排放口
	《硫酸工业污染物排放标准》（GB 26132—2010）修改单	6	车间或生产装置排放口
	《磷肥工业水污染物排放标准》（GB 15580—2011）修改单	6	车间或生产设施废水排放口
	《钢铁工业水污染物排放标准》（GB 13456—2012）修改单	50（钢铁联合企业）；6[仅有烧结（球团）工序的钢铁非联合企业]	车间或生产设施废水排放口
地方涉铊污染物排放标准	《工业废水铊污染物排放标准》（DB 43/968—2014）	5	地方级（湖南）
	《工业废水铊污染物排放标准》（DB 44/1989—2017）	5（2017 年 10 月至 2019 年 12 月 31 日）；2（2020 年 1 月 1 日起）	地方级（广东）
	《工业废水铊污染物排放标准》（DB 36/1149—2019）	5	地方级（江西）

类别	标准名称及编号	总铊控制限值/（μg/L）	备注
地方涉铊污染物排放标准	《污水综合排放标准》（DB 31/199—2018）	5（向敏感水域直接排放）；300（向非敏感水域直接或间接排放）	地方级（上海）
	《钢铁工业废水中铊污染物排放标准》（DB 32/3431—2018）	2	地方级（江苏）

在《地表水环境质量标准》《地下水质量标准》《生活饮用水卫生标准》及其他质量标准中规定水中铊的质量浓度均为 0.1 μg/L，浓度限值较低。相应的地方污染物排放标准中总铊的浓度限值一般为 5 μg/L 或 2 μg/L，生态环境部发布的铅锌、锡锑汞、硫酸、磷肥、钢铁 5 项行业排放标准修改单中增加废水总铊排放限值分别为 5 μg/L、15 μg/L、6 μg/L、6 μg/L、50 μg/L，较地方标准限值要求宽松。此外，铊及铊化合物也纳入了国家《优先控制化学品名录（第二批）》中，要求使用有毒、有害原料进行生产或者在生产中排放有毒、有害物质的企业，应当实施强制性清洁生产审核，我国在逐步加强重金属铊的环境管控。

7.3.3 我国硫酸工业废水的铊排放限值

《国家水污染物排放标准制订技术导则》（HJ 945.2—2018）规定"有毒有害水污染物的排放限值，应基于保护公众健康和生态环境的水环境质量要求，采用 GB 3839 中规定的方法或稀释倍数法（稀释倍数一般不超过 20 倍），依据 GB 3838 等水环境质量标准和环境基准计算允许排放限值，并综合考虑上述因素的要求确定。GB 3838 等水环境质量标准有规定的，采用其限值；未规定的，可参考国内外保护人体健康的相关标准或基准中的限值确定，也可根据可接受健康风险水平计算确定。""对于毒性强、环境危害大、具有持久性和易于生物富集的有毒有害水污染物，其间接排放限值与直接排放限值相同。"这一要求为硫酸行业废水重金属铊排放限值的制订提供了科学依据。

我国《地表水环境质量标准》（GB 3838—2002）中规定集中式水源地总铊控制限值为 0.1 μg/L，但我国《水污染防治法》第六十四条明确规定"在饮用水水源保护区内，禁止设置排污口"，因此地表水环境质量标准中污染物限值采用稀释倍数法倒推污染物排放限值不尽合理。环境基准是制定环境标准的科学基础，2020 年发布的《生态环境标准管理办法》（中华人民共和国生态环境部令第 17 号）中明确"制定生态环境质量标准，应当反映生态环境质量特征，以生态环境基准研究成果为依据，与经济社会发展和公众生态环境质量需求相适应，科学合理确定生态环境保护目标。""制定生态环境风险管控标准，应当根据环境污染状况、公众健康风险、生态环境风险、环境背景值和生态环境基准研究成果等因素，区分不同保护对象和用途功能，科学合理确定风险管控要求。"我国在 2018 年颁布的《土壤环境质量建设用地土壤污染风险管控标准（试行）》（GB 36600—2018）、《土壤环境质量农用地土壤污染风险管控标准（试行）》（GB 15618—2018）采用了一些土壤环境基准研究的成果和方法。但我国水环境基准研究基础相对薄弱，尚未对水环境标准的制订形成全面支撑，目前尚未发布重金属铊的水质基准，从美国生态毒理数据库（ECOTOX）和中国知网中搜集了铊对水生生物的毒性数据，使用毒性百分数排序法推导了铊的急性基准和慢性基准建议值分别为 5 μg/L 和 1.5 μg/L，使用物种敏感度分布法推导了铊的短期危险浓度和长期危险浓度建议值分别为 10 μg/L 和 0.91 μg/L。该研究与国内外现有的铊水质标准限值进行比较，与国外及国内新增部分含铊工业废水排放标准限值都处于同级水平（夏鹏 等，2021）。从排水量来看，含铊废水排水量占总排水量的 80%～90%，因此车间或生产设施废水排放口排放限值可考虑在 5～6 μg/L 中选择确定（范真真 等，2022）。

在重金属总铊排放口位置确定方面，《国家水污染物排放标准制订技术导则》（HJ 945.2—2018）规定"对于毒性强、环境危害大、具有持久性和易于生物富集的有毒有害水污染物，排放监控位置设在含有此类水污染物的污水与其他污水混合前的车间或车间预处理设施出水口。"考虑铊及其化合物毒性较高，为避免稀释排放，废水中总铊的监控位置为车间或生产设施废水排放口。

7.4　工业含铊废水的传统处理方法

铅锌冶炼企业应用的传统含铊废水处理方法主要有氧化法、沉淀法、吸附法等，其中工业上应用较多的是氧化法和沉淀法。其他处理方法还包括离子交换法、生物制剂法和微生物法等。

7.4.1　氧化法

氧化法采用高锰酸钾、过氧化氢、次氯酸盐等作为氧化剂将废水中的 Tl^+ 氧化成 Tl^{3+}。由于 Tl^{3+} 的氢氧化物的溶度积比 Tl^+ 低得多，废水中的 Tl^+ 被氧化成 Tl^{3+} 后容易形成沉淀。主要机理是通过改变铊的价态作为预处理，与沉淀法、吸附法等其他方法配合使用。例如刘玉蕾（2018）以高铁酸钾预氧化配合聚合氯化铝沉淀水中的痕量铊，总铊去除率接近 98%，出水铊质量浓度低于 0.1 μg/L。刘烨（2013）以漂白粉或次氯酸钠为氧化剂与聚合硫酸铁/聚合硫酸铝联用，对饮用水中铊的去除率达 90% 以上，最优条件下铊质量浓度降至 0.05 μg/L。巢猛等（2012）以 $NaClO$、ClO_2 为氧化剂进行预氧化，在不同原水 pH 条件下均不能将水体中铊质量浓度降至 0.10 μg/L 以下，以过硫酸氢钾为氧化剂的药剂投加成本过高；而以高锰酸钾预氧化后混凝、沉淀，可以将铊质量浓度降至 0.1 μg/L 以下（卢然 等，2021）。

7.4.2　沉淀法

沉淀法是一种最常用的重金属污染治理方法，在废水处理工程中得到了广泛应用。由于 Tl(I) 及其化合物大多是可溶的，所以仅采用沉淀法对 Tl(I) 的处理效果有限，多数情况下与氧化法并用。沉淀法是通过物理化学反应，使废水中的铊离子转化为沉淀物进入固相，从而降低废水中铊浓度的方法。根据沉淀机制的不同可分为化学沉淀法、絮凝沉淀法和电絮凝法等。

化学沉淀法是投加氢氧根、硫化物等与铊反应生成沉淀物来去除废水中的铊。通常利用硫化钠和石灰作为沉淀剂处理受铊污染的地表水，铊去除率最高达到 85%，出水铊质量浓度最低为 0.077 μg/L（韩天玮 等，2011）。化学沉淀法具有原料低廉、操作简单、效果明显的优点，可利用现有处理系统进行改造，投资少，处理成本低，并可以同时除去汞、铅、砷等元素。然而沉淀法存在渣量大、出水硬度大、出水质量不够稳定的缺点；如果沉淀剂投加过量，还伴随产生二次污染等问题，因此应严格控制沉淀剂的投加量（仇少静 等，2020）。

混凝沉淀法是投加混凝剂使废水中的小颗粒及胶体聚集成大颗粒而沉降去除水中的铊。陈灿等（2016）将硫酸亚铁作为混凝剂，同时加入专利型重金属捕捉剂协同处理烧结脱硫含铊废水。许友泽等（2017）将自制聚硅酸铝铁（PSAF）与二甲基二烯丙基氯化铵（DMDAAC）复配，制备了复合高分子絮凝剂 PSAF-DMDAAC，用于含铊废水的处理。陈桂兰（2017）利用含有功能基团的生物制剂，与废水中铊离子形成稳定的配合物，配合物水解形成颗粒并絮凝形成胶团沉淀，处理后铊质量浓度低于 0.1 μg/L。

电絮凝法指在电流的作用下，阳极电极电解出金属离子，金属离子生成絮状沉淀，与水中的铊发生吸附、絮凝、沉淀等作用从而使废水中铊得到去除。李云龙（2017）分别采用铝电极和铁电极作为阳极的电絮凝装置处理含铊废水，结果表明与铁电极相比，使用铝电极时总铊去除率更高，经过 60 min 的电解，总铊去除率达 86.4%。

7.4.3　吸附法

吸附法是用多孔性固体材料通过物理或化学吸附原理去除水中铊离子，研究和应用较多的吸附物质主要集中在活性炭、金属氧化物及矿渣等。活性炭吸附原理在于利用铊离子与活性炭表面的官能团发生离子交换、络合反应来去除水中的铊。巢猛等（2015）研究了粉末活性炭吸附法去除水中铊污染物，发现随着粉末活性炭投加量增加，处理后水中铊浓度不断降低，粉末活性炭投加量由 0 mg/L 增至 50 mg/L 时，铊质量浓度可由 0.10 μg/L 降至 0.04 μg/L。金属氧化物吸附原理在于利用氧化铝、氧化锰等金属氧化物对水中的铊进行吸附。Zhang 等（2008）使用纳米 Al_2O_3 作为吸附剂去除水中的 Tl^{3+}，在 pH 为 1～5 时，去除率随着 pH 升高而升高；刘陈敏等（2016）发现在碱性条件下，直接氧化硝酸锰生成的锰氧化物对水中 Tl^+ 具有很好的去除效能，室温下反应 10 min，初始质量浓度为 10 mg/L 的 Tl^+ 去除率可达到 98.5%，水中高浓度 Ca^{2+} 和 Mg^+ 会降低 Tl^+ 的去除效果。矿渣吸附指利用工业生产的矿渣对水中的铊进行吸附。黎秀菀等（2018）研究利用工业磁性矿渣构建具有二氧化锰包覆层（MnO_2@矿渣）吸附剂，用于去除废水中的铊，在 pH 为 10 的碱性条件下，MnO_2@矿渣对水中铊的吸附率达 99.5%以上，且具有很好的脱附与再生能力。刘娟等（2013）研究表明黄铁矿烧渣处理可使矿山废水中铊的去除率达 90%以上，但对硫酸厂废水中铊的去除率仅为 69%～81%，这是由于硫酸厂废水中含有较多其他重金属离子。

美国国家环境保护署推荐两种铊吸附方法，即活性铝净化法和离子交换法。但是，推荐方法适用于初始含铊浓度较低的废水，且对进水的盐分有一定要求。钢铁行业中产生的废水含铊浓度较高，是一种高盐分的废水，利用吸附法处理将会产生一系列问题。其一，物理吸附时，由于初始铊浓度很高，吸附剂很快即达到饱和状态；离子交换吸附时，由于废水中含盐量较大，对铊的去除率有限，甚至超出采用离子交换吸附的进水要求。其二，吸附剂在达到饱和后是一种危险废弃物，吸附剂的处理会成为一个大问题。其三，吸附法处理的成本较高，较难在废水处理过程中推广。因此，吸附法只适用于初始铊质量浓度小于 10 μg/L 的废水（马军军和韩正昌，2017）。

7.4.4　离子交换法

离子交换法是通过离子交换剂中能自由移动的离子或功能基团与重金属离子进行离子交换反应，达到从水中分离重金属离子的目的。离子交换的推动力为离子的浓度差和交换剂的功能基团对离子的亲和能力。离子交换树脂、分子筛和沸石是常见的离子交换剂，在对铊的处理研究中以离子交换树脂为主。刘琪（2017）采用强酸型阳离子交换树脂去除冶金烧结烟气脱硫废水中的铊，铊的质量浓度由 1.54 mg/L 降至 188 μg/L。彭彩红（2016）以 717 树脂和 D301 树脂对广东某冶炼厂含铊废水处理研究发现：两种树脂以单分子吸附为主，铊饱和吸附量分别为 11.2 mg/g 和 14.6 mg/g，吸附过程符合朗缪尔（Langmuir）吸附等温方程，吸附后铊可用少量亚硫酸钠洗脱，有利于铊资源的回收利用。Li 等（2017a）使用改性阴离子交换树脂，去除了废水中 97%以上的铊和氯化物，改性阴离子交换树脂的铊交换容量为 4.771 mg/g（以干树脂计），氯离子交换容量为 1 800 mg/g。

离子交换法操作简单，不易产生二次污染，离子交换树脂机械强度高、吸附容量大，但再生操作烦琐、价格较高、不易保存、易受污染而失效。此外，由于离子交换法选择性较差，易受水体中共存离子竞争的影响，不利于推广应用于大量含铊废水的处理（仇少静 等，2020）。

7.4.5　生物制剂法

生物制剂法的机理是一种富含羟基、羧基、酰胺基、巯基等基团的生物药剂与废水中重金属离子配位结合形成生物配合物，压缩水中重金属胶体、中小颗粒双电层进而形成非晶态化合物，经架桥和卷扫作用聚集成大矾花而迅速沉降，实现重金属离子深度脱除（付煜和熊智，2016）。在铅锌冶炼废水处理重金属的研究中，刘富强（2020）采用生物制剂法使废水中铅、砷、镉的去除率均在 90%以上。闫虎祥等（2019）采用生物制剂法协同脱铊工艺处理某铅锌矿山选矿废水，废水铊离子质量浓度由 22～32 μg/L 降为 3.1～4.5 μg/L。

生物制剂法的优点是处理效率高，能够突破温度、酸度等因素的影响，反应速度快，同时可以对多种重金属废水进行深度处理，不会对水质造成二次污染，特别是不会导致净化水中的化学需氧量增加，可实现稳定的脱除效果。但生物制剂一般为专利产品，工艺参数要求高，药剂成本高（仇少静 等，2020）。

7.4.6　微生物法

微生物法作为一种新兴的重金属废水处理技术，已受到国内外环境工作者的广泛关注。微生物处理含铊废水主要机理在于两种作用。

1. 微生物与金属离子之间的吸附作用

John Peter 和 Viraraghavan（2008）将负载氧化铁涂层的黑曲霉真菌生物质经干燥、粉碎后吸附水溶液中的铊（1 000 mg/L），结果表明，在最佳条件（初始 pH 为 4～5，平衡时间为 6 h）下，铊的去除率高达 67%；且氧化铁涂层的黑曲霉吸附铊的反应动力学可用拉格尔格伦（Lagergren）准一级吸附动力学方程和准二级吸附动力学方程进行拟合。

孙嘉龙等（2011）和龙建友等（2014）分别在土壤沉积物和冶炼废水中提取出铊的耐受性的菌株，并结合红外光谱分析发现，菌株细胞壁中羧基、亚氨基及羟基对铊的吸附起了主要作用。

2. 微生物的氧化还原作用

微生物的氧化还原作用的主要原理是通过硫酸盐还原菌（sulfate-reducing bacteria，SRB）在 pH 为中性和厌氧条件下，将硫酸根离子还原成 S^{2-}，使 S^{2-} 与废水中的 Zn^{2+}、Cd^{2+}、Pb^{2+}、Cu^{2+} 和 Tl^+、Tl^{3+} 等发生沉淀反应，形成不溶性的金属硫化物，最终实现废水的净化处理（龙建友 等，2014）。

Mueller（2001）以砾石为基质负载草浆和牛粪，为硫酸盐还原菌提供营养源，通过硫酸盐还原菌对铊的还原作用形成硫化亚铊（Tl_2S）沉淀，从而降低废水中铊的浓度。实验表明，当控制体系的电压<-200 mV 和 pH>7.4 的氧化还原电位时，硫离子与铊离子可发生化学反应，形成几乎不溶的铊硫化物沉淀；而低氧化还原电位和所需要的硫化物可以由硫酸盐还原菌生产，从而将废水中的铊质量浓度从 450～790 μg/L 降低至 2.5 μg/L 水平。硫酸盐还原菌在厌氧条件下能将金属离子转化为硫化物沉淀，对处理高浓度重金属废水有着非常重要的意义。张玉刚等（2008）利用硫酸盐还原菌对废水中微量、痕量铊的处理技术进行了研究，发现锌和镍等离子会对 SRB 产生毒性作用。曹恒恒等（2012）的研究也表明，铜、铬、镍、汞等离子对体系中的 SRB 存在一定的抑制作用，且可改变体系的 pH（刘娟 等，2015）。

我国硫酸行业废水重金属铊治理技术在广东、湖南等地虽然已经发布了有关铊的地方排放标准，对涉铊排放企业提出相应排放控制要求，但重点监管在冶炼、钢铁等行业，并已有较多除铊工程实例。目前，关于硫铁矿制酸生产企业针对废水铊的污染治理工程实例报道仍然较少（范真真 等，2022）。

从行业型污染物排放标准管理角度看，因冶炼制酸为冶炼企业副产硫酸，在行业污染物排放标准中将其纳入冶炼行业污染物排放标准管理范畴，如铅锌行业污染物排放标准，而《硫酸工业污染物排放标准》（GB 26131—2010）仅包括硫铁矿制酸、硫磺制酸及石膏制酸三种。

从生产工艺来讲，硫铁矿制酸与冶炼制酸生产工艺相近，产污节点相同，均是通过沸腾炉产生高硫烟气，经转化、吸收，形成成品硫酸。含铊废水来源相同，均为烟气净化工段产生的"废酸"或"污酸"。但是，铅锌金属冶炼阶段工艺完全不同，取硫后的铅锌氧化物在高温焙烧后得到粗铅和粗锌，再经高温汽化精炼得到铅锭和锌锭。这一阶段所有金属均被汽化后再凝聚出来，因金属具有不同的凝聚温度而分离精制为产品，铊可能因熔点非常低（303.5 ℃）而被排空进入大气。取硫过程中没有汽化的铊在高温冶炼过程中均被还原为金属 Tl，并在水洗过程或大气中被氧化为 Tl^+ 返回地面进入水体。因此冶炼过程中铊主要以 Tl^+ 形式进入地表环境，依靠石灰中和难以沉淀废水中的铊，这一阶段铊与硫酸生产过程中表现出的地球化学特征明显不同。已进入废水工艺程序的铊，在石灰中和工序之前，应增加氧化作用环节，使 Tl^+ 转化成 Tl^{3+}，才能保证后续的石灰中和沉淀作用完全（陈永亨 等，2013）。而硫酸生产工艺停留在焙烧氧化阶段，石灰中和工艺除铊效果明显，残留在废水中的铊质量浓度一般为 10～30 μg/L。2016 年统计表明硫铁矿制酸的 107 家企业中均未开展废水铊的治理，但目前铅锌行业必须对"污酸"进行金属铊的治理，如采用化学沉淀法、吸附法等。

但是，由于矿产资源原料来源不同，其中铊含量差异很大，生产工艺各不相同，加之严格的铊地方排放标准的要求，所以传统的工业除铊方法仍然难以达到排放标准的限制要求。必须根据不同工艺条件和原料铊含量，深入研究有效除铊方法和多级处理技术，实现行业通用有效的集合性技术，即示范性工程技术。

7.5　高低铊含量冶炼工业废水除铊技术

目前，含铊工业废水主要来自铅锌、钢铁、锡锑、硫铁矿、磷矿等冶炼行业的多种工业企业产生的废液或废水，铊是由各工业过程中使用含铊原辅料生产而引入的。铅锌冶炼产生的含铊废水主要是烟尘净化废水，是由于铊的化合物 Tl_2S_3、Tl_2S、$TlCl$ 在高温烧结或熔炼过程中挥发并富集于烟尘中，总铊质量浓度相对较高，可达 70～80 mg/L，还含有大量的锌、镉和砷等毒害元素。此外，纳米氧化锌生产企业也会产生一定的含铊废水。对于氨法制锌过程，铊主要来自次氧化锌浆化后氨浸渣滤出液和后续清洗碱式碳酸锌时产生的过滤母液。对于酸法制锌过程，铊的来源与铅锌冶炼类似，主要来自烟气酸洗环节。氧化锌工业废水的铊质量浓度随原料铊含量变化，一般不超过 7 mg/L；原料较优质时，铊质量浓度为 0.2～0.4 mg/L。除含铊外，冶炼工业废水仍含有大量的锌、镉等重金属元素和高浓度的钾、钠和氯离子。当废水中的铊质量浓度大于 1 mg/L 就认为是高铊浓度废水。

国内外报道的主要废水除铊技术包括离子交换（Li et al.，2017b；Sinyakova et al.，2014）、溶剂萃取法（Li et al.，2018a；Rajesh and Subramanian，2006）、高级氧化法（Li et al.，2019）、电化学法（Wang et al.，2018；Li et al.，2016）、使用各种吸附剂进行吸附〔如 MnO_x（Li et al.，2018b；Huangfu et al.，2017；Huangfu et al.，2015；Wan et al.，2014）、氢氧化铁（Coup and Swedlund，2015）、铁锰二元氧化物（Li et al.，2017b）、聚丙烯酰胺（Li et al.，2017a）、碳纳米管（Pu et al.，2013）和农业废弃物（Alalwan et al.，2018；Birungi and Chirwa，2015；Memon et al.，2008）〕。尽管大量废水除铊研究集中在纳米材

料吸附方面，但由于工业废水常常含有高浓度的钾、钠、锌、镉和氯离子，这些基体会对吸附除铊产生较严重的负面影响，从而使大部分纳米材料应用于实际高浓度工业废水除铊时的效果大打折扣。常规的氧化、混凝、硫化沉淀对冶炼工业废水也有较好除铊效果，但对工业废水（如氧化锌精炼废水）的深度处理研究却鲜有报道。除含有 Tl^+ 外，氧化锌冶炼厂废水还含有高浓度的金属 Zn^{2+}、Cd^{2+}、K^+ 和 Na^+（Li et al., 2017b），这给高浓度的冶炼工业废水的深度除铊带来了较大挑战。此外，很少有实际工业废水中深度除铊的中试或实际工程应用报道。Li 等（2017b）通过化学氧化和后续的碱沉工艺实现了废水有效除铊，但该效果仍未达到 μg/L 级别的出水铊浓度。实际上，单一工艺技术很难从含有多种复杂基质的工业废水中实现对铊的深度去除，需要联合多种工艺技术才能使冶炼工业废水中的铊达标排放。通常情况下，出水铊达标排放时，其他毒害元素也被去除满足了排放标准。

对于组合工艺处理工业废水，选择适当的工业组合显得较为重要。Li 等（2019）研究表明，基于亚铁的（类）芬顿工艺可以有效地去除实验合成和实际氧化锌工业废水中的铊。然而，为了达到深度处理效果，需要高剂量的氧化剂，而即使采用单一的芬顿类工艺处理低 Tl 浓度的废水，操作成本也很高。在处理氧化锌冶炼厂废水时，碱沉淀法可以从沉淀物中回收部分锌，减轻了芬顿法的处理负担。利用金属硫化物的低溶解度，硫化物沉淀也是去除废水中痕量重金属的较为有效的技术（Fu and Wang, 2011）。之前的研究人员已经成功利用硫酸盐还原菌（SRB）对 Cd 和 Tl 进行了硫化物沉淀（Zhang et al., 2017）。但实际工业废水的高含盐量可能对生物法中的 SRB 产生不利影响。对于化学硫化沉淀法，由于普通的环境条件（反应温度和盐度）基本不限制物理化学过程，直接使用硫化盐（如商业用 Na_2S）是可行的（Fu and Wang, 2011）。通过中性或碱性条件的应用，可以避免 H_2S 产生的潜在风险。此外，使用聚丙烯酰胺来增强沉降可以解决硫化物沉降的分离问题。因此，利用硫化物沉淀作为三级处理方法被认为是处理微量重金属的一种经济有效的方法。采用氢氧化物沉淀法、类芬顿法和硫化物沉淀法的工艺组合处理氧化锌冶炼厂废水是获得高质量出水的一种可行方法。

作者在实验室小试基础上进行了中试研究，探究氢氧化物沉淀法、芬顿氧化法和硫化物沉淀法多级物化技术深度去除工业废水中 Tl 的可行性。对 Tl 和其他有毒重金属（Cd、Cu、Pb 和 Zn）的去除也进行测试和表征，以帮助确定驱动 Tl 和其他主要重金属去除的机制。

7.5.1 材料与方法

1. 废水及药剂

原工业废水来自广东省某锌业工厂，该工厂以生产超纯氧化锌为主要产品。在小试和中试阶段，对试验中每批废水的水质进行了分析。由于工厂使用的原材料的变化，废水的组成变化很大，见表 7.2。表 7.2 列出了低、高浓度废水样品主要金属元素浓度。废水为弱碱性（pH=7.8±0.3），含有 Tl、Cd、Cu、Zn 等多种重金属。样品中有机质浓度较低，然而，高浓度的各种金属给废水处理带来了挑战。小试和中试规模研究中使用的化学品均为工业级。

表 7.2　氧化锌生产工厂工业废水样品的组成

金属元素	质量浓度/(mg/L)	
	较低盐度	较高盐度
Na	360±14.3	4 245±381
K	798±8.82	13 390±277
Cd	24.8±3.60	680.5±32.2
Cu	1.59±0.281	2.69±0.081 3
Pb	1.35±0.122	8.57±0.431
Zn	346±25.3	1 446±16.7
Tl	0.272±0.023 5	5.46±0.383

2. 实验室小试

采用烧杯试验进行小试除铊。碱沉环节作为一级处理,在原废水中加入工业烧碱进行氢氧化物沉淀。沉淀 4 h 后,倒出上清液做进一步处理。沉淀物通过离心收集,在 50 ℃下干燥 24 h,然后进行元素分析。芬顿处理包括两个阶段:初始氧化阶段和混凝阶段。在氧化阶段,加入 Fe^{2+} 溶液,在连续磁搅拌下将其均匀溶解在废水中;然后加入 H_2O_2 引发芬顿氧化反应,持续 1 h。值得说明的是,加入芬顿试剂后,Fe^{3+} 被水解,pH 降至约 3.0(在 2.5～4.0 的最佳范围内),无须额外调节 pH。在混凝阶段,将溶液 pH 调整到指定值(记为混凝 pH),并继续维持 0.5 h。然后,在沉淀 4 h 后,将上清液倒出进一步处理,收集沉淀用于元素分析。二级处理后,在出水中加入硫化钠,对残留重金属进行三级处理。硫化物沉淀 0.5 h,聚丙烯酰胺絮凝 0.5 h,以增强胶体的团聚和沉淀。沉淀 4 h后,倒出上清液,收集沉淀物进行元素分析。所有水样均使用便携针筒过滤器(0.45 μm)过滤采集,并酸化定容至 1%(体积分数)HNO_3 后再进行金属浓度测定。所有批式试验均在室温(25 ℃±1 ℃)下进行,重复 3 次。结果以均值和标准偏差值表示。

3. 中试研究

该试验在低温下进行,温度范围为 12～25 ℃。中试装置处理工艺见图 7.1,该工艺的废水流量为 0.25 m^3/h,是根据小试实验结果设计的连续流工艺:原废水由储水池泵入氢氧化物沉淀装置,该装置由反应区和沉淀池组成,水力停留时间(hydraulic retention time,HRT)分别为 1 h 和 4 h。在反应区安装在线工业 pH 计以控制碱泵开关,保持反应池 pH 为 10.0±0.1。芬顿处理分别在反应池和沉淀池中进行,HRT 分别为 2 h 和 4 h。反应池分为 4 个子槽。硫酸亚铁和过氧化氢溶液加入第 1 个子槽,烧碱和聚丙烯酰胺溶液加入第 3 个子槽。在线工业 pH 计安装在第 4 副槽反应区,以保持 pH 为 11.0±0.1。硫化物沉淀在反应池和沉淀池中进行,HRT 分别为 2 h 和 4 h。硫化反应池分为 3 个子槽。在第 1 个子槽中加入硫化钠溶液,在第 2 个子槽中加入聚丙烯酰胺溶液。在第 3 副槽的反应区安装一个在线工业 pH 计来监测 pH。硫化物沉淀后进行砂滤,2 个砂滤池平行放置，HRT 为 2 h。从砂滤池流出的水流入带有 pH 探头的出水中和池，以保持 pH 为 7.5±0.1。出水中和池的 HRT 为 1 h。反应池的混合使用空压机实现，但硫化物沉淀池使用机械搅拌器，各级反应池（除硫化沉淀池外）和出水中和池由曝气混合。设备采用可编程逻辑控制器控制。在试运行过程中，化学品用自来水溶解在化学品罐中，通过调节每个隔膜泵的容积流量来校准用量。

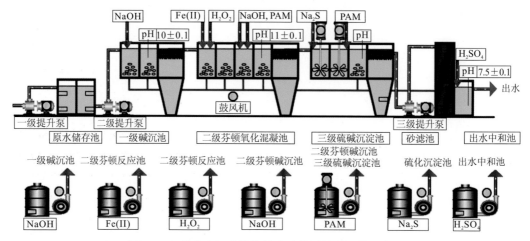

图 7.1　工业废水深度除铊的中试装置处理工艺示意图

4. 分析方法

在实验室小试中使用便携式 pH 计测量 pH，而在中试研究中使用在线工业 pH 计测量 pH。使用电感耦合等离子体质谱仪对 Tl 和其他金属进行测量。采用单色 Al Kα 辐射 X 射线光电子能谱（XPS）仪对析出物进行元素和化合物鉴定。结合能参照 C 1s 的 284.6 eV 进行校正。所有 XPS 谱图采用 XPS PEAK4.1 软件拟合。

7.5.2　结果与分析

1. 实验室小试除铊

1）氢氧化物沉淀处理

由于原废水中 Zn 浓度较高，预计初步碱沉降可以回收大量 Zn，还可减轻后续处理的负担（Fu and Wang，2011）。图 7.2 表明，在 pH 为 8～12 时，低、高浓度废水均能有效去除锌，其除锌效率分别为 70%～80% 和 60%～70%。其生成的氢氧化锌沉积物可以被浓缩，送回生产线进一步提取锌。低、高浓度废水的 Cd 质量浓度分别为 3.6～24.8 mg/L 和 32.2～680.5 mg/L。在氢氧化物沉淀后，Cd 在 pH>10 时被有效去除，在 pH=12 时去除效果最好。由于金属氢氧化物的形成和共沉淀，对其他有毒元素，包括 Cu 和 Pb，也有相同的去除趋势。

当 pH 为 8～12 时，氢氧化物沉淀对 Tl 的去除率很低，这与 Li 等（2017a）的研究结果一致，他们发现金属氢氧化物对 Tl 的吸附率较低（<20%）。因为 Tl^+ 的化学性质与 K^+ 相似（Wick et al.，2018；Karlsson et al.，2006），常规碱沉降无法去除 Tl^+。较高的 pH

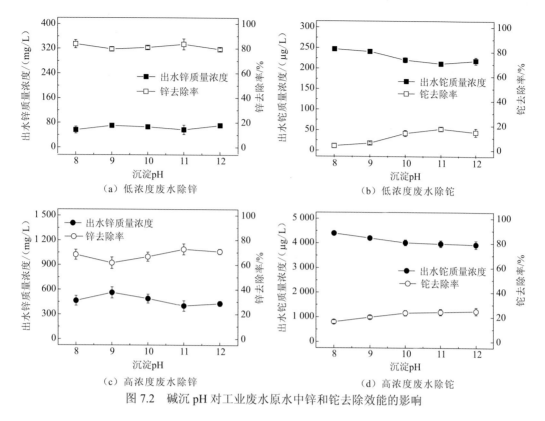

图 7.2 碱沉 pH 对工业废水原水中锌和铊去除效能的影响

需要更大的碱投加量，因此需要更高的操作成本。由于 pH 为 10 时可有效去除其他重金属（Cd、Cu、Pb），而在较高的 pH 下对 Tl 和 Zn 的去除没有明显的改善，因此可以将pH 为 10 用于沉淀以降低成本。需要注意的是，通常在高氧化和碱性条件下，H_2O_2 等强氧化剂可以有效地将 Tl^+ 氧化为 Tl^{3+} 并将其沉淀为 Tl_2O_3（Li et al.，2017a）。因此，在二级处理中加入 H_2O_2 对 Tl 进行氧化沉淀预期可实现较好的除铊效果。

2）芬顿处理

现在已经有很多关于使用芬顿试剂去除废水中有机物的研究（Lu et al.，2018；Xu et al.，2017；Pignatello et al.，2006）。然而，关于芬顿处理去除 Tl 的报道较少。H_2O_2 的用量和反应的酸碱度是去除铊的关键因素，因此，在二级处理中重点考察这两个因素。由图 7.3 可知，在没有 H_2O_2 的情况下，低浓度和高浓度废水的 Tl 去除率分别为 46%和 58%，表明在 pH=11 时铁氢氧化物有一定的吸附 Tl 的能力（Li et al.，2018a；Coup and Swedlund，2015）。先前的研究表明，在 pH>10 时，氢氧化铁可以从模拟废水中去除 70%～90%的Tl(I)（Coup and Swedlund，2015）。然而，复杂工业废水的成分（Na^+、K^+、Ca^{2+} 和 Zn^{2+}，见表 7.1）激烈竞争结合位点，降低了 Tl^+ 的吸附效率。因此，利用 H_2O_2 将 Tl^+ 氧化成 Tl^{3+}对增强 Tl 的去除具有重要作用。不出所料，H_2O_2 的投加量从 0.5 mL/L 提高至 16 mL/L过程中，除铊效果逐渐增强，在 H_2O_2 最大投加量（16 mL/L）处理低、高浓度废水后，出水中的 Tl 质量浓度分别为（3.06±0.37）μg/L 和（5.05±0.34）μg/L。H_2O_2 含量越高，Tl 被氧化得越多（Li et al.，2017a）。当 H_2O_2 的用量超过 4 mL/L 时，由于芬顿氧化和Fe(III)吸附接近饱和，所以对铊的去除几乎没有增强。应该注意的是，H_2O_2 如此大投加量是非常昂贵的；然而，仍未达到 2 µg/L 的排放标准。在本小节分析的复杂工业废水样品中，碱沉降和芬顿组合工艺不能将铊去除到超痕量水平，这表明需要额外的处理步骤。镉、铅、铜和锌的去除率分别达到 99%、97%、99% 和 98%。因此，芬顿处理有助于减轻后续处理系统的负担。

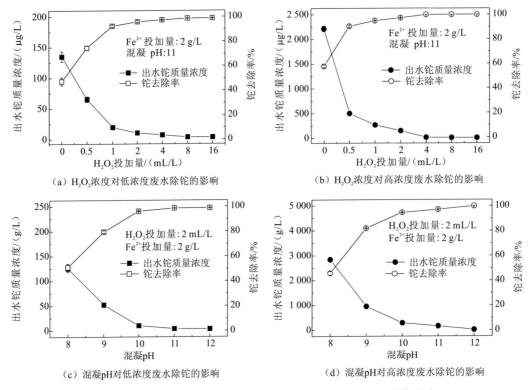

（a）H₂O₂浓度对低浓度废水除铊的影响　　（b）H₂O₂浓度对高浓度废水除铊的影响

（c）混凝pH对低浓度废水除铊的影响　　（d）混凝pH对高浓度废水除铊的影响

图 7.3　H₂O₂ 浓度和混凝 pH 对二级处理工业废水中 Tl 去除的影响

随着混凝 pH 的提升，除 Tl 的效率也升高。有趣的是，虽然芬顿氧化的最优 pH 为 3（Liu et al., 2007），但混凝 pH 对去除 Tl 的作用似乎比氧化 pH 更重要。混凝 pH 为 7~9 通常用于铁的混凝沉淀（Li et al., 2010）。然而，为了有效去除 Tl，混凝 pH 须调至 >10。对于低、高浓度废水，混凝 pH 为 10 时，Tl 的去除率显著提高，当混凝 pH 升至 12 时，Tl 的去除率进一步提高。先前关于水合铁对 Tl 吸附的研究表明，反应 pH>10 通过表面络合作用显著改善了铁（水）氧化物表面对 Tl 的固定(Li et al., 2018a；Coup and Swedlund, 2015)。此外，先前的模型表明，Tl^{3+}仅在高 pH 和强氧化环境下以 Tl_2O_3 的形式析出，这与本小节研究结果一致。因此，提高混凝液 pH 至 >10 对有效去除 Tl 具有重要意义。然而，该废水样品的去除效率仍不足以达到 2 µg/L 的排放限值。因此，必须进行三级处理进一步去除 Tl。对 Cd 和 Pb 的去除率也类似（pH 越高去除率越高），而混凝 pH>8 对 Cu 和 Zn 的去除就足够了，较高的 pH（如 12）并不能提高其去除效率。考虑运行成本和金属去除效率，混凝液 pH 为 11 是最优的，因为后续可以对出水进行三级深度处理。

　　3）硫化物沉淀

　　硫化物沉淀法可以有效地处理有毒重金属，这些重金属可以与硫化物反应形成低溶解度的金属硫化物沉淀（Kiran et al., 2018；Zhang et al., 2018；Fu and Wang, 2011）。硫化物与 Tl（Tl^+或 Tl^{3+}）反应可生成 Tl_2S 沉淀。硫化物用量和反应 pH 是影响硫化物沉淀的关键因素。当硫化物投加量大于 1 g/L 时，Tl 浓度可以降低到小于 2 μg/L[图 7.4（a）和（b）]，满足排放标准。硫化物用量的进一步增加，由于达到饱和点，Tl 去除效率的提高微乎其微。Şenol 和 Ulusoy（2010）发现聚丙烯酰胺（PAM）可以通过吸附的方式有效去除水溶液中的 Tl。因此，加入聚丙烯酰胺作为絮凝剂有利于 Tl 的去除。其他重金属（Cd、Cu、Pb、Zn）也被有效去除，突出了硫化物沉淀法去除重金属的有效性。

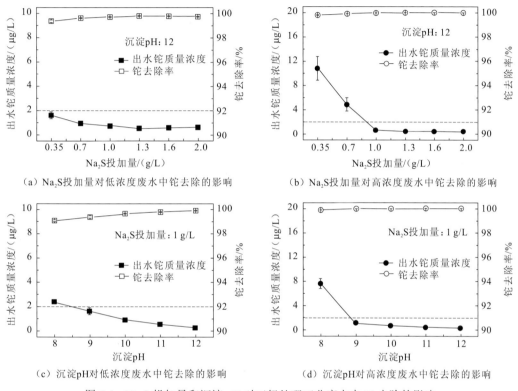

（a）Na_2S投加量对低浓度废水中铊去除的影响　　（b）Na_2S投加量对高浓度废水中铊去除的影响

（c）沉淀pH对低浓度废水中铊去除的影响　　（d）沉淀pH对高浓度废水中铊去除的影响

图 7.4　Na_2S 投加量和沉淀 pH 对三级处理工业废水中 Tl 去除的影响

随着反应 pH 从 8 升至 12，Tl 的去除率逐渐提高[图 7.4（c）和（d）]。当沉淀 pH>9 时，低、高浓度废水样品的出水 Tl 质量浓度均降低到 2 μg/L 以下。由于出水中 Tl 浓度已经很低，因此进一步提高 pH 对去除 Tl 的影响很小。同样，其他重金属（Cd、Cu、Pb、Zn）的浓度随着反应 pH 的升高而持续下降。Rostamnezhad 等（2016）认为，反应 pH 对硫化物的影响是去除重金属中最重要的影响因素。在碱性条件下，主要硫化物为 S^{2-}（Lewis，2010），有利于金属硫化物的形成。

对于 Tl^+ 和 Tl^{3+}，Tl 与硫化物反应的产物都是 Tl_2S，这是由于硫化物具有很强的还原性和 Tl^{3+}的氧化性。硫化物沉淀去除重金属是基于相应金属硫化物的低浓度积（K_{sp}）。对于 298 K 时的 Tl_2S[假设[Tl^+]=[S^{2-}]，式（7.1）]，K_{sp}=9.0×10^{-23} mol/L，计算出溶液中 Tl^+的最大质量浓度为 5.77 μg/L[式（7.3）]；这可能是因为絮凝剂 PAM 进一步增强了对 Tl 的吸附及其他重金属的共沉淀作用。CdS、CuS、PbS 和 ZnS 的 K_{sp} 分别为 8×10^{-45} mol/L、3.6×10^{-29} mol/L、3.4×10^{-28} mol/L 和 1.1×10^{-24} mol/L，都低于 Tl_2S。Cd、Cu、Pb 和 Zn 的理论质量浓度为 1.29×10^{-14} μg/L、5.74×10^{-7} μg/L、4.41×10^{-6} μg/L 和 1.02×10^{-4} μg/L。观

察到的浓度实际上高于理论浓度，很可能是因为水中的硫化物不足（<0.5 mg/L）。基于实验和理论结果，硫化物沉淀法对 Tl 和其他重金属（Cd、Cu、Pb 和 Zn）的去除是高效的。

$$2Tl^+ + S^{2-} = Tl_2S\downarrow \tag{7.1}$$

$$2Tl^{3+} + 3S^{2-} = Tl_2S\downarrow + 2S\downarrow \tag{7.2}$$

$$(2[Tl^+])^2 \cdot [S^{2-}] = K_{sp}[Tl_2S] \tag{7.3}$$

2. 中试除铊

1）除铊效果

由于工厂在生产过程中使用了不同等级的原料，废水的组成也有所不同。由图 7.5 可知，在低浓度进水条件下，在第一次氢氧化物沉淀处理中观察到少量 Tl 去除，因为大

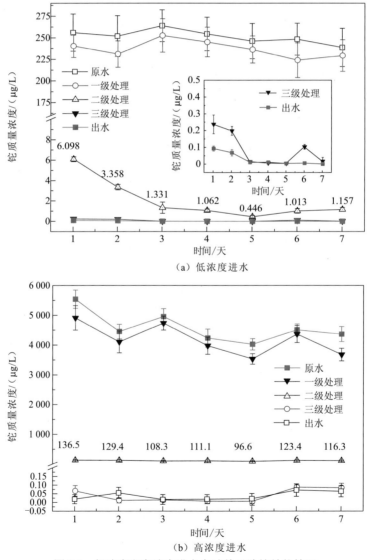

图 7.5　低浓度和高浓度进水中试单元除铊效能情况

一级处理表示氢氧化物沉淀，二级处理表示芬顿处理，三级处理表示硫化物沉淀；（a）内的附图表示三级及最后一步出水铊浓度；不同运行对应于不同日期采集的水样

部分 Tl 是 Tl(I)，在碱性条件下，没有强氧化剂，Tl 不能沉淀。在芬顿氧化处理和碱沉降过程中，观察到大量 Tl 去除，每升废水中只剩下几微克的 Tl。这一结果说明芬顿氧化法去除 Tl 的有效性和潜力。随后的硫化物用量将 Tl 去除到超痕量水平。最后，三级处理出水通过砂滤器过滤，加入硫酸使 pH 恢复到正常范围。最后出水池的出水水质没有任何明显的变化。

在高浓度进水中，Tl 的浓度比低浓度进水高出近 20 倍，氢氧化物沉淀法去除的 Tl 量很少[图 7.5（b）]。这一结果表明，在没有强氧化剂的情况下，工业废水中 Tl 的优势形态始终是 Tl^+。芬顿反应去除大部分的 Tl，但残留约 120 μg/L。由于 Tl_2S 的低溶解度和 PAM 对 Tl 的潜在吸附，硫化物沉淀进一步将 Tl 降低到超痕量水平（Şenol and Ulusoy，2010）。由于特定生产工艺中含有特定材料的废水的组成相对稳定，因此，小试烧杯实验结果对同一工厂的不同废水的处理效果具有代表性。

2）其他有毒金属去除效果

对于低浓度进水，氢氧化物沉淀在原始废水中对 Cd、Cu、Pb 和 Zn 的去除率分别约为 90%、84%、46% 和 79%，如表 7.3 所示。芬顿反应去除了污水中大部分重金属，主要是由于混凝、$Fe(OH)_3$ 吸附和 PAM 絮凝作用。金属硫化物具有较低的溶解度且容易发生絮凝沉降，从而进一步强化了重金属去除效能。除 pH 外，最终出水水质与第三次处理基本相同。

表 7.3　各处理单元出水中其他主要有毒重金属的浓度

废水	工艺单元	Cd 质量浓度 /(mg/L)	Cu 质量浓度 /(mg/L)	Pb 质量浓度 /(mg/L)	Zn 质量浓度 /(mg/L)
低浓度废水	原水	24.5±3.51	1.85±1.34	1.16±0.265	340±10.5
	一级处理	2.39±1.13	303±9.31[a]	630±20.3[a]	69.8±2.63
	二级处理	540±21.2[a]	60.3±2.46[a]	50.1±3.54[a]	450±10.6[a]
	三级处理	10.5±1.21[a]	20.4±1.98[a]	2.18±0.134[a]	150±6.18[a]
	出水	13.4±1.03[a]	15.1±1.25[a]	5.32±0.367[a]	135±5.37[a]
高浓度废水	原水	713±30.8	2.70±1.07	8.57±0.387	1 459±102
	一级处理	49.0±2.96	1.90±0.351	2.39±0.187	314±21.6
	二级处理	80.4±2.37[a]	105±2.64[a]	21.6±1.47[a]	40.4±2.56
	三级处理	10.3±1.16[a]	20.3±2.73[a]	1.38±0.173[a]	451±30.7[a]
	出水	10.4±0.597[a]	39.6±4.89[a]	1.45±0.357[a]	357±24.8[a]

注：a 单位为 μg/L

氢氧化物沉淀了高浓度原始废水中约 93% 的 Cd、30% 的 Cu、72% 的 Pb 和 78% 的 Zn（表 7.3）。由于高浓度的镉和锌的影响，它们的相对质量浓度分别为 49 mg/L 和 314 mg/L，该数值表明在废水中其浓度仍然很高，对环境构成巨大威胁。芬顿反应去除了大量的 Cd、Cu 和 Pb，而 Zn 的浓度仍然很高，需要进行三级处理。硫化物沉淀法将残留重金属清除到超痕量水平。在这种情况下，二次处理仍不足以去除重金属，因为 Zn 含量极高。因此，为了保证残留重金属的净化,有必要进行硫化三次沉淀处理。实验结果表明,该组合工艺对低、高浓度废水中 Tl 和其他有毒重金属的去除效果良好。

小试研究的结果与中试研究的结果一致,表明根据小试结果按比例缩放过程的中试研究较为成功。值得注意的是,在低浓度进水条件下使用的投加量仍能够有效地去除高浓度进水中的 Tl 和其他重金属,因为芬顿工艺作为二级处理能够去除大部分重金属,确保三级硫化物沉淀具有去除重金属的适应性。

3)物质平衡和沉淀分析

为了进一步了解多重处理过程中的重金属去除特性,进行质量平衡分析,见图7.6。在碱沉淀处理中,从沉淀中回收的金属数量略低于理论值,这很可能是由于回收过程中的微小损失。大多数 Tl 在二级处理(芬顿法)中被去除,并沉积在氢氧化铁和聚丙烯酰胺聚合体的混合物中。碱沉降过程中,大部分 Cd 被清除并转移到沉积物中。铅和锌在碱性条件下可生成金属氢氧化物沉淀,因此也观察到类似的结果。在芬顿反应过程中,由于铁氢氧化物具有较强的吸附能力,大部分铜被去除。因此,采用碱沉降法预处理可沉淀金属并回收锌,采用芬顿反应可去除大部分 Tl 等金属,而采用硫化沉淀法三级处理可将 Tl 等重金属去除到超痕量水平。

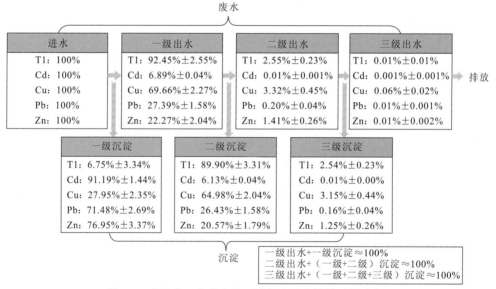

图 7.6 高浓度工业废水处理过程中重金属的质量平衡

由图7.7的 XPS 谱图可知,由于 Tl 质量分数比例较低,在一级和二级沉淀物中没有检测到特征 Tl 峰,而在三级沉淀物中,只在 Tl 4f 精细谱图发现了模糊的铊峰(118.5 eV 和 123.1 eV)。这些峰具有 Tl_2S 的特征,意味着二级出水中的残余痕量 Tl 可能是 Tl^+,硫化物与 Tl^{3+}(如果存在)反应形成 Tl_2S[式(7.2)]。其他具有特征峰的重金属有 Cd[图7.7(b)]和 Zn[图7.7(c)]。在一级和二级处理中,Cd 以 $Cd(OH)_2$ 的形式析出,在 404.9~405.2 eV 处出现 Cd 3d5/2 峰,在 411.8~412.1 eV 处出现 Cd 3d3/2 峰(Dou et al., 2017)。在三级处理中,Cd 以 CdS 的形式沉淀,其 Cd 3d5/2 峰出现在 405.2~405.7 eV,Cd 3d3/2 峰出现在 412.0~412.5 eV(Dou et al., 2017;Chen et al., 2015;Hota et al.,

2007）。三种沉淀物的 Cd 3d 级谱具有上述特征[图 7.7（b）]。在去除 Zn 时，一级和二级处理生成 Zn(OH)$_2$，三级处理生成 ZnS。ZnS 的 Zn 2p 峰形状比 Zn(OH)$_2$ 和 ZnO（Yu et al.，2015）的 Zn 2p 峰形状更细、更尖锐，但其对应峰的结合能相近。三级处理沉淀物（ZnS）的 Zn 2p XPS 谱图确实比前两种处理沉淀物（Zn(OH)$_2$ 和 ZnO）更细、更尖锐[图 7.7（c）]。三级沉淀物的 S 2p 区域的 XPS 谱图显示有 4 种物质，包括 S^{2-}（161.4 eV）、S$_2^{2-}$（162.4 eV）、SO$_3^{2-}$（166.2 eV）和 SO$_4^{2-}$（168.1 eV），其 S^{2-} 组分比例较大[图 7.7（d）]。在土壤和沉积物中，硫化物金属接近于可氧化相（硫化物或有机质组分），如果避免酸性条件，它们将长期吸收并稳定 Tl（Huang et al.，2016）。

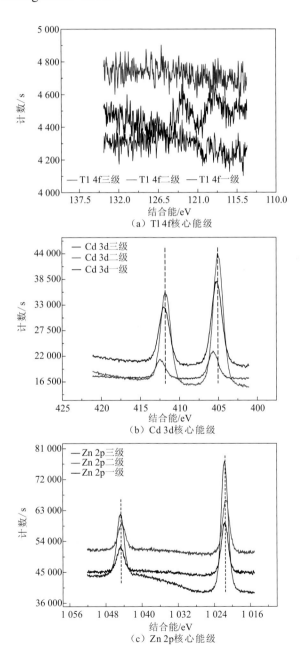

（a）Tl 4f 核心能级

（b）Cd 3d 核心能级

（c）Zn 2p 核心能级

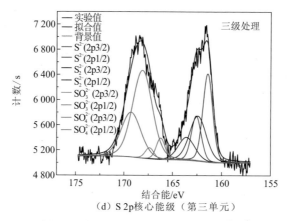

图 7.7 多级处理过程沉淀物的 XPS 谱图

3. 深度除铊示范工程

示范应用工程采用连续流工序,处理规模为 2.5~3.5 m³/h,考虑硫碱的影响和减少工序级数,对中试工艺进行适当的调整,将硫碱深度除铊与片碱沉淀粗除其他重金属合并,其多级处理工艺调整为:硫碱共沉、高级氧化联合絮凝沉淀与 pH 回调处理;共设三级提升,其他为重力流运行。工程选址于韶关某锌业公司,通过一系列现场勘测选址及反复沟通讨论,确定了示范应用工程实施的具体地址。经过精心准备,示范工程装置(图 7.8)全部安装完毕后,课题组进驻企业并对设备进行了清水运行调试,所有设备均能正常运作,之后便开展实际废水运行调试。

图 7.8 深度除铊示范工程装置现场照片

示范工程装置由公用网络专线和台式电脑进行实时监控。开机进水运行初期,由于进水中铊质量浓度降低(从 350~400 µg/L 降至 113~227 µg/L),在调试期间得出最佳的药剂配比后发现,相比中试运行情况,所用的药剂如氧化剂、碱均有所降低,并把沉淀剂的用量降低,仍保持了更优的运行效果(图 7.9)。待试验条件稳定下来后,出水铊质量浓度低于 0.21 µg/L,可确保稳定低于《工业废水铊污染物排放标准》(DB 44/1989—2017)限值(2 µg/L),也低于项目合同出水铊排放要求(1 µg/L)。药剂运行成本降低至19.16 元/m³(表 7.4),而原工艺运行成本需 25 元/m³。该示范应用顺利通过项目验收专家组验收，并获得企业的信任和采用。

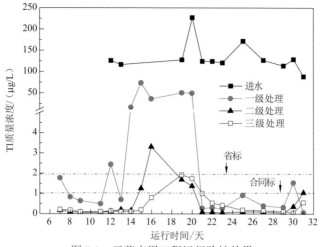

图 7.9　示范应用工程运行除铊效果

表 7.4　药剂运行成本核算清单

项目	单价/（元/kg）	用量/（kg/m³）	小计/（元/m³）
氧化剂	2.40	6.94	16.66
催化剂	0.70	0.86	0.60
絮凝剂	20.00	0.01	0.11
片碱	2.00	0.53	1.07
沉淀剂	2.40	0.28	0.68
硫酸	0.50	0.07	0.04
合计			19.16

7.5.3　小结

试验结果表明，单一工艺不能有效去除复杂工业废水中的 Tl。采用碱沉降法、芬顿法和硫化物沉淀法多级处理，出水 Tl 质量浓度稳定低于 2 μg/L。在该工艺中，碱沉降作为锌回收和金属沉淀的预处理步骤，芬顿法是去除 Tl、Cd、Cu、Pb 和 Zn 的主要步骤，硫化物沉淀作为一种三级处理方法，可将重金属浓度去除至超痕量水平。含 Tl 工业废水中去除 Tl 的试验研究表明，该工艺具有良好的工程应用前景。

7.6　硫酸工业废水微生物除铊技术

7.6.1　微生物除铊技术机理

随着全球工业化进程的不断加速，矿山开采、金属冶炼加工、电镀及含重金属废弃物沥浸脱毒等活动会产生大量的酸性重金属废水。酸性废水的特征是含有高浓度的硫酸盐和大量可溶性重金属离子，不经处理排入水体，会使相关水体酸化，产生潜在的腐蚀性（陈炜婷 等，2014；方迪 等，2010；王方，2010；马春花和胡寒桥，2010）。分散性毒害元素铊是一种高毒性的重金属污染物，在地壳中含量很低（0.75 mg/kg），对哺乳动物的毒性远大于 Hg、Cd、Pb、Zn 和 Cu 等金属，仅次于甲基汞。铊可以通过食物链、皮肤接触、飘尘烟雾等方式进入人体，对人体的危害较大。铊通过呼吸道、消化道和皮肤吸收进入血液后，分布于全身的组织器官。此外，铊易透过血脑屏障，对肝、肾有损害作用。铊在水体环境中易迁移，富集于植物、生物体内，且不易被生物降解；鉴于其高毒性，含铊废水必须得到妥善处理再外排，含铊酸性废水的妥善处理已成为人类健康和生态环境保护中亟待解决的问题（张鸿郭 等，2010；彭景权 等，2007）。

依据脱除机理的差异，传统重金属的脱除方法可分为物理法、化学法和微生物法（张丽娜 等，2015）。物理法是通过物理作用分离和去除废水中不溶解的呈悬浮状态的重金属污染物（包括油膜、油珠）的方法，主要包含溶剂萃取分离、离子交换法、膜分离技术及吸附法。Zhang 等（2008）研究显示，利用二氧化锰的吸附作用也可将水体中铊的质量浓度从 10 μg/L 降至 2 μg/L 以下；纳米级的氧化铝可作为吸附剂去除水体中的 Tl^{3+}，在 pH 为 4.5 时，对铊（初始质量浓度为 10.0 mg/L）的去除率可接近 100%，但这些方法成本较高，在大量含铊废水的处理过程中难以进行推广应用。

化学除铊法指通过化学反应改变废水中重金属污染物的化学性质或物理性质的处理方法，主要包含化学沉淀法、化学还原法和电化学法。Zhang 等（2013）采用强化氧化混凝法（即分别以 0.05 kg/L 高锰酸钾、30%过氧化氢和 0.05 kg/L 次氯酸钙溶液为氧化剂，以 0.092 kg/L 氢氧化钙溶液为絮凝剂）对酸性废水中的痕量铊（1 406.5 μg/L）进行去除。结果显示，在投加 30 mL 氢氧化钙溶液后，分别投加 20 mL 高锰酸钾、2.2 mL 过氧化氢和 37 mL 次氯酸钙溶液时，铊的去除率分别可达 99.98%、99.10%和 99.95%；而在投加 20 mL 高锰酸钾、2.2 mL 过氧化氢、37 mL 次氯酸钙之后，分别投加氢氧化钙溶液 25 mL 和 35 mL，铊去除率可达 99.93%和 99.90%。

传统的物理处理法和化学处理法具有一定的处理效果，但这些方法普遍存在成本高、效率低、处理效果不足、易造成二次污染等缺点，不利于废水中铊的去除。微生物法具有运行费用低、处理效率高、选择性强、无二次污染且可回收等优点，是近年来广受关注的新型高效重金属脱除技术。微生物处理法是指通过微生物吸附吸收、转化、积累富集等作用消除或降低重金属污染物浓度，主要包含微生物絮凝、生物化学法和植物生态修复等方法。因微生物种类及外界因素的不同和差异，微生物除铊的机理主要有吸附和氧化还原两类。

1. 微生物吸附

微生物吸附是细菌对金属离子进行物理化学反应共同作用的结果，反应速率一般很快且不需要依赖细胞的代谢能量。物理吸附如静电吸附，吸附物与吸附剂一经接触就会发生；而化学吸附如表面络合和离子交换等反应速率较慢。

表面络合的机理是通过多种途径将重金属吸附在细胞表面，细胞壁是金属离子的主要积累场所，细胞壁上可与金属离子相配位的官能团包括—COOH、—NH₂、—SH、

—OH 和 PO_4^{3-}。由于 pH 会影响某些官能团的质子化，所以当 pH 升高时细胞壁上能暴露出更多的负电性基团，有利于金属离子与之相结合而被吸附。金属离子除了能与细胞壁上的负电性官能团络合而被吸附，还有离子交换现象。然而被交换下来的离子总量与金属离子的总吸附量相比只是很小的一部分，说明离子交换并非是主要吸附机理。另外，当溶液中存在其他金属离子时，这些共存离子与主要离子竞争细胞上有限的带负电荷的基团，一般会抑制主要金属离子的吸收，从而导致主要金属离子吸附量的减少。不同微生物吸附金属离子时起主要作用的官能团和吸附方式有所不同，且无论活性、非活性的菌体或细胞代谢产物均具有吸附重金属的功能。

孙嘉龙等（2011）在黔西南滥木厂铊矿区采集土壤和沉积物，采用液体发酵法设计了高耐受性菌株对 1 000 mg/L、1 200 mg/L、1 500 mg/L 三种铊的处理实验。结果表明，真菌菌株对铊的吸附效率为 4.63%～16.89%，且随着环境中铊浓度的增加，真菌生长的抑制作用明显增大，导致吸附率下降；此外，真菌细胞对铊的吸附方式可能与对钙、钾等常量元素的吸附方式类似。龙建友等（2014）从某含铊废水中筛选出一株耐铊细菌（菌株序列登录号：JF901704）菌株，在最佳条件（铊初始质量浓度为 20 mg/L，吸附时间为 60 min，pH 为 7.0，摇床转速为 150 r/min，生物量为 1.0 g/L）下，对铊的吸附率可达 89.05%；此外，红外光谱结果表明，该菌株在吸附铊的过程中起主要贡献的官能团是细胞壁中的羧基、亚氨基及羟基。

2. 微生物氧化还原

微生物的氧化还原作用是指重金属元素在细胞内或细胞外发生一系列化学反应，从高毒性转变成低毒性甚至无毒性物质，进而达到降解或消除重金属污染物的目的。氧化还原的主要原理是通过硫酸盐还原菌（SRB）在 pH 为中性和厌氧条件下，将硫酸根离子还原成 S^{2-}，使得 S^{2-} 与废水中的 Tl^+ 等金属阳离子发生沉淀反应，形成不溶性的硫化物沉淀。Mueller（2001）通过探索硫酸盐还原菌对铊的还原作用，提出去除铊的主要机制是微生物诱导硫离子与铊离子发生化学反应形成硫化铊（Tl_2S）沉淀，从而降低废水中铊的浓度。结果表明，在 20 ℃条件下，SRB 可将废水中的铊质量浓度从 450～790 μg/L 降低至低于 2.5 μg/L 的出水水平。

7.6.2 生物吸附除铊

铊是一种挥发性很强的有毒重金属，对环境危害很大，目前主要的除铊方法包括化学沉淀、离子交换、膜技术等。然而，这些方法存在处理周期长、成本高、易产生二次污染等缺点，因此，急需找到一种经济、高效的处理方法来替代传统处理方法。近年来，由于生物吸附技术处理重金属有着吸附能力强、成本低廉、回收率高等优点，得到飞快的发展，解决了传统方法的弊端，有着更好的应用前景和经济效益（Xu et al.，2019）。生物吸附技术去除重金属铊主要分为微生物的吸附和农业或工业副产物的吸附。

目前，微生物主要集中为细菌、真菌和藻类。其中，大多数生物吸附过程都是用死去的微生物细胞进行的，因为它们对有毒金属离子的敏感性较低，操作条件相对简单，而且不需要营养物质和培养基，在生物吸附后易于回收和解吸（Long et al.，2017）。黑曲霉是一种由几丁质和壳聚糖结合构成含 30%生物量的真菌。John Peter 和 Viraraghavan（2008）研究了不同处理方式的黑曲霉真菌从水溶液中去除铊的效率，结果表明，采用氧化铁包覆生物质对铊的去除率高达 67%，其中，pH、金属离子、生物量浓度、生物量的物理或化学预处理都对真菌吸附重金属过程有着关键的作用。Birungi 和 Chirwa（2015）研究了三种不同绿藻对铊的吸附能力和回收率。当铊的质量浓度≥150 mg/L 时，吸附效果均达到 100%，最大的吸附量（q_{max}）为 830～1 000 mg/g。在硝酸存在的条件下，回收率高达 93.3%。研究表明，羧基和酚类是铊结合在藻类细胞壁上的主要基团。除物理吸附作用外，还可能涉及离子交换、配位和络合作用。吸附机理主要是铊离子与细胞壁上的结合位点之间发生离子交换和生成络合物，其中，主要官能团为羟基、羧基和氨基。

农业或工业副产品是另一类主要的生物吸附剂。这类生物吸附剂由于具有价格低廉、容易获得、性能良好等优势，近年来也引起了人们广泛的关注，如竹子（Lo et al.，2012）、香桃木和石榴（Ghaedi et al.，2012）等。Dashti 和 Aghaie（2013）首次利用桉叶粉研究了对重金属铊的吸附，在最佳的条件下，对铊的去除率达 81.5%。聚苯乙烯磺酸钠改性的桉叶粉可以发展成一种优良的生物吸附剂。活性炭由于具有发达的孔隙度及较大的内表面积，成为废水处理中应用最广泛的吸附剂。因此，各种各样的低成本活性炭已经由廉价和可用的材料生产出来。Sabermahani 等（2016）以杏核壳为原料，通过 H_3PO_4 活化，最后用罗丹明对其进行改性制备出一种新型活性炭。新型活性炭具有较高的吸附能力和 100%的回收率，可以有效地去除水中的重金属铊。Gao 等（2020）创新性地采用两种柚子皮和丢弃的柚子通过热裂解法制备了活性炭并探究修复农业土壤。柚子生物炭具有明显的微孔结构和富氧官能团，具有良好的吸附能力，为除铊修复土壤提供了一种新的思路。

在研究不同生物吸附剂对铊的吸附过程中，主要探究了不同环境参数（初始 Tl 浓度、初始溶液 pH、生物量投加量、搅拌速度和接触时间等）对生物吸附特性的影响。建立了吸附等温模型、动力学模型和热力学模型。同时，通过结合傅里叶红外光谱和扫描电子显微镜、X 射线衍射和 X 射线光电子能谱等物理表征对其生物吸附机理进行研究。

7.6.3　硫酸盐还原菌除铊

1. 硫酸盐还原菌还原反应与代谢作用

硫酸盐还原菌（SRB）是一类能够通过异化作用，将硫酸盐（SO_4^{2-}）作为有机物的电子供体，使硫酸盐（SO_4^{2-}）被还原为 H_2S 或 HS^- 的严格厌氧菌种。

根据碳源及还原产物的不同，SRB 分为两大类：一类是脱硫弧菌属、脱硫单胞菌属、脱硫叶菌属和脱硫肠状菌属，其特点是可利用乳酸、丙酮酸、乙醇或某些脂肪酸为碳源，将硫酸盐还原为硫化氢；另一类是脱硫菌属、脱硫球菌属、脱硫八叠球菌属和脱硫线菌属，可以氧化脂肪酸，并将硫酸盐还原为硫（Gibson，2010；蔡靖 等，2009）。

硫酸盐还原菌的代谢过程主要分为以下 4 个阶段。

1）硫酸盐运输阶段

细菌用于催化硫酸盐还原的酶位于细胞质内或细胞膜内侧上，因此硫酸盐必须成功从外界环境运输到细胞内，才可被作为电子供体进行还原。

2）硫酸盐激活阶段

在大多数情况下，硫酸盐的化学性质非常稳定，不易被还原。SO_4^{2-}/SO_3^{2-} 的氧化还原电位为 -0.516 V，低于大部分分解代谢产物的氧化还原电位，这代表着硫酸盐无法直接从代谢产物中获得电子。因此，硫酸盐在被还原之前，会在硫酸腺苷转移酶的作用下，通过消耗腺苷三磷酸（adenosine triphosphate，ATP），激活硫酸盐使其生成腺嘌呤磷酰硫酸盐（adenosine phosphosulphate，APS）。APS 是一种较强的氧化剂，$APS^{2-}/$（$AMP^{2-}+SO_3^{2-}$）氧化还原电位比 SO_4^{2-}/SO_3^{2-} 高 420 mV。具体反应式为

$$SO_4^{2-}+ATP+2H^+ \longrightarrow APS+PPi（焦磷酸）$$

该反应平衡常数较小（$K_{eq} \approx 10^{-8}$），不易进行。但反应生成的焦磷酸后续会被水解为 2 个磷酸，以此推动反应的进行。反应式为

$$PPi+H_2O \longrightarrow 2Pi$$

3）APS 还原

产生的 APS 在 APS 酶的作用下，会继续转化为亚硫酸盐和磷酸腺苷（adenosine monophosphate，AMP）。反应中共有 2 个电子参与反应。

$$APS+2e^- \longrightarrow SO_3^{2-}+AMP$$

4）亚硫酸盐还原

亚硫酸盐的分子结构为金字塔型，其中硫原子具有自由电子对。因此，其化学性质较硫酸盐更活泼，易于进行还原，不需要 ATP 进行活化。反应中共有 6 个电子参与反应。

$$SO_3^{2-}+6e^-+8H^+ \longrightarrow H_2S+6H_2O$$

亚硫酸盐至硫化氢的还原途径可能为：①3 个连续的双电子传递，形成连三硫酸盐和硫代硫酸盐（$3SO_3^{2-} \rightarrow S_3O_6^{2-} \rightarrow S_2O_3^{2-} \rightarrow S^{2-}$）。②直接失去 6 个电子，并不形成上述中间产物，称为协调 6 电子反应，即 $SO_3^{2-}+6e^-+6H^+ \longrightarrow S^{2-}+3H_2O$。

由此可见，硫酸盐被 SRB 还原为硫化物过程是一系列的酶促反应，其中硫共得到 8 个电子，生成多个中间产物，最终被还原成硫化氢（蔡靖 等，2009；Hamilton，1985）。

硫化氢（H_2S）具有非常强的还原能力，不仅能将高价态的金属离子还原成低价态，同时能形成金属硫化物沉淀。因此，使用 SRB 进行重金属还原沉淀去除被广泛研究。

SRB 生物还原重金属分为两个阶段，硫酸盐还原菌通过自身生物反应，氧化水环境中的有机化合物（张新宇，2010）（以 CH_2O 为例）：将硫酸盐还原得到硫化氢（HS^-）和碳酸氢根离子 $SO_4^{2-}+2CH_2O \longrightarrow H_2S+2HCO_3^-$；硫化氢（$HS^-$）与金属阳离子（$Me^-$）反应，形成不溶性金属硫化物沉淀（MeS(S)），如反应 $H_2S+Me \longrightarrow MeS(S)\downarrow+2H^+$。

2. 硫酸盐还原菌生物反应器除铊

在水体中铊主要以 Tl^+ 形式稳定存在，其理化性质与碱金属 K^+、Rb^+ 相似，迁移活动性强，这给废水中 Tl^+ 的去除带来了很大的困难。研究表明，石灰中和法难以有效去除矿山酸性废水中的 Tl^+ 污染，且沉淀分离产生大量的废渣，二次污染大，给铊等物质的进一步回收利用带来了较大困难。废水中铊治理的方法主要有海绵吸附体、低温碱性氧化法及活性铝净化法（美国国家环境保护署推荐）和离子交换法。但这些方法普遍存在处理成本和运行费用高，易造成二次污染等问题。硫酸盐还原法处理酸性金属废水具有

投资小、运行费用低、无二次污染且易回收等优点。

张鸿郭等（2010）进行了硫酸盐还原生物反应器处理含铊酸性废水的试验。试验结果表明，采用高负荷培养法可在 136 天成功启动硫酸盐还原生物反应器。反应器在活性迟滞、活性提高和活性稳定三个阶段对硫酸盐的去除率分别为 25.21%、61.08% 和 93.39%。反应器对化学需氧量（chemical oxygen demand，COD）的处理效果则欠佳，活性稳定后反应器对 COD 的去除率也仅有 26.12%。反应器对铊具有较好的处理效果，平均去除率为 97.97%。反应器 COD 去除量与硫酸盐去除量的比值随着反应器启动进程的推进逐渐缩小，且趋于稳定，去除量比值和反应器脱硫效能具有正相关性。研究表明，硫酸盐还原生物反应器处理含铊酸性废水具有可行性（仇丽娟 等，2013）。

3. 包埋硫酸盐还原菌除铊

硫酸盐还原菌虽然对金属有很强的生物去除能力，但是细菌存在易受金属离子毒害、生长周期短、易死亡、细菌分散在溶液中难以回收再利用等缺点。许多传统的物理化学方法，由于存在易产生二次污染、金属资源难以再生利用等诸多不足，已越来越难以满足当今的高标准金属污染控制要求（肖隆庚，2014）。

生物固定化技术处理金属废水具有高效、廉价、操作简便等特点，已经得到国内外学者的一致认可。生物固定化是指通过物理或化学的方法把细胞或酶等生物催化剂限定或保留在某一特定的空间内，并保持其活性，能够不断循环利用（李晔 等，2004）。与传统方法处理重金属废水时未被固定化的菌体相比，经过固定化后的菌体在处理含重金属废水时具有反应简单、稳定性好、处理效率高、易于实现连续化等优点，同时借助生物固定化技术还能充分发挥化工过程中非均相催化技术的优点。因此，固定化技术不仅能够解决酶污染及贵重酶回收利用的问题，而且增强了酶的稳定性，使酶对环境有更好的适应性，对碱、酸、高温等极端条件的酶开发具有重要的意义（解婷婷 等，2019）。

生物固定化可分为载体结合法、交联法、载体分割法和系统截留法（鱼园，2010）。其中载体分割法包括微胶囊法和包埋法。常用的固定化载体包括有机载体和无机载体：有机载体主要包括琼脂、角叉菜胶、聚乙烯醇、海藻酸钠、聚丙烯酰胺凝胶等；无机载体包括活性炭、硅藻土、多孔玻璃、石英砂等（徐少华，2007）。根据不同固定化方法和不同固定化载体，应用于处理不同的废水领域。查阅文献可知，通过固定化方法包埋细菌技术已经逐渐成熟，并且对单纯的细菌处理重金属而言，固定化细菌处理重金属去除率高、反应性好、产物易回收。固定化技术不仅能够处理铅、铬、镉离子等，对很多重金属离子的去除都有较好的效果，如通过固定化细菌处理废水中的铊离子能够取得稳定的去除效果。

包埋法可以利用聚合物将微生物嵌入到微球中，由于这种方法操作简单、对微生物的活性影响很小而被广泛应用于近年的研究中（田雅楠和王红旗，2011）。包埋材料多种多样：常见的自然聚合物载体材料有角叉菜胶和海藻酸钠等；高分子有机合成聚合物载体材料包括聚丙烯酰胺和聚乙烯醇等（苏英草和程传煊，1994）。其中，海藻酸钠和聚乙烯醇具有易于固定化、机械强度高、对微生物无毒、耐生物分解、传质性强和价格低廉易得等优点（吴晓磊 等，1993），因而成为包埋剂的最佳材料。然而，通过这两种包埋剂固定化微生物可能不易成球，李晔等（2004）在实验中通过加入部分二氧化硅和活性炭以提高固定化小球的成球性能。他们以聚乙烯醇、海藻酸钠等材料为包埋剂对硫酸盐还原菌进行生物固定化，并通过正交法确定固定化细菌的最佳比例。根据最佳比例得到的固定化细菌处理含铊废水，并研究各种环境条件对固定化细菌处理含铊废水的影响及固定化细菌处理铊的机理。结果发现：固定化细菌的最佳包埋比例为聚乙烯醇为 6%、二氧化硅为 3%、海藻酸钠为 0.5%、活性炭为 2%、菌液含量为 35%、饱和硼酸中氯化钙 2%；在最佳包埋条件下，固定化 SRB 对含铊废水的处理量能达到 180.87 mg/g，其失重率仅为 23.4%；当溶液 pH 为 6、温度为 30 ℃、初始离子质量浓度为 25 mg/L 时，细菌对铊离子的处理量在 720 min 内达到最大值（221.97 mg/g），远远大于空白小球的处理量；动力学和热力学试验表明细菌处理含铊废水的过程更符合准二级动力学模型；Langmuir 模型能够很好地描述细菌处理含铊废水的过程，并且其过程是放热反应；颗粒内扩散模型的三段过程能很好地描述金属离子进入细菌内的一系列物理化学过程；通过表征分析发现固定化细菌表面和内部存在大量网状结构，为细菌新陈代谢提供良好的生长环境，使细菌能够保持活性。固定化细菌处理含铊废水的主要机理是溶液中的硫酸根离子通过细菌的硫酸盐还原作用而生成硫离子，生成的硫离子与铊离子结合成硫化铊沉淀。当硫酸根离子质量浓度达到 200 mg/L 时，固定化 SRB 最大处理量能够达到 258.38 mg/g，并能够很好地控制铊的毒性，具体如图 7.10（李猛，2016）所示。

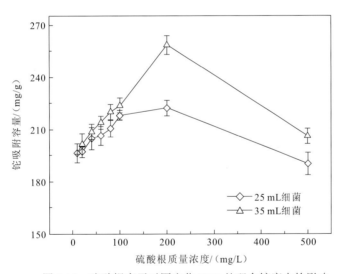

图 7.10　硫酸根离子对固定化 SRB 处理含铊废水的影响

固定化 SRB 处理含铊废水的影响因素及机理如下。

1）pH 对固定化细菌处理含铊废水的影响

溶液的 pH 会影响金属离子和氢离子竞争细菌表面活性位点的强弱。当溶液 pH 超过 8 时，金属离子与氢氧根离子形成氢氧化物沉淀（陈燕飞，2006）。主要原因是 pH 过低时，溶液中含有大量氢离子占据固定化 SRB 大部分活性位点；随着 pH 升高，溶液中氢离子逐渐减少，与金属阳离子的竞争逐渐减弱，使得铊离子能够基本占据表面活性位点，所以 SRB 对铊离子的处理量达到最大值。随着溶液中 pH 继续升高，氢氧根离子逐渐增加，与金属阳离子发生反应生成氢氧化物沉淀覆盖在固定化 SRB 表面，阻止离子进入细胞内发生反应，使处理量逐渐降低（王璞，2007）。

2）初始铊离子浓度对固定化细菌处理含铊废水的影响

当铊离子浓度很低时，细菌表面大量的吸附位点未达到饱和。随着金属离子浓度的升高，溶液提供了足够的驱动力以克服液相与固相之间的传质阻力，使金属离子和细菌表面的吸附位点更容易发生碰撞。因此，随着金属离子浓度的不断升高，细菌对重金属的处理量也逐渐增大。主要原因是金属离子和细菌之间发生强烈的反应（蒋金龙 等，2001）。随着初始铊离子浓度的升高，离子间的静电引力也逐渐增大，当初始离子浓度达到某一值时，离子间斥力占据主导作用，使细菌表面吸附位点趋于饱和（胡章虎，2012）。

3）吸附时间对固定化细菌处理含铊废水的影响

将硫酸盐还原菌进行包埋处理的小球与空白小球对比研究表明，随着时间的延长，吸附剂表面的吸附位点逐渐被重金属离子所占据。因此空白小球的处理量趋于平衡状态（董新姣，2007），而固定化细菌中的硫酸盐还原菌会对铊离子有化学处理过程，固定化后的 SRB 小球比空白小球有更强的处理能力，如图 7.11（李猛，2016）所示。

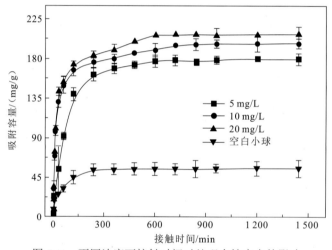

图 7.11　不同浓度下接触时间对处理含铊废水的影响

吸附动力学可研究吸附剂在吸附过程中的吸附量与吸附时间的关系，即吸附动态平衡。吸附动力学与物质的传递速率和物质的扩散速度密切相关。一般的吸附可以分为以下 4 个过程。

（1）颗粒外表面扩散：待处理的物质通过本体扩散作用从溶液中转移到颗粒吸附剂的外表面。当吸附剂与流体相接触时，在紧贴吸附剂外表面处有一层薄膜，因此这一过程的速率主要取决于待处理的物质分子扩散穿过薄膜的过程（李猛，2016）。

（2）颗粒外表面吸附：待处理的物质被吸附到吸附剂的外表面。

（3）颗粒内部扩散：待处理的物质由吸附剂颗粒外表面上的微孔扩散进入颗粒内表面，称为颗粒内扩散（或内扩散）。

（4）颗粒内部吸附：在吸附剂的内表面，待处理的物质被吸附。

在以上 4 个阶段中，待处理物质在传递过程中所受到的阻力是不同的，在某一阶段的阻力越大，则需要越大的浓度梯度克服该阻力，那么，这一阶段势必成为整个扩散过程的控制步骤。研究材料吸附动力学的基本内容包括：吸附过程的机理研究、吸附过程的控制步骤、速率控制步骤的模型（即确定过程扩散参数、传质参数），以及外在环境条件（初始离子浓度和温度）对传质参数、扩散参数和主要控制步骤的影响。吸附动力学研究的对象是吸附剂的吸附量与接触时间的动力学曲线，通常采用独立瓶法和有限液法获得所需要的动力学曲线，但有限液法对样品量的要求苛刻，不利于操作。

参 考 文 献

蔡靖, 郑平, 张蕾, 2009. 硫酸盐还原菌及其代谢途径. 科技通报, 25(4): 427-431.

曹恒恒, 张鸿郭, 罗定贵, 等, 2012. 重金属对硫酸盐还原菌影响. 环境科学与技术学报, 35(12): 208-211, 218.

巢猛, 林朋飞, 胡小芳, 等, 2012. 多种氧化剂对水中铊的去除效果试验研究. 城镇供水(6): 26-27.

巢猛, 胡小芳, 余素华, 2015. 粉末活性炭去除原水中铊的试验研究. 供水技术, 9(3): 1-3.

陈灿, 曾祥专, 卢欢亮, 2016. 混凝捕捉协同处理酸性含铊废水试验研究. 给水排水, 52(7): 67-70.

陈桂兰, 2017. 生物制剂在铀水冶废水中深度除铊的应用. 中国资源综合利用, 35(5): 115-117, 119.

陈炜婷, 张鸿郭, 陈永亨, 等, 2014. pH、温度及初始铊浓度对硫酸盐还原菌脱铊的影响. 环境工程学报, 8(10): 4105-4109.

陈燕飞, 2006. pH 对微生物的影响. 太原师范学院学报(自然科学版)(3): 121-124, 131.

陈永亨, 张平, 吴颖娟, 等, 2013. 广东北江铊污染的产生原因与污染控制对策. 广州大学学报(自然科学版), 12(4): 26-32.

程秦豫, 黄易勤, 陈小雁, 等, 2018. 铊在铅锌矿选冶过程中的转移及环境影响风险. 有色金属工程, 8(2): 129-132.

董新姣, 2007. 海藻酸钙包埋枝孢霉对水中 Cu^{2+} 吸附性能研究. 化学工程, 35(2): 9-12.

范真真, 赵艺, 李崇, 等, 2022. 硫酸工业废水重金属铊污染管控现状与建议. 无机盐工业, 54(6): 6-12.

方迪, 王方, 单红仙, 等, 2010. 硫酸盐还原菌对酸性废水中重金属的生物沉淀作用研究. 生态环境学报, 19(3): 562-565.

付煜, 熊智, 2016. 含铊废水处理技术在铅锌冶炼企业的应用实践. 有色金属工程, 6(6): 99-103.

韩天玮, 黄卓尔, 周树杰, 等, 2011. 沉淀处理地表水中痕量铊. 广州环境科学, 26(1): 23-24.

胡章虎, 2012. 离子束在等离子体中的能量沉积及聚焦效应的粒子模拟. 大连: 大连理工大学.

蒋金龙, 汪模辉, 王康林, 2001. 金属离子对细菌浸出复杂金属硫化矿的影响. 成都理工学院学报, 28(2): 209-213.

李猛, 2016. 固定化细菌处理含铊废水的影响因素及机理. 广州: 广州大学.

李晔, 李凌, 张发有, 2004. 生物固定化技术在含氮废水处理中的研究. 工业安全与环保, 30(6): 18-20.

李云龙, 2017. 基于电化学法处理含铊废水的技术研究. 北京: 中国地质大学(北京).

黎秀菀, 李伙生, 张平, 等, 2018. MnO_2@矿渣去除废水中的铊. 环境工程学报, 12(3): 720-730.

刘陈敏, 张平, 彭彩红, 等, 2016. 直接氧化生成锰氧化物去除水中铊的研究. 水处理技术, 42(8): 52-56.

刘富强, 2020. 铅锌冶炼废水处理技术的探讨. 化学工程与装备(1): 260-261.

刘娟, 王津, 陈永亨, 等, 2013. 黄铁矿烧渣处理含铊重金属废水的研究. 武汉科技大学学报, 36(4): 295-298.

刘娟, 王津, 苏龙晓, 等, 2015. 铅锌矿冶炼过程中铊的形态分布与转化特征. 吉林大学学报(地球科学版), 45(S1): 6.

刘琪, 2017. 钢铁冶金烧结烟气脱硫含铊废水的处理. 湘潭: 湘潭大学.

刘烨, 2013. 饮用水中铊污染的净化技术研究. 广州: 广东工业大学.

刘玉蕾, 2018. 高铁酸钾的制备及去除水中铊、吲哚和处理污水厂污泥的效果与机理. 哈尔滨: 哈尔滨工业大学.

龙建友, 罗定贵, 陈永亨, 2014. 细菌 JF901704 菌株对铊的吸附特性研究. 环境科技, 27(1): 7-10.

卢然, 王夏晖, 伍思扬, 等, 2021. 我国铅锌冶炼工业废水铊污染状况与处理技术. 环境工程技术学报, 11(4): 763-768.

马春花, 胡寒桥, 2010. 硫酸盐还原菌处理含重金属废水的实验研究. 科技创新导报(20): 5-6.

马军军, 韩正昌, 2017. 含铊污染废水处理技术的现状及研究. 环境与可持续发展, 42(5): 65-67.

彭彩红, 2016. 冶炼废水中铊的价态分析及处理研究. 广州: 广州大学.

彭景权, 肖唐付, 李航, 等, 2007. 黔西南滥木厂铊矿化区河流沉积物中重金属污染及其潜在生态危害. 地球与环境, 35(3): 247-254.

亓玉军, 2021. 铅锌冶炼废水铊污染治理技术研究. 化工设计通讯, 47(6): 170-171.

仇少静, 胡凤杰, 李晶, 2020. 铅锌冶炼废水铊污染治理技术探讨. 硫酸工业(4): 9-12, 18.

苏英草, 程传煊, 1994. 铜(Ⅱ)-聚丙烯酰胺和铜(Ⅱ)-聚乙烯醇配位聚合物的配位数. 应用化学, 11(5): 31-35.

孙嘉龙, 肖唐付, 周连碧, 等, 2010. 铊矿山废水的微生物絮凝处理研究. 地球与环境, 38(3): 383-386.

孙嘉龙, 肖唐付, 宁增平, 等, 2011. 几株真菌对铊吸附作用的初步研究. 矿物岩石地球化学通报, 30(3): 341-344, 349.

田雅楠, 王红旗, 2011. Biolog 法在环境微生物功能多样性研究中的应用. 环境科学与技术, 34(3): 50-57.

王方, 2010. 硫酸盐还原菌对酸性废水中重金属的生物沉淀作用研究. 青岛: 中国海洋大学.

王璞, 2007. 基于内聚营养源 SRB 污泥固定化技术的碳源内聚及处理含镉废水研究. 长沙: 中南大学.

吴晓磊, 刘建广, 黄霞, 等, 1993. 海藻酸钠和聚乙烯醇作为固定化微生物包埋剂的研究. 环境科学, 14(2): 28-31, 77-94.

夏鹏, 巢铸, 司静宜, 等, 2021. 中国铊的淡水水生生物水质基准研究初探. 环境科学与技术, 44(10): 19-26.

肖隆庚, 2014. EDI 技术处理重金属废水的试验研究. 广州: 广东工业大学.

解婷婷, 迟莉娜, 刘瑞婷, 等, 2019. 金属有机框架固定化酶及其在环境中的应用. 化工进展, 38(6): 2889-2897.

熊果, 沈毅, 2015. 钢铁企业铊污染的研究及防治对策. 工业安全与环保, 41(6): 30-32.

徐少华, 2007. 含乙烯基及三氟丙基的硅烷偶联剂的合成研究. 南昌: 南昌大学.

许友泽, 成应向, 付广义, 等, 2017. PSAF-DMDAAC 复合絮凝剂的制备及含铊废水的处理. 化工环保, 37(1): 62-67.

闫虎祥, 周杰, 高宝钗. 2019. 生物制剂深度处理技术在选矿废水改造工程中的应用. 广州化工, 46(14): 147-148.

鱼园, 2010. 载体吸附交联及无载体交联固定化磷脂酶 D 方法的研究. 西安: 西北大学.

张鸿郭, 罗定贵, 陈永亨, 等, 2010. 含铊酸性废水启动硫酸盐还原生物反应器研究. 环境科学与技术, 33(S2): 207-210.

仉丽娟, 李莹, 周洪波, 2013. ABR 反应器中 COD/SO$_4^{2-}$ 值和硫酸盐负荷对 SO$_4^{2-}$ 去除影响. 环境科学与技术, 36(1): 115-119.

张丽娜, 解万翠, 杨锡洪, 等, 2015. 微生物法脱除重金属技术的研究进展. 食品工业科技, 36(24): 356-359, 365.

张新宇, 2010. 硫酸盐还原菌(SRB)污泥固定化技术处理混合电镀废水的研究. 长沙: 中南林业科技大学.

张玉刚, 龙新宪, 陈雪梅, 2008. 微生物处理重金属废水的研究进展. 环境科学与技术学报, 31(6): 58-63.

Alalwan H A, Abbas M N, Abudi Z N, et al., 2018. Adsorption of thallium ion (Tl^{+3}) from aqueous solutions by rice husk in a fixed-bed column: Experiment and prediction of breakthrough curves. Environmental Technology & Innovation, 12: 1-13.

Belzile N, Chen Y W, 2017. Thallium in the environment: A critical review focused on natural waters, soils, sediments and airborne particles. Applied Geochemistry, 84: 218-243.

Birungi Z S, Chirwa E M N, 2015. The adsorption potential and recovery of thallium using green micro-algae from eutrophic water sources. Journal of Hazardous Materials, 299: 67-77.

Chen J Z, Wu X J, Yin L S, et al., 2015. One-pot synthesis of Cds nanocrystals hybridized with single-layer transition-metal dichalcogenide nanosheets for efficient photocatalytic hydrogen evolution. Angewandte Chemie, 54(4): 1210-1214.

Chen Y H, Wang C L, Liu J, et al., 2013. Environmental exposure and flux of thallium by industrial activities utilizing thallium-bearing pyrite. Science China Earth Sciences, 56(9): 1502-1509.

Coup K M, Swedlund P J, 2015. Demystifying the interfacial aquatic geochemistry of thallium(I): New and old data reveal just a regular cation. Chemical Geology, 398: 97-103.

Dashti Khavidaki H, Aghaie H, 2013. Adsorption of thallium(I) ions using eucalyptus leaves powder. CLEAN-Soil, Air, Water, 41(7): 673-679.

D'Orazio M, Campanella B, Bramanti E, et al., 2020. Thallium pollution in water, soils and plants from a past-mining site of Tuscany: Sources, transfer processes and toxicity. Journal of Geochemical Exploration, 209: 106434.

Dou B L, Jiang X H, Wang X H, et al., 2017. Synthesis and photoelectric properties of cadmium hydroxide and cadmium hydroxide/cadmium sulphide ultrafine nanowires. Physica B: Condensed Matter, 516: 72-76.

Fu F L, Wang Q, 2011. Removal of heavy metal ions from wastewaters: A review. Journal of Environmental Management, 92(3): 407-418.

Gao C B, Cao Y L, Lin J Q, 2020. Insights into facile synthesized pomelo biochar adsorbing thallium: Potential remediation in agricultural soils. Environmental Science and Pollution Research, 27(18): 22698-22707.

Ghaedi M, Tavallali H, Sharifi M, et al., 2012. Preparation of low cost activated carbon from Myrtus communis and pomegranate and their efficient application for removal of Congo red from aqueous solution. Spectrochimica Acta Part A: Molecular and Biomolecular Spectroscopy, 86: 107-114.

Gibson G, 2010. Physiology and ecology of the sulphate-reducing bacteria. The Journal of Applied Bacteriology, 69(6): 769-797.

Hamilton W A, 1985. Sulphate-reducing bacteria and anaerobic corrosion. Annual Review of Microbiology, 39(1): 195-217.

Hota G, Idage S B, Khilar K C, 2007. Characterization of nano-sized CdS-Ag_2S core-shell nanoparticles using XPS technique. Colloids and Surfaces A: Physicochemical and Engineering Aspects, 293(1-3): 5-12.

Huang X X, Li N, Wu Q H, et al., 2016. Risk assessment and vertical distribution of thallium in paddy soils and uptake in rice plants irrigated with acid mine drainage. Environmental Science and Pollution Research, 23(24): 24912-24921.

Huangfu X L, Jiang J, Lu X X, et al., 2015. Adsorption and oxidation of thallium(I) by a nanosized manganese dioxide. Water, Air, & Soil Pollution, 226: 2272.

Huangfu X L, Ma C X, Ma J, et al., 2017. Significantly improving trace thallium removal from surface waters during coagulation enhanced by nanosized manganese dioxide. Chemosphere, 168: 264-271.

John Peter A L, Viraraghavan T, 2008. Removal of thallium from aqueous solutions by modified *Aspergillus niger* biomass. Bioresource Technology, 99: 618-625.

Karlsson U, Karlsson S, Duker A, 2006. The effect of light and iron(II)/iron(III) on the distribution of Tl(I)Tl(III) in fresh water systems. Journal of Environmental Monitoring, 8(6): 634-640.

Kiran M G, Pakshirajan K, Das G, 2018. Metallic wastewater treatment by sulfate reduction using anaerobic rotating biological contactor reactor under high metal loading conditions. Frontiers of Environmental Science & Engineering, 12: 12.

Lewis A E, 2010. Review of metal sulphide precipitation. Hydrometallurgy, 104(2): 222-234.

Li H S, Chen Y H, Long J Y, et al., 2017a. Simultaneous removal of thallium and chloride from a highly saline industrial wastewater using modified anion exchange resins. Journal of Hazardous Materials, 333: 179-185.

Li H S, Chen Y H, Long J Y, et al., 2017b. Removal of thallium from aqueous solutions using Fe-Mn binary oxides. Journal of Hazardous Materials, 338: 296-305.

Li H S, Long J Y, Li X W, et al., 2018a. Aqueous biphasic separation of thallium from aqueous solution using alcohols and salts. Desalination and Water Treatment, 123: 330-337.

Li H S, Li X W, Xiao T F, et al., 2018b. Efficient removal of thallium(I) from wastewater using flower-like manganese dioxide coated magnetic pyrite cinder. Chemical Engineering Journal, 353: 867-877.

Li H S, Li X W, Chen Y H, et al., 2018c. Removal and recovery of thallium from aqueous solutions via a magnetite-mediated reversible adsorption-desorption process. Journal of Cleaner Production, 199: 705-715.

Li H S, Li X W, Long J Y, et al., 2019. Oxidation and removal of thallium and organics from wastewater using a zero-valent-iron-based Fenton-like technique. Journal of Cleaner Production, 221: 89-97.

Li H S, Zhou S Q, Sun Y B, et al., 2010. Application of response surface methodology to the advanced treatment of biologically stabilized landfill leachate using Fenton's reagent. Waste Management, 30(11): 2122-2129.

Li Y L, Zhang B G, Borthwick A G L, et al., 2016. Efficient electrochemical oxidation of thallium(I) in groundwater using boron-doped diamond anode. Electrochimica Acta, 222: 1137-1143.

Liu H, Wang C, Li X Z, et al., 2007. A novel electro-Fenton process for water treatment: Reaction-controlled pH adjustment and performance assessment. Environmental Science & Technology, 41(8): 2937-2942.

Liu J, Luo X, Wang J, et al., 2017. Thallium contamination in arable soils and vegetables around a steel plant: A newly-found significant source of Tl pollution in South China. Environmental Pollution, 224: 445-453.

Lo S F, Wang S Y, Tsai M J, 2012. Adsorption capacity and removal efficiency of heavy metal ions by Moso and Ma bamboo activated carbons. Chemical Engineering Research and Design, 90(9): 1397-1406.

Long J Y, Chen D Y, Xia J R, 2017. Equilibrium and kinetics studies on biosorption of thallium(I) by dead biomass of *Pseudomonas fluorescens*. Polish Journal of Environmental Studies, 26(4): 1591-1598.

López Antón M A, Spears D A, Somoano M D, et al., 2013. Thallium in coal: Analysis and environmental implications. Fuel, 105: 13-18.

Lu S Y, Wang N Y, Wang C, 2018. Oxidation and biotoxicity assessment of microcystin-LR using different AOPs based on UV, O_3 and H_2O_2. Frontiers of Environmental Science & Engineering, 12: 12.

Lupa L, Negrea A, Ciopec M, et al., 2015. Ionic liquids impregnated onto inorganic support used for thallium adsorption from aqueous solutions. Separation and Purification Technology, 155: 75-82.

Memon S Q, Memon N, Solangi A R, et al., 2008. Sawdust: A green and economical sorbent for thallium removal. Chemical Engineering Journal, 140(1-3): 235-240.

Mueller R F, 2001. Microbially mediated thallium immobilization in bench scale systems. Mine Water and the Environment, 20(1): 17-29.

Perotti M, Ghezzi L, Giannecchini R, et al., 2017a. Thallium and other potentially toxic elements in surface waters contaminated by acid mine drainages in southern Apuan Alps (Tuscany)//Wolkersdorfer C, Sartz L, Sillanpää M. Mine Water and Circular Economy: 728-731.

Perotti M, Petrini R, D'Orazio M, et al., 2017b. Thallium and other potentially toxic elements in the baccatoio stream catchment (Northern Tuscany, Italy) receiving drainages from abandoned mines. Mine Water and the Environment, 37(3): 431-441.

Pignatello J J, Oliveros E, MacKay A, 2006. Advanced oxidation processes for organic contaminant destruction based on the Fenton reaction and related chemistry. Critical Reviews in Environmental Science and Technology, 36(1): 1-84.

Pu Y B, Yang X F, Zheng H, et al., 2013. Adsorption and desorption of thallium(I) on multiwalled carbon nanotubes. Chemical Engineering Journal, 219: 403-410.

Rajesh N, Subramanian M S, 2006. A study of the extraction behavior of thallium with tribenzylamine as the extractant. Journal of Hazardous Materials, 135(1-3): 74-77.

Rostamnezhad N, Kahforoushan D, Sahraei E, et al., 2016. A method for the removal of Cu(II) from aqueous solutions by sulfide precipitation employing heavy oil fly ash. Desalination and Water Treatment, 57(37): 17593-17602.

Sabermahani F, Mahani N M, Noraldiny M, 2016. Removal of thallium(I) by activated carbon prepared from apricot nucleus shell and modified with rhodamine B. Toxin Reviews, 36: 154-160.

Şenol Z M, Ulusoy U, 2010. Thallium adsorption onto polyacryamide-aluminosilicate composites: A Tl isotope tracer study. Chemical Engineering Journal, 162(1): 97-105.

Sinyakova M A, Semenova E A, Gamuletskaya O A, 2014. Ion exchange of copper(II), lanthanum(III), thallium(I), and mercury(II) on the "polysurmin" substance. Russian Journal of General Chemistry, 84(13): 2516-2520.

Tatsi K, Turner A, 2014. Distributions and concentrations of thallium in surface waters of a region impacted by historical metal mining (Cornwall, UK). Science of the Total Environment, 473: 139-146.

Vaněk A, Komárek M, Chrastný V, et al., 2010. Thallium uptake by white mustard (*Sinapis alba* L.) grown on moderately contaminated soils: Agro-environmental implications. Journal of Hazardous Materials, 182(1-3): 303-308.

Wan S L, Ma M H, Lv L, et al., 2014. Selective capture of thallium(I) ion from aqueous solutions by amorphous hydrous manganese dioxide. Chemical Engineering Journal, 239: 200-206.

Wang Z L, Zhang B G, Jiang Y F, et al., 2018. Spontaneous thallium(I) oxidation with electricity generation in single-chamber microbial fuel cells. Applied Energy, 209: 33-42.

Wick S, Baeyens B, Fernandes M M, et al., 2018. Thallium adsorption onto illite. Environmental Science & Technology, 52(2): 571-580.

Xiao T, Yang F, Li S H, et al., 2012. Thallium pollution in China: A geo-environmental perspective. Science of the Total Environment, 421-422: 51-58.

Xu H Y, Luo Y L, Wang P, et al., 2019. Removal of thallium in water/wastewater: A review. Water Research, 165: 114981.

Xu J, Long Y Y, Shen D S, et al., 2017. Optimization of Fenton treatment process for degradation of refractory organics in pre-coagulated leachate membrane concentrates. Journal of Hazardous Materials, 323: 674-680.

Yu L, Chen W, Li D, et al., 2015. Inhibition of photocorrosion and photoactivity enhancement for ZnO via specific hollow ZnO core/ZnS shell structure. Applied Catalysis B: Environmental, 164: 453-461.

Zhang H G, Chen D Y, Cai S L, et al., 2013. Research on treating thallium by enhanced coagulation oxidation process. Agricultural Science & Technology, 14(9): 1322-1324.

Zhang H G, Li M, Yang Z Q, et al., 2017. Isolation of a non-traditional sulfate reducing-bacteria *Citrobacter freundii* sp. and bioremoval of thallium and sulfate. Ecological Engineering, 102: 397-403.

Zhang H G, Li H S, Li M, et al., 2018. Immobilizing metal-resistant sulfate-reducing bacteria for cadmium removal from aqueous solutions. Polish Journal of Environmental Studies, 27(6): 2851-2859.

Zhang L, Huang T, Zhang M, 2008. Studies on the capability and behavior of adsorption of thallium on nano-Al_2O_3. Journal of Hazardous Materials, 157(2-3): 352-357.

Zhang X, 1998. Deposit and environmental geochemistry of the Nanhua Arsenic Thallium deposit in Yunnan Province. Bulletin of Mineralogy, Petrology and Geochemistry, 17(1): 44-45.

Zhou T F, Fan Y, Yuan F, et al., 2008. A preliminary investigation and evaluation of the thallium environmental impacts of the unmined Xiangquan thallium-only deposit in Hexian, China. Environmental Geology, 54(1): 131-145.

第8章　我国重金属铊污染物环境
风险管控与治理现状

铊是一种重要的战略资源，是当代高新技术领域功能性材料的重要组成部分，其用量越来越大。铊是一种伴生的变价剧毒元素，毒性近似于 Hg，比 Pb、Cd、Cu、Zn 高（Seiler et al.，1989），并通过生物链的富集作用累积到人体，对人的最低致死剂量为 600 mg/d（Moore et al.，1993），是我国《重金属污染综合防治"十三五"实施方案》中优先控制的重金属污染物之一。十多年来，我国铊污染应急事件呈高发态势，如广东北江镉铊污染（2010 年）、广西龙江镉铊污染（2012 年）、江西新余袁河仙女湖铊污染（2016 年）、四川嘉陵江铊污染（2017 年）、湘赣边界渌江河铊污染（2018 年）、湖南湘江铊污染（2020年）、广西刁江铊污染（2021 年）、江西高安市铊污染（2022 年、2023 年）等，且大部分是由含铊废水排放造成的。排放含铊废水的行业包括铅锌、钢铁、锡锑汞、硫酸、磷肥等多种工业企业，主要是由各企业使用含铊原辅料生产而产生的。这些污染事件同时暴露出我国地表水质量标准管理上存在需要改进的方面，固体原料、废物管理措施及工业排放标准滞后等问题。

为了应对日趋严峻的铊污染应急事件，加强含铊重金属类的环境风险管理，2021 年11 月印发的《中共中央 国务院关于深入打好污染防治攻坚战的意见》明确要求"开展涉铊企业排查整治行动"。2022 年 3 月，生态环境部印发的《关于进一步加强重金属污染防控的意见》（环固体〔2022〕17 号）中，明确提出了"开展涉镉涉铊企业排查整治行动。开展农用地土壤镉等重金属污染源头防治行动，持续推进耕地周边涉镉等重金属行业企业排查整治。全面排查涉铊企业，指导督促涉铊企业建立铊污染风险台账并制定问题整改方案。开展重有色金属冶炼、钢铁等典型涉铊企业废水治理设施除铊升级改造，严格执行车间或生产设施废水排放口达标要求。各地生态环境部门构建涉铊企业全链条闭环管理体系，督促企业对矿石原料、主副产品和生产废物中铊成分进行检测分析，实现铊元素可核算可追踪。江西、湖南、广西、贵州、云南、陕西、甘肃等省份要制定铊污染防控方案，强化涉铊企业综合整治，严防铊污染问题发生。"

8.1　毒害性重金属铊产排污现状

我国是世界上含铊矿产资源最丰富的国家，也是少数几个进行铊商业生产的国家，生产含铊产品供应全球市场。自 1960 年，我国含铊硫化物矿大面积开采并应用于多种工业，土壤和淡水中铊的蓄积量不断增加，伴随着含铊矿物在各种工业活动中的大量使用，以及非法采矿和废水排放，铊环境风险很大。铊在地壳中高度分散，通常以伴生元素方式存在于其他金属矿或非金属矿矿床内，一般以微量含量赋存于铁、锌、锑、锡等硫化物中。在铅锌、钢铁采选冶炼过程中从原料–生产过程–产品和废物资源利用整个过程中均可能会有含铊的废气、废水、废渣产生。以有色金属行业铅锌冶炼和钢铁冶炼为例，铊的排放量超过总排放量的90%以上。

我国是全球最大的铅锌生产国和消费国，使用含铊铅锌矿石、含铅锌二次资源等原料是铅锌冶炼企业产生含铊废水的源头。铊具有低温成矿亲硫特性，方铅矿、闪锌矿等硫化矿物中含有微量铊，我国报道的含铊铅锌矿床包括广东凡口、甘肃石峡、湖南锡矿山、云南金顶、陕西马元旬阳江坡、陕西旬阳南沙沟、陕西凤县二里河、湖北郭家岭 8座。目前我国尚未制定进口铅锌矿中铊含量控制标准，部分进口铅锌矿中铊含量较高，铅锌冶炼灰渣、钢厂瓦斯灰等含铅锌二次资源铊含量也较高（卢然 等，2021）。

铅锌冶炼产生的含铊废水主要是烟气净化废水，是由于铊的化合物 Tl_2S_3、Tl_2S、$TlCl$ 在高温烧结或熔炼过程中挥发并富集于烟尘中，在烟气酸洗过程中进入烟气净化废水而形成的。烟气净化废水俗称污酸，总铊浓度相对较高。根据调研可知，污酸约占铅锌冶炼企业废水总量的 20%～30%。原料中铊含量高、烟气净化稀酸循环次数多等因素，会导致铅锌冶炼企业烟气净化废水中总铊浓度高。根据湖南、河南、广东、广西、云南等省（自治区）典型企业调研及文献分析，30 多家铅锌冶炼企业产生的废水中总铊质量浓度为 0.000 5～10 mg/L，平均值为 0.76 mg/L。

钢铁行业也是重要的涉铊行业之一，我国是钢铁生产大国，粗钢产量连续 15 年居世界第一，钢铁行业企业用水量大，大多分布在沿河沿海城市，若含铊废水肆意排放，易造成跨地区、大范围的涉铊水环境异常事件，影响生态环境。2018 年涉铊突发水污染事件及部分地区河流铊浓度异常事件，主要是由钢铁企业引发的。湖南、江苏、广东等省份在钢铁行业脱硫废水中曾检测到总铊浓度高值，最高达到 13 mg/L。根据调研结果，钢铁行业铊污染主要来源于铁矿石，且铁矿石中的铊含量与硫含量相关，一般含硫高的铁矿石，铊含量也相对较高。铊在高温下易挥发，铁矿石中的铊经烧结工序后，大部分进入除尘灰中，部分钢铁企业会对除尘灰再利用。烧结烟气除尘后铊仍保留在烟气中。烟气脱硫环节若采用湿法脱硫，烟气中的铊则会进入喷淋液中，并随着喷淋液的循环使用而逐步富集，形成较高浓度的含铊脱硫废水（表 8.1；伍思扬 等，2021）。

表 8.1 我国部分钢铁企业废水铊质量浓度

企业	废水排口	铊质量浓度/(μg/L)
	烧结一车间脱硫废水	1 106
	烧结一车间石膏压滤废水	1 050～1 263
	烧结二车间脱硫废水	1 705～2 894
企业 1	烧结二车间石膏压滤废水	1 637～1 739
	高炉冲渣水	0.03～0.06
	炼钢转炉氧气转炉煤气回收系统除尘浊环水	0.09～2.16
	炼钢连铸浊环水	0.09
企业 2	烧结车间脱硫废水	552～1 106
	烧结车间石膏压滤废水	1 050～1 739

企业	废水排口	铊质量浓度/(μg/L)
企业 2	炼钢转炉氧气转炉煤气回收系统除尘废水	0.09～2.06
企业 3	烧结车间石膏压滤废水	8 410
	烧结车间石膏压滤废水预处理后	1 660
	热轧废水	0.78
企业 4	烧结车间脱硫废水	1 360
企业 5	烧结车间石膏压滤废水	1 840
企业 6	烧结车间脱硫废水	200
企业 7	烧结车间脱硫废水	4 000

钢铁行业工艺流程长，废水产生环节多，烧结脱硫废水产生量相较于钢铁全厂综合废水水量占比很小，一般在 3～10 m³/h，约为总循环量的 5%～10%。脱硫废水成分复杂，Cl 质量浓度很高，可高达 8 000 mg/L。除此之外，废水中含有铅、铊等重金属离子。烧结脱硫废水通常循环使用，但脱硫废水循环使用 Cl 浓度也越来越高，因此，为保障烧结烟气脱硫系统的正常稳定运行，需排放一定量的循环浆液，即产生脱硫废水。脱硫废水中的铊污染物因循环使用逐步富集，根据对湖南、江苏、广东钢铁企业废水的检测，烧结脱硫车间废水及石膏压滤水中铊污染物最高质量浓度可达 8 410 μg/L。高炉冲渣水、炼钢转炉除尘浊环水及热轧废水中铊质量浓度较低，均小于 1 μg/L（表 8.1）。

8.2 对铊在土壤中分布的高度重视

在世界范围内，自然背景土壤中的铊质量分数一般不超过 3.0 mg/kg。美国土壤中铊质量分数为 0.2～0.5 mg/kg，我国 34 个省（自治区、直辖市）853 个土壤样本铊的背景值为 0.29～1.17 mg/kg，中值为 0.58 mg/kg，几何均值为 0.85 mg/kg（2.2.4 小节）。自然背景土壤中 Tl 的含量与原始风化母岩中的 Tl 含量有关，且土壤中的 Tl 含量与土壤 pH、粒度、腐殖质没有明显的关系，但与土壤黏土矿物、锰氧化物、云母有明显的相关性，见表 8.2 和表 8.3（魏复盛 等，1990）。

表 8.2 我国 A 层土壤背景中铊质量分数 （单位：mg/kg）

土壤类型	A层土壤			母质岩	A层土壤		
	最小值	最大值	均值		最小值	最大值	均值
绵土	0.35	0.735 2	0.49	酸性火成岩	0.04	1.78	0.72
娄土	0.44	0.63	0.53	中性火成岩	0.30	0.84	0.75
黑垆土	0.35	0.60	0.47	基性火成岩	0.40	0.86	0.63
黑土	0.27	1.11	0.73	火山喷发物	0.34	2.38	0.86
白浆土	0.15	1.06	0.57	沉积页岩	0.14	0.99	0.64

土壤类型	A层土壤			母质岩	A层土壤		
	最小值	最大值	均值		最小值	最大值	均值
黑钙土	0.24	0.89	0.64	沉积砂岩	0.16	1.24	0.62
潮土	0.23	0.89	0.52	沉积石灰岩	0.22	1.21	0.69
绿洲土	0.31	0.72	0.55	沉积红砂岩	0.44	0.66	0.35
水稻土	0.09	1.41	0.59	沉积紫砂岩	0.21	0.88	0.70
砖红壤	0.04	1.15	0.77	沉积砂页岩	0.35	1.17	0.65
赤红壤	0.16	1.07	0.70	流水冲积沉积	0.14	1.50	0.57
红壤	0.04	2.38	0.76	湖相沉积母岩	0.12	1.77	0.51
黄壤	0.20	1.36	0.71	海相沉积母岩	0.09	1.40	0.64
燥红土	0.23	1.43	1.17	黄土母质	0.20	0.94	0.50
黄棕壤	0.33	1.78	0.69	冰水沉积母质	0.51	0.82	0.62
棕壤	0.16	1.22	0.69	生物残积母质	0.68	—	—
褐土	0.10	1.08	0.57	红土母质	0.29	1.25	0.60
灰褐土	0.46	0.70	0.57	风沙母质	0.38	0.77	0.55
暗棕壤	0.38	1.15	0.68	其他	0.68	—	—
棕色针叶林土	0.51	1.34	0.78				
灰色森林土	0.47	0.86	0.62				
栗钙土	0.25	0.86	0.53				
棕钙土	0.40	0.78	0.52				
灰钙土	0.46	0.58	0.53				
灰漠土	0.32	0.60	0.49				
灰棕漠土	0.25	0.71	0.47				
棕漠土	0.25	0.66	0.50				
草甸土	0.30	1.10	0.63				
沼泽土	0.28	1.79	0.69				
盐土	0.24	1.18	0.55				
碱土	0.36	0.45	0.40				
石灰岩土	0.42	1.21	0.90				
紫色土	0.21	0.86	0.59				
风沙土	0.38	0.87	0.54				
黑毡土	0.25	1.50	0.68				
草毡土	0.28	1.24	0.62				
亚高山草原土	0.25	1.04	0.70				
高山草原土	0.38	0.91	0.61				
寒漠土	0.52	0.91	0.71				
高山漠土	0.41	0.82	0.57				

表 8.3　我国部分省（自治区、直辖市）及地级市 A 层土壤背景中铊质量分数（单位：mg/kg）

省份	A层土壤		
	最小值	最大值	均值
辽宁	0.52	0.94	0.68
河北	0.26	0.91	0.44
山东	0.29	0.73	0.54
江苏	0.35	0.50	0.43
浙江	0.20	0.65	0.50
福建	0.25	1.24	0.82
广东	0.04	1.43	0.68
广西	0.54	1.12	0.78
黑龙江	0.44	1.33	0.79
吉林	0.14	0.77	0.41
内蒙古	0.25	0.86	0.55
山西	0.38	0.94	0.59
河南	0.16	0.88	0.50
安徽	0.04	1.78	0.53
江西	0.68	1.37	0.87
湖北	0.29	1.77	0.58
湖南	0.21	1.06	0.61
陕西	0.39	0.68	0.48
四川	0.27	0.84	0.54
贵州	0.22	1.21	0.71
云南	0.49	1.36	0.80
宁夏	0.31	0.49	0.40
甘肃	0.25	0.87	0.63
青海	0.26	0.81	0.58
新疆	0.24	1.14	0.52
西藏	0.25	1.50	0.69
北京	0.14	0.62	0.46
天津	0.10	0.86	0.56
上海	0.12	0.71	0.43
大连	0.38	0.99	0.65
温州	0.72	1.40	0.85
厦门	0.32	1.36	0.68
深圳	0.61	1.18	0.85
宁波	0.09	2.38	0.69

随着工业化发展和矿产资源大量利用，铊已成为潜在的土壤污染元素。由于它的基本物理化学性质和特殊的地球化学性质（参见第 1、2 章），生物有效态铊很容易通过食物链从土壤迁移转化到动物和人体内，威胁人类的生命和健康。因此，土壤中铊的分布异常必然导致农作物、蔬菜、水果中铊异常。各级政府必须高度重视土壤中铊的分布。

8.3 国内外水和废水中铊的管控标准

对于毒害金属铊的管控，世界上除欧美极个别国家制定了管控标准以外，绝大部分国家尚未对铊进行风险管控。美国《含铊危险废物最佳示范技术（BDAT）背景文件》于 1990 年制定，规定一价铊化合物经化学氧化—沉淀—过滤后，测量 24 h 混合水样废水铊含量治理标准为 0.14 mg/L，主要针对有色金属再生加工产业，基于技术经济评估确定，美国饮用水水质标准中规定饮用水中铊质量浓度最高允许值为 0.002 mg/L，最安全阈值为 0.000 5 mg/L。德国的《污水排放条例：有色金属制造废水》《污水排放条例：废物焚烧气体洗涤污水》均于 2004 年制定。德国污水排放条例规定有色金属制造废水随机水样或 2 h 混合水样铊质量浓度不超过 1 mg/L，废物焚烧气体洗涤污水 24 h 混合水样铊质量浓度不超过 0.05 mg/L。两者制定的限值都主要针对废物焚烧行业，基于德国当时的技术可达性与经济成本适用性考虑。欧美等国家有关水中铊的排放标准参见表 8.4。国外主要依托排污许可实施排放管控，确定排污许可限值时，往往一方面以排放标准为依据，另一方面以环境质量目标反推排放限值为依据，两者取严者作为许可限值。

表 8.4 欧美等国家涉铊环境质量标准或排放标准

序号	国家	标准	标准限值/（μg/L）
1	美国	保护人体健康水质基准	24（摄入水和生物）；47（水生生物）
2	美国	饮用水质标准	2.0（饮用水最高允许值）；0.5（远景目标）
3	加拿大	水生生物基准	0.8
4	俄罗斯	饮用水卫生标准	0.1
5	美国	含铊危险废物最佳示范技术	140
6	德国	污水排放条例：有色金属制造废水	1 000
7	德国	污水排放条例：废物焚烧气体洗涤污水	50

《最高人民法院　最高人民检察院关于办理环境污染刑事案件适用法律若干问题的解释》（法释〔2023〕7 号）规定"排放、倾倒、处置含铅、汞、镉、铬、砷、铊、锑的污染物，超过国家或者地方污染物排放标准三倍以上的"应当认定为"严重污染环境"。我国《地表水环境质量标准》（GB 3838—2002）、《生活饮用水卫生标准》（GB 5749—2022）、《地下水质量标准》（GB/T 14848—2017）及工业水污染物排放标准中均对铊污染物制定了限值要求，《地表水环境质量标准》（GB 3838—2002）规定集中式饮用水源水中铊限值为 0.000 1 mg/L，《生活饮用水卫生标准》（GB 5749—2022）规定饮用水中标

准限值为 0.000 1 mg/L。2020 年，生态环境部发布了《铅、锌工业污染物排放标准》(GB 25466—2010) 修改单，规定铅锌工业废水总铊排放限值为 17 μg/L，若采矿或选矿生产单元废水单独排放时，为 5 μg/L，《钢铁工业水污染物排放标准》(GB 13456—2012) 修改单对钢铁联合企业，以及既有烧结（球团）工序、也有其他工序的钢铁非联合企业车间或生产设施排放口废水总铊质量浓度限值为 0.05 mg/L，仅有烧结（球团）工序的钢铁非联合企业车间或生产设施排放口废水总铊质量浓度限值为 0.006 mg/L。《硫酸工业污染物排放标准》(GB 26132—2010) 修改单及《磷肥工业水污染物排放标准》(GB 15580—2011) 修改单均规定废水中铊的排放限值为 0.006 mg/L。《锡、锑、汞工业污染物排放标准》(GB 30770—2014) 修改单规定废水中铊的排放限值为 0.015 mg/L（采矿或选矿生产单元废水单独排放为 0.005 mg/L）。《无机化学工业污染物排放标准》(GB 31573—2015) 中规定除硫酸、盐酸、硝酸、烧碱、纯碱、电石、无机磷、无机涂料和颜料、磷肥、氮肥、钾肥、氢氧化钾等无机化学产品及有色金属工业外的无机化合物制造工业废水中铊的排放限值为 0.005 mg/L。

随着涉铊污染事件的发生，湖南、广东、江苏、江西、上海等省市从 2014 年起陆续出台工业废水铊污染物地方排放标准，其中湖南是最早出台铊污染物控制标准的省份，制定工业废水铊污染物排放标准在总排放口为 0.005 mg/L，2021 年又对工业废水中铊的排放限值进行了收紧，调整尾矿坝（库）和涉铊工业企业产业园区污水集中处理设施排放限值为 0.002 mg/L，同时提出了特别排放限值；广东、江西两省后续发布工业废水铊污染物排放标准，江苏制定了钢铁工业废水中铊污染物排放标准。与湖南地方标准不同的是，以上 3 个地方标准均是对车间排放口采取限制要求。江苏和广东排放标准制定得较为严格，铊污染物排放限值为 0.002 mg/L。江西和上海相对宽松，上海市《污水综合排放标准》(DB 31/199—2018) 铊的排放限值为 0.3 mg/L（非敏感水域直接或间接排放）（敏感水域直接排放：0.005 mg/L）（表 7.1）。

相关研究显示，天然水体中铊的背景值分别是：湖水 0.001～0.06 μg/L、河水 0.01～1.35 μg/L、地下水 0.01～0.55 μg/L，特别是我国西南的一些地区，由于自然地质的因素，地表水、地下水中铊的质量浓度远超 0.1 μg/L。我国幅员辽阔，自然本底、地理气候条件、居民生活方式、产业结构、社会经济与生态环境保护水平存在较大差异。大部分超标是人为排放引起的，但也有部分地区自然背景值就超过标准限值，特别是西南大面积低温成矿带，在多雨季节雨水淋溶等因素作用下，铊会出现超标的现象。

调研情况显示，我国近 20 年的铊污染应急事件中，个别水域地表水体中铊的质量浓度虽超过 0.1 μg/L，但大多低于 2.0 μg/L，只有极个别地方的地表水体中铊的质量浓度超过 2.0 μg/L，2018 年发生在湘赣边界的渌江河铊污染事件中，渌江三刀石水源断面铊质量浓度为 0.10～0.17 μg/L，渌江干流金鱼石省界断面铊质量浓度为 0.27～0.38 μg/L，这类水体中铊的浓度对人体健康和水生生物安全均不会造成不良影响。我国对铊在地表水质量浓度超过 0.1 μg/L 的启动应急处理多是过激性的，这不仅造成大量人力物力的浪费；同时在应急处理过程中，由于向水中投加大量的化学药剂，不可避免地给当地环境造成负面影响。

8.4　铊污染风险的应对管控措施

8.4.1　强化源头污染预防

末端治理只是被动地解决有色和钢铁冶炼工业的铊污染问题，需要从源头控制，减少或避免使用铊含量高的铅锌矿和含铅锌二次物料。我国每年要从国外大量进口铅锌矿，修订《重金属精矿产品中有害元素的限量规范》（GB/T 20424—2006），增设铊有害元素含量标准，限制铊含量高的铅锌矿进口。

8.4.2　加快研究修订地表水质量标准

目前在诸多地市生态环境管理中，多误用或错用《地表水环境质量标准》（GB 3838—2002）里的"表 3　集中式生活饮用水地表水源地特定项目标准限值"中铊限值，去管理普通水面水质，导致诸多问题衍生；多个地区对工业污水排放也层层加码，要求工业污水排放要达到集中式生活饮用水地表水水源地对铊的限值要求，工业污水排放达到地表水质量标准要求所付出的经济代价极高，同时也会造成国家资源的巨大浪费。另外，目前集中式生活饮用水地表水水源地对铊的限值过于超前，未充分考虑我国地域差异。充分考虑各地地质性差异，根据地域要求制定集中式生活饮用水地表水水源地铊的限值标准；按照地表水功能区划加强管理，对地表水分区分用途进行科学化、精准化管控。

8.4.3　推进含铊"三废"处理技术研发

重视含铊废气治理，研究冶炼工业废气中铊及其化合物排放要求，加强富集铊的冶炼烟灰、尘泥等含铊物料的转移和利用监管，防范二次污染。颁布实施涉铊企业的风险防控、铊污染防治最佳可行技术指南，编制铊最佳回收技术手册，加强铊产品提取加工、高新产品研究及相关的基础性研究，推动含铊废渣、废液的资源化利用，特别是对含铊渣处理处置、电尘和废水等过程的污染防控及固体废弃物的综合利用能力；加强国际交流合作，大力开发推广先进适用性技术；健全涉铊企业生态环境污染损害赔偿制度。

8.4.4　开展土壤污染重点监管企业周边分区分级管理

鉴于国内外对土壤中铊的风险管控研究较少，加大基础性研究，通过国家重点科技项目攻关，开展土壤和沉积物中铊的环境基准研究，充分考虑各地区自然背景值的差异，在此基础上，开展我国土壤中铊风险管控筛选值研究，制定切实符合我国经济社会发展国情的农田土壤和一类建设用地管控限值要求；环境和人体健康效应深受土壤性质和种植结构的影响，对于高背景地区，各地结合当地的经济、环境和生产等因素，科学评估人群环境健康风险后，研究制定本地区对铊的风险管控要求。同时，研究制定受铊污染地块和地下水修复技术工程的技术标准，明确土壤和地下水修复技术要求。

8.4.5 铊污染精准溯源与河流水资源保护补偿

围绕铊、溶解氧等关键性、指示性水质指标，根据铊环境中来源单一的特性，结合铊稳定性同位素分析方法，开展金属污染排放精准溯源工作，以流域跨界断面的水质水量作为补偿基准，建立水质水量奖罚机制、流域横向生态保护补偿机制。结合环境水体水质目标要求，探索流域横向生态保护补偿机制，强化流域生态保护补偿机制的激励与约束作用，优化企业产业布局，制定重点流域生态保护补偿办法。

参 考 文 献

卢然, 王夏晖, 伍思扬, 等, 2021. 我国铅锌冶炼工业废水铊污染状况与处理技术. 环境工程技术学报, 11(4): 763-768.

齐剑英, 陈永亨, 肖唐付, 等, 2022. 铅锌采冶行业铊污染排放特征与污染风险管控研究. 北京: 中国环境出版集团.

伍思扬, 卢然, 王宁, 等, 2021. 我国钢铁行业废水铊污染现状及防治对策. 现代化工, 41(8): 12-15.

魏复盛, 陈静生, 吴燕玉, 1990. 中国土壤元素背景值. 北京: 中国环境科学出版社.

Moore D, House I, Dixon A, 1993. Thallium poisoning: Diagnosis may be elusive but alopecia is the clue. British Medical Journal, 306(6891): 1527-1529.

Seiler H G, Sigel H, Sigel A, 1989. Handbook on toxicity of inorganic compounds. New York: CRC Press.